ERHARD OESER UND FRANZ SEITELBERGER

GEHIRN, BEWUSSTSEIN UND ERKENNTNIS

DIMENSIONEN DER MODERNEN BIOLOGIE

BAND 2

herausgegeben von

Walter Nagl und Franz M. Wuketits

WISSENSCHAFTLICHE BUCHGESELLSCHAFT
DARMSTADT

ERHARD OESER UND FRANZ SEITELBERGER

GEHIRN, BEWUSSTSEIN UND ERKENNTNIS

WISSENSCHAFTLICHE BUCHGESELLSCHAFT
DARMSTADT

Zum Titelbild:
Vor dem inneren Auge der menschlichen Einbildungskraft entsteht nach den Lehren der Alchemisten des 17. Jahrhunderts (Robert Fludd) die Welt des Geistes.

CIP-Titelaufnahme der Deutschen Bibliothek

Oeser, Erhard:
Gehirn, Bewußtsein und Erkenntnis / Erhard Oeser u. Franz Seitelberger. – Darmstadt: Wiss. Buchges., 1988
(Dimensionen der modernen Biologie; Bd. 2)
ISBN 3-534-02532-6
ISBN 3-534-02530-X (Gesamtwerk)
NE: Seitelberger, Franz:

Bestellnummer 02532-6

Satz: Setzerei Gutowski, Weiterstadt
Druck und Einband: Wissenschaftliche Buchgesellschaft, Darmstadt
Printed in Germany
Schrift: Linotype Times, 9.5/10.5

ISBN 3-534-02532-6

INHALT

DIMENSIONEN DER MODERNEN BIOLOGIE

Keine andere Wissenschaft hat in jüngster Zeit so viel an bahnbrechenden Ergebnissen verzeichnet wie die Biologie. Ja, man kann sagen, daß heute ausgehend von der Biologie ein tiefgreifender Wandel unseres Weltbildes stattfindet, zumal viele der modernen biologischen Erkenntnisse in ihrer Konsequenz auch außerhalb der Biologie von großer Bedeutung sind. Evolutionstheorie, Neurobiologie, Soziobiologie und nicht zuletzt die Techniken, die genetische Manipulationen ermöglichen, zwingen zu einer Revision althergebrachter Denkweisen und bedeuten eine große Herausforderung für unser Weltbild. An den gegenwärtigen Forschungen der Biologie sollten daher auch Philosophen, Sozialwissenschaftler und Pädagogen nicht vorbeigehen.

Die Bände dieser Reihe sind so angelegt, daß sie einerseits biologisches Basiswissen vermitteln, andererseits aber auch – und vor allem – die Relevanz der Biologie für ein modernes Verständnis der Welt und des Menschen in dieser Welt deutlich machen. Stets werden von den Autoren der einzelnen Bände Querverbindungen zu anderen Disziplinen geschaffen; die einzelnen Bände bleiben nicht dem Detail verhaftet, sondern sollen Perspektiven öffnen, den Leser zu eigenem, weitergehendem Nachdenken anregen. Die Autoren reflektieren ihren jeweiligen Gegenstand kritisch, mit Blick auf die offenen Fragen und die tatsächlichen oder möglichen Konsequenzen jeweiliger Erkenntnisse.

Die ›Dimensionen der modernen Biologie‹ sollen also die modernen Biowissenschaften in ihrer „ganzen Breite“, in ihrer Tragweite für ein Weltbild kritisch darstellen. Die Buchreihe wendet sich daher nicht nur an Dozenten und Studierende der Biologie, sondern vor allem auch an Vertreter anderer Disziplinen und schließlich an alle, die am „Abenteuer“ der modernen Biologie interessiert sind. Jeder Band ist in sich abgeschlossen, doch soll die Reihe als Ganzes erst ein geschlossenes Bild der Bedingungen, Strukturen und Tendenzen moderner biologischer Forschung ergeben.

Der in diesem Band erörterte Problemkreis zählt zu den faszinierendsten Kapiteln moderner Wissenschaft und ist ebenso „traditionsbeladen“. Die Autoren, ein Wissenschaftstheoretiker und ein Neurobiologe, gehen davon aus, daß alle Lebensfunktionen des Menschen bis zu den „höchsten“ geistigen Tätigkeiten vom Gehirn geleistet werden, daß also dem Gehirn sozusagen die Führungsrolle in der menschlichen „Seinsweise“ zukommt. Die Gehirnforschung wird dabei als ein transdisziplinäres Unternehmen dargelegt. Die Autoren erörtern aufgrund modernster Erkenntnisse die Strukturen und Funktionen des menschlichen Gehirns und untersuchen die Frage nach der Entstehung und Entwicklung von Bewußtsein und Erkenntnis bis hin zur „Selbstkonstruktion des Bewußtseins". Die Erörterungen der Autoren sind daher nicht nur für Biologen von Interesse, sondern ebenso für Anthropologen, Psychologen und Ärzte.

Die Herausgeber

GELEITWORT

In dem vorliegenden Buch wird das im Titel mit den drei Begriffen: Gehirn – Bewußtsein – Erkenntnis bezeichnete Thema ausgehend vom Zentralproblem des Bewußtseins behandelt, indem einerseits die Beziehung zwischen Gehirntätigkeit und Bewußtsein, andererseits die Grundlage der Erkenntnis in den bewußten Gehirnleistungen dargelegt wird. Bei diesem Vorgehen sind Überschneidungen nicht nur unvermeidbar, sondern es liegen im Gegenteil gerade in solchen Bereichen wesentliche Gegenstände und Ausgangspunkte der Untersuchungen vor. Die Autoren möchten nämlich ihre Gemeinschaftsarbeit nicht als ein „Zweimännerbuch" der üblichen Art betrachtet wissen, in dem sich fachspezifische Darstellungen mit gewissen unvermeidlichen, aber unaufgelösten Überlappungen nebeneinander finden, wie es denn auch nicht anders sein kann, wenn man verschiedenartige methodische Sonden von verschiedenen Seiten her auf ein vermutetes gleiches Ziel vortreibt. Da im Falle des gegenständlichen Themas dieses Ziel überhaupt erst definiert werden muß, kann die *interdisziplinäre* Sondenstrategie nur zu Aporien führen, wofür es auch in neueren Versuchen dieser Art nicht an Beispielen mangelt.

Die Autoren stehen auf dem Boden der Tatsache, daß alle Lebensfunktionen des Individuums, von den vegetativen bis zu den höchsten geistigen Tätigkeiten, vom Gehirn geleitet oder geleistet werden; daß also dem Gehirn im Wortsinn die Führungsrolle in der menschlichen Seinsweise und für die Verhaltensmanifestationen zukommt. Davon ausgehend rechnen sie der Hirnforschung die zentrale Aufgabe der wissenschaftlichen Untersuchung auch der Bewußtseinsmanifestationen und der geistigen Produktion zu. Demgemäß bezeichnet der Titel ›Gehirn, Bewußtsein und Erkenntnis‹ ein legitimes Thema der Hirnforschung. Die Autoren verstehen Hirnforschung nicht oder nicht nur als eine Unternehmung von Spezialisten, die jeweils, zu Teams organisiert, bestimmte Fragen interdisziplinär beantworten, sondern sie verstehen *Hirnforschung* primär als die dem Gehirn gemäße *Weltanschauung* als Organ der strukturellen und funktionalen Einheit der im Menschen repräsentierten Phänomenschichten, als Organ im Sinne von Werkstatt und Wirkstätte, Entstehungsort und Wirkungsquelle der menschlichen Existentiale sowie als die daraus sich ergebende und allein entsprechende Forschungsmethodik der integrativen Synthese analytisch gewonnener Teilbefunde. Hirnforschung in diesem Sinn und in dieser Intention stellt sich daher als ein *transdisziplinäres Unterfangen* dar, wir möchten sogar sagen, als eine Erkenntnisaufgabe, die von dem transzendentalen Begriff der umgreifenden einheitstiftenden Instanz des Gehirns ausgeht, die sich im lebenden Organ als Integrationsstruktur und im erlebenden Bewußtsein als kreative Integrationsfunktion manifestiert.

In diesem Buche werden aus dem Komplex der ineinander verflochtenen Erscheinungen zunächst die das Bewußtsein als Gehirnfunktion betreffenden Fragen, die neuralen Prozesse der Erkenntnisgewinnung sowie die Aspekte des Problems der Erkenntnis als Gehirnleistungsproduktion höherer Stufe behandelt. Die eben aufgewiesene Einstellung ergibt, daß außer der gemeinsamen transdisziplinär geöffneten Darstellung jeder der Autoren an gegebenen Stellen über die eigenen disziplinären Grenzen hinaus den Blick wirft und seine Wahrnehmung kritisch in die erkannte hierarchische Ordnung des wunderbarsten aller biologischen Gebilde einbringt. Die vorliegende Darstellung eines kleinen Bereiches von Problemen, die sich für die Wissenschaften mit dem Gehirn verbinden, soll dazu dienen, bewußtzumachen, daß die Einheit, die im Gehirn zwischen den verschiedenen und divergierenden Bereichen der Individualexistenz gestiftet wird, keine bloße Harmonisierung und keine mosaikartige Aneinanderfügung von Komponenten bedeutet, sondern vielmehr eine Einheit über den eigengesetzlichen Teilbereichen nach Art eines Systems hervorbringt, in dem jeder Teil nur mit den anderen und für die anderen seinen angemessenen Leistungsbeitrag erfüllen kann. Das wissenschaftliche Verständnis der Beziehungen zwischen den Systemteilen und den Leistungsebenen im Hinblick auf das Verhalten des Ganzen, ein „studium integrale cerebri", ist die Aufgabe der Hirnforschung und eine der größten Herausforderungen für die Wissenschaften vom Menschen im Verlaufe ihrer bisherigen Geschichte.

Erhard Oeser Franz Seitelberger

1. GESCHICHTE UND GEGENWÄRTIGE DISKUSSION DES GEHIRN-BEWUSSTSEIN-PROBLEMS

Von der modernen Hirnforschung kann man heute mit noch größerer Berechtigung das sagen, was Galilei am Beginn der Neuzeit von der Physik behauptet hat: Sie ist eine neue Wissenschaft von einem sehr alten Gegenstand. Denn die Anfänge einer Beschäftigung des Menschen mit seinem Gehirn reichen bis weit in die prähistorische Vergangenheit zurück, und bereits in den alten Hochkulturen, wie im alten Ägypten, gibt es schriftliche Hinweise, die eine gewisse Kenntnis sensomotorischer Hirnfunktionen vermuten lassen. Die Gehirnbedingtheit der menschlichen Erkenntnisfähigkeit, vor allem die der höheren geistigen Funktionen, war in der Antike bereits eine explizit formulierte Theorie, die jedoch nicht unwidersprochen blieb, wie die berühmte und vielzitierte Auffassung des Aristoteles vom Menschenhirn als Kühlaggregat zeigt.

Trotz des Gegensatzes einer kardiozentrischen These, die auf Aristoteles, und einer zephalozentrischen These, die auf Alkmaion von Kroton zurückzuführen ist, gibt es eine kontinuierliche Tradition der Verbindung von Hirnforschung und Erkenntnistheorie, die in der Geschichte der Menschheit nie abgerissen ist.

Von den meisten Neurobiologen wurden jedoch diese traditionellen Vorstellungen, wenn sie überhaupt beachtet wurden, als kuriose Irrtümer oder als Hirnmythologie dargestellt, von der man sich durch naturwissenschaftliche Untersuchungen mehr und mehr befreien konnte.

Zum begrifflichen Repertoire dieser alten „Hirnmythologie" rechnete man vor allem die „animalischen Geister", die entweder, in den verschiedenen Gehirnhöhlen angesiedelt, ganz bestimmte, streng lokalisierbare Erkenntnisvermögen, wie Phantasie, Denken und Gedächtnis, hervorbrachten oder durch die engen „Gänge" der Gehirnwindungen huschten. Auch als im 18. Jahrhundert aus den „animalischen Geistern" die „Nervensäfte" wurden und noch später die Phantastereien der „Phrenologie" eines Gall und Spurzheim die Diskussion um das Verhältnis von Gehirn und „Seelenvermögen" beherrschten, schien noch immer kein Ende der Hirnmythologie gekommen. Ja, sogar in den Diskussionen über die Lokalisierungstheorie oder Zentrenlehre tauchte der Begriff „Hirnmythologie" (Nissl) wieder auf, mit dem man die empirische experimentelle neurobiologische Hirnforschung von ungerechtfertigten philosophischen Spekulationen befreien wollte. Daß dies bis heute nicht gelungen ist, zeigt die Diskussion um die dualistische These des bekannten Neurophysiologen John Eccles, der den menschlichen Geist in der linken Hemisphäre lokalisiert und seine Entstehung als ein „großes Mysterium" ansieht.

Eine unvoreingenommene Betrachtung der Problemgeschichte des Verhältnisses von Gehirn, Bewußtsein und Erkenntnis läßt jedoch erst die Dimensionen erkennen, in denen sich auch heute noch die Diskussion abspielt.

1.1 Geschichte der Hirnforschung

Die folgende historische Einführung soll daher im Unterschied zu anderen biologie- und medizingeschichtlichen Untersuchungen, die sich zumeist lediglich auf die Geschichte der Neurophysiologie und Neuroanatomie beziehen, und im Unterschied zu philosophiegeschichtlichen Darstellungen der Erkenntnistheorie, in denen der Bezug zur Hirnforschung total eliminiert wird, gerade jene Beziehungen zwischen empirischer Hirnforschung und metaempirischer Bewußtseins- und Erkenntnistheorie hervorheben. Nur auf diese Weise kann eine Grundlage für die systematische Zielsetzung geschaffen werden, die moderne Hirnforschung mit der Erkenntnistheorie wieder auf eine niveauadäquate Weise zu verbinden. Denn sosehr sich die neurobiologische Terminologie entsprechend dem geradezu sprunghaften Fortschritt in unserem Jahrhundert verfeinert und differenziert hat, so sehr ist dagegen die mindestens ebenso reichhaltige wie differenzierte klassische philosophisch-erkenntnistheoretische Terminologie unter dem Einfluß von psychologischem und logischem Behaviorismus zu suspekten „mentalistischen“ Ausdrücken degeneriert.

1.1.1 Die Anfänge der Hirnforschung

Es gehört keine hochausgebildete medizinische Hirnforschung dazu, einen Zusammenhang zwischen unserer Erkenntnisfähigkeit und jener weißlich-grauen Masse in der Knochenkapsel des Kopfes herzustellen, der man sonst kaum eine andere Funktion zuschreiben konnte. Intuitiv mußte dieser Zusammenhang schon in prähistorischen Zeiten bekannt gewesen sein (Oeser 1987). Darauf weist schon die Tatsache hin, daß die sog. „Trepanation“, d.h. das Aussägen von Knochenstücken aus dem Schädeldach, sowohl bei Lebenden als auch bei Toten schon vor mehr als 10000 Jahren üblich war. Unterscheiden läßt sich die Trepanation am lebenden Leib von der an einem Toten vorgenommenen noch heute dadurch, daß beim Lebenden an den Rändern ein Knochenwachstum feststellbar ist. Ob nun die Trepanation aus religiös-kultischen Zwecken an einem Toten vorgenommen wurde, um der Seele einen Ausgang zu verschaffen, oder beim lebenden Menschen aus medizinischen Gründen zur Heilung von Geisteskrankheiten oder Schädelverletzungen, in jedem Fall bedeutet sie einen Hinweis auf die Kenntnis des Zusammenhangs von Gehirn und Seele. Außerdem mußte jede Art von schwerer Kopfverletzung, die der Träger überlebte, diesen Zusammenhang besonders deutlich werden lassen. Denn sowohl das intellektuelle als auch das emotionale Verhalten war dann meist drastisch gestört.

Die ersten direkten, schriftlich nachweisbaren Belege findet man bereits im alten Ägypten. Ein nach seinem Entdecker „Papyrus Smith" benanntes medizinisches Schriftstück, das um das 17. Jahrhundert v. Chr. datiert wird, aber wahrscheinlich bis ins 3. Jahrtausend v. Chr. zurückreicht, enthält Schilderungen von Kopfverletzungen und chirurgischen Eingriffen, die sowohl die ersten bekannten Darstellungen der Gehirnfurchen und -windungen als auch Hinweise auf Funktionsstörungen enthalten. Wie Changeux (1984) mit Recht feststellt, muß man sich zwar davor hüten, mit dem neurobiologischen Wissen unseres Jahrhunderts zuviel in einen so fragmentarischen Text hineinzulesen, aber trotzdem geht aus diesem Dokument eindeutig hervor, daß die Zuständigkeit des Gehirns für die Bewegung auch weit vom Kopf entfernt liegender Glieder und Organe bekannt war. Denn der Schreiber stellt ausdrücklich fest, daß „eine Verletzung, die im Schädel liegt", dazu führt, daß der Betroffene „den Fuß beim Gehen nachzieht". Neben diesen motorischen Beeinträchtigungen waren auch schon Sprachstörungen bekannt. So wird ein Verletzter beschrieben, dessen Schläfe eingedrückt war und der, wenn er angesprochen wurde, nicht antworten konnte, weil er der Sprache nicht mehr mächtig war.

Andererseits sind jedoch keine Hinweise bekannt, daß dem Gehirn außerhalb der medizinisch-chirurgischen Forschung eine besondere Bedeutung zugemessen wurde. Im religiös-kultischen Bereich wurde bei der Mumifizierung der Leichen das Gehirn im Unterschied zu den Eingeweiden des Brust- und Bauchraumes nicht beachtet. Wie alle leicht in Fäulnis übergehenden Weichteile mußte es aus dem Körper entfernt werden. Während die inneren Organe und Eingeweide in einem eigenen Schrein unversehrt aufbewahrt wurden, mußte das Gehirn bei der Entfernung notwendigerweise zerstükkelt und zerstört werden. Denn es wurde gewöhnlich einfach mit einem Haken durch die Nasenlöcher herausgezogen und die Reste wurden herausgespült.

1.1.2 Die Ventrikel- oder Zellenlehre

Die eigentliche Geschichte einer wahrnehmungs- und erkenntnistheoretisch orientierten Hirnforschung beginnt daher erst bei den Griechen, und zwar schon im 6. Jahrhundert v. Chr., als Alkmaion von Kroton die zentrale Rolle des Gehirns für die menschliche Erkenntnis hervorhob: „Das Gehirn ist es, das die Wahrnehmungen des Hörens, Sehens und Riechens gestattet; aus diesen entstehen Gedächtnis und Vorstellung, aus Gedächtnis und Vorstellung aber, wenn sie sich gesetzt haben und zur Ruhe gekommen sind, bildet sich das Wissen." Alkmaion galt auch schon in der Antike als derjenige, „der es zuerst gewagt hat, eine Sektion vorzunehmen". Auf diese Weise erkannte er bereits die „zwei schmalen Wege, die vom Gehirn aus, in dem die höchste und entscheidende Kraft der Seele wurzelt, zu den Höhlungen der Augen gehen, die ein natürliches Pneuma enthalten". Hippokrates, der Vater der Medizin, übernahm hundert Jahre später diese Lehre vom Primat des Gehirns, um jene berühmte Erklärung der Epilepsie zu liefern, mit der er der „heiligen Krankheit" ihre mystische Bedeutung nahm. Er sah jedoch das Gehirn selbst nur als eine Drüse an: „Das Gehirn ist weiß und bröckelig und liegt in der geräumigen Kopfhöhle." Er erkannte auch die Zweiteilung in die beiden Gehirnhemisphären: „Das menschliche Gehirn ist zweihälftig ... Eine zarte Haut zerteilt es in der Mitte. Wegen dieser Anordnung hat man nicht immer auf derselben Seite Kopfschmerzen, sondern bald links, bald rechts, bald im ganzen Kopf." Trotzdem war er der Meinung, daß „für alle Sinnesempfindungen allein das Gehirn verantwortlich ist. Die Augen, die Ohren, die Zunge, die Hände und die Füße führen nur das aus, was das Gehirn für richtig erkannt hat." Aus diesen Gründen behauptete er auch, „daß das Gehirn den Verstand darstellt". Das Medium des Denkens aber war für Hippokrates nicht die „weiße, bröckelige" Hirnmasse, sondern die Luft, die zuerst ins Gehirn kommt, wenn der Mensch den Atem einzieht, und von dort aus dann sich im ganzen Körper verbreitet.

Ungefähr ein Jahrhundert nach dieser Lehre des Hippokrates, der selbst nur geringe Kenntnisse über die anatomische Struktur des Menschenhirns besaß, begannen zwei alexandrinische Gelehrte, Herophilos und Erasistratos, mit systematischen Hirnsektionen beim Menschen. Wie der römische Enzyklopädist Celsus berichtet, waren diese Sektionen Vivisektionen an Verbrechern, „die ihnen aus den Gefängnissen überlassen wurden und die sie untersuchten, solange sie noch atmeten". Es wird vermutet, daß Herophilos auf diese Weise Tausende von Menschen viviseziert haben dürfte. So erreichte die Hirnforschung einen Wissensstand, der erst im 17. Jahrhundert überboten werden konnte. Herophilos beschreibt als erster das Groß- und Kleinhirn, die Hirnhäute und die Ventrikel. Sein jüngerer Zeitgenosse Erasistratos erwähnt erstmals die Großhirnwindungen. Allerdings vergleicht er sie mit den Dünndarmschlingen, stellt aber zumindest schon fest, daß beim Menschen, „der hinsichtlich des Verstandes alle anderen Tiere bei weitem übertrifft, die Gehirnwindungen sehr viel zahlreicher sind als bei diesen". Außerdem trifft er bereits eine Unterscheidung zwischen sensorischen und motorischen Nerven, die er „Nerven der Empfindung" und „Nerven der Bewegung" nennt. Und in umgekehrter Reihenfolge wie Hippokrates behauptet er, daß die lebensspendende Luft zuerst durch die Atmung in die Lungenvenen, von dort ins Herz und schließlich als Spiritus animalis in die Gehirnventrikel komme.

Seitdem gibt es eine Lokalisationstheorie der geistigen Vermögen in den Gehirnventrikeln. Sie wird von Claudius Galenus von Pergamon (131–200 n. Chr.) weiter ausgebaut und verbindet sich dann mit der aristotelischen Erkenntnislehre, die allerdings nicht im Gehirn, sondern im Herzen den Zentralsitz der Sinne sah. Dieser Bezug zwischen Hirn und Erkenntnis wird zuerst von Platon hergestellt, der im ›Timaios‹ drei Seelenteile, den „erkennenden", den „mutigen" und den „begierigen" Teil, unterscheidet und den erkennenden Teil der Seele im Gehirn lokalisiert. Jedoch von Aristoteles wird dieser Bezug auf Grund von empirischen vergleichenden anatomischen Studien sofort wiederaufgehoben. Denn Aristoteles erkennt völlig zutreffend, daß das freigelegte Gehirn nicht auf mechanische Reizungen anspricht und außerdem kühler als der gesamte Körper ist. Daraus schließt er auf eine kühlende Funktion des Gehirns, bestärkt durch das Aussehen der Hirnwindungen, die er als Kühlrippen interpretiert. Der eigentliche Sitz der Seele, sowohl der Empfindungen und Leidenschaften als auch des Verstandes, ist für ihn das Herz, weil in diesem alle Blutgefäße von der äußeren Peripherie des Körpers zusammenlaufen. Auf diese Weise gibt er die Beziehung von Luft und Seele auf, während er die Beziehung von Luft und Gehirn beibehält. Das Gehirn hat als Kühlaggregat die Funktion, die Temperatur des mit Nahrung beladenen Blutes zu senken, und bringt auch den Schlaf.

Damit stehen einander schon von allem Anfang an zwei Thesen, die „zephalozentrische" Platons und die „kardiozentrische" des Aristoteles, gegenüber, die sich zumindest in der Alltagsmeinung im Gegensatz von Herz und Hirn bis zum heutigen Tag erhalten haben.

Obwohl die kardiozentrische These des Aristoteles bereits durch Galen sowohl neuroanatomisch als auch neurophysiologisch widerlegt wurde, blieb seine Erkenntnislehre wegweisend für die gesamte Hirnforschung. Das hat kein Geringerer als Sherrington, der Begründer der Synapsentheorie, festgestellt, wenn er sagt: „Demnach hat Aristoteles mit seiner Beschreibung des Bewußtseins vielleicht den größten Beitrag zu diesem Thema geleistet, nicht nur für das Altertum, sondern auch für unser eigenes Zeitalter bis zur Renaissance." Aristoteles hat zwar das Gehirn nicht als Hauptorgan des Bewußtseins erkannt, aber er zog den für die Erklärung der menschlichen Erkenntnisfähigkeit so entscheidenden Schluß – der später neurobiologisch unter dem Begriff der „progressiven Enzephalisation der Wahrnehmung" bekannt geworden ist –, daß nämlich „ein interner Versammlungsort der Sinneskanäle ein charakteristischer Zug des Organs des Bewußtseins sein müsse. Nicht neue Sinne, sondern eine bessere Verbindung zwischen den alten Sinnen hat die Entwicklung des Nervensystems angestrebt" (Sherrington 1964). Wo diese Verbindung stattfindet, ist dabei erkenntnistheoretisch zunächst nur eine sekundäre Angelegenheit. Tatsächlich wird ja bereits in der Antike diese falsche Lokalisation des Aristoteles korrigiert. Aber seine Beschreibung der, wie Sherrington sagt, „biologischen Ausstattung des Bewußtseins wurde übernommen und zum Paradigma für Jahrhunderte gemacht". Die Geschichte dieses Paradigmas ist die Geschichte eines der konsequentesten und deshalb auch fruchtbarsten Irrtümer, die in der Menschheitsgeschichte jemals vorgekommen sind. Sie reicht in ihren Ausläufern bis ins 19. Jahrhundert, obwohl sie schon am Beginn der Neuzeit auf Grund besserer anatomischer und neurophysiologischer Erkenntnisse überholt war.

Charakteristisch für das gesamte Mittelalter war, daß im Grunde genom-

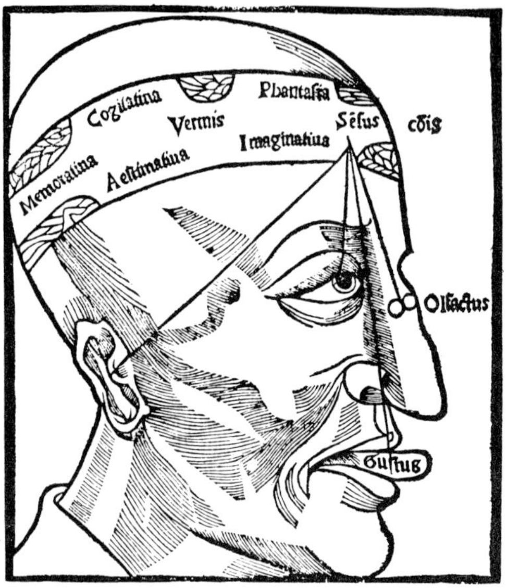

Abb. 1: Die Ventrikellehre nach einer Handschrift aus dem Jahre 1524 (Universitäts-Bibliothek Erlangen) (aus Clarke, Dewhurst 1974).

men keine empirische Hirnforschung mehr betrieben wurde. Die Autorität auf diesem Gebiet blieb Galen, der zwar keine Sektionen mehr an Menschen vornehmen durfte, aber als Gladiatorenarzt seine Erfahrungen sammeln konnte. Krieg und Gladiatorenkämpfe, schrieb er, sind die größte Schule der Chirurgie. Bei den Wunden, die den Kopf bzw. die Schädeldecke spalteten, bemerkte er eine rhythmische Bewegung des Gehirns. Und bei Tierversuchen stellte er fest, daß ein Einschnitt in das Gehirn dem betreffenden Tier nur dann seine Empfindungs- oder Bewegungsfähigkeit raubt, wenn der Schnitt einen der Hirnventrikel erreicht. Er folgte daher auch den Lehren der Alexandriner Herophilos und Erasistratos und nahm an, daß das Pneuma psychikon (Spiritus animalis) in den Gehirnventrikeln aus dem Pneuma zootikon (Spiritus vitalis), das mit der Atmung in den Körper kommt, erzeugt und gespeichert wird. Andererseits nahm er aber auch an, daß das Pneuma psychikon in den Nerven kreist, und stellte damit eine Verbindung zwischen Gehirn, Sinnes- und Bewegungsorganen her. Wenngleich er sich selbst nicht entscheiden konnte, ob das „Pneuma" mit der Seele identisch sei oder nur ihr Werkzeug (Organ), so gab er aber doch allen, die sich dafür interessierten, den Rat: „Haltet euch nicht an die Götter, um durch ihre Eingebung die alles beherrschende Seele zu entdecken, erkundigt euch lieber bei einem Anatomen." Diesen Ratschlag haben die Kirchenväter und Scholastiker des Mittelalters berücksichtigt. Sie übernahmen mit der Aristotelischen Erkenntnistheorie und Psychologie zugleich als unantastbare

Autorität die anatomisch-physiologische Lehre des Galen, ohne sie auch nur im geringsten zu verändern. Das gleiche taten auch die arabischen Aristoteleskommentatoren, von denen die berühmtesten, wie z. B. Avicenna, auch zugleich Ärzte waren. Auf diese Weise erhielt das Paradigma der Ventrikellehre jene universale kulturinvariante Bedeutung, wie die fast stereotypen Darstellungen zeigen, in denen das Dreizellenschema aus religiösen Gründen zum Teil in symbolischer Form, aber außerhalb des arabisch-islamischen Bereiches auch immer häufiger in einen naturalistisch dargestellten Kopf hineinprojiziert wird. Wie jedoch bereits Grünthal (1957) betont hat, ließ gerade diese ausschließlich die Ventrikel für funktionell bedeutsam erklärende Ansicht kein Interesse an der Form des Hirnes selbst aufkommen. Die Ventrikel, von deren anatomischer Struktur und Lage man eigentlich nichts mehr wußte, wurden als drei große, hintereinander im Kopf liegende Zellen vorgestellt, in denen eine oder mehrere Erkenntniskräfte oder Erkenntnisvermögen hausen sollten, deren Existenz als Spiritus animales, bestehend aus dem Dunst des Blutes, halb materiell, halb geistig angesehen wurde. Folgende Anordnung war es, die mit geringen Abwandlungen das ganze Mittelalter hindurch bis zur Neuzeit aufrechterhalten worden ist:

- In der ersten Zelle (anatomisch mit den beiden Seitenventrikeln gleichzusetzen) wurden der Sensus communis, der nach Aristoteles alle Sinne zu einer Einheit verbindet, und die Phantasie oder Vis imaginativa, die Einbildungskraft, angesiedelt,
- in der zweiten Zelle der Verstand (Vis cogitativa) und
- in der dritten Zelle das Gedächtnis (Vis memorativa).

Zwischen der ersten Zelle und den beiden hinteren Zellen stellte man sich eine seltsame Einrichtung vor: den sog. Vermis, einen wurmförmigen, beweglichen Fortsatz, der die Funktion haben sollte, den Weg zu den hinteren Zellen zu öffnen oder zu versperren. Klappte dieser Vermis zu, dann bedeutete das, daß die vorne erzeugten Sinneseindrücke und Vorstellungen vom Verstand nicht weiterverarbeitet und vom Gedächtnis nicht aufgenommen werden konnten. Dieses, zumindest seiner Funktion nach, mit Recht als „Phantasiegebilde" (Grünthal 1957) bezeichnete Organ, das man meist Avicenna zuschreibt, aber als „anatomische Realität" bereits in Galens Schriften vorkommt, taucht nicht nur in fast allen Darstellungen der Zellen im Mittelalter und in späteren Druckschriften auf, sondern wird auch von dem Anatomen Laurentius Frisius in seinem 1518 in Straßburg erschienenen ›Spiegel der Arzney‹ als Ergebnis einer Hirnsektion bei einer Leiche demonstriert. So unsinnig war allerdings die Vorstellung von der Funktion des Vermis nicht, denn der Vermis hat tatsächlich in der sog. Formatio reticularis, einem System von vielgestaltigen Nervenzellen in der Region des Hirnstammes, ein funktionales Äquivalent. Die Formatio reticularis hat die Bedeutung eines Steuersystems der Bewußtseinslage, von dessen Aktivitäten es abhängt, in welchem „Wachheitszustand" sich ein Lebewesen befindet, womit sich auch die Vermutung des Aristoteles bestätigt, daß das Gehirn für den Schlaf verantwortlich ist.

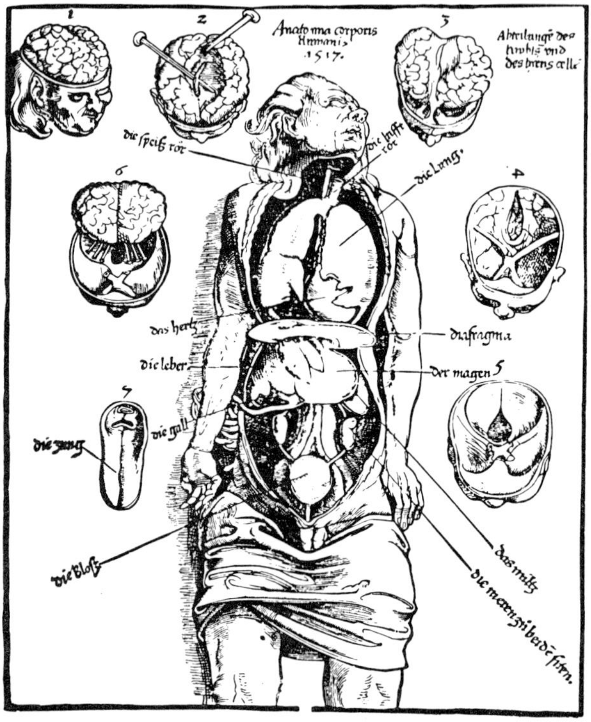

Abb. 2: Darstellung einer Hirnsektion aus L. Frisius, Spiegel der Arzney, 1518 (aus Grünthal 1957).

Die Zellenlehre wurde nicht nur unangetastet im ganzen Mittelalter – also zu einer Zeit, in der man keine anatomischen Forschungen mehr betrieb – weitergegeben, sondern sie bestimmte auch noch einen der selbständigsten und größten Geister der Renaissance. Leonardo da Vinci betrieb zwar selbst meist heimlich und unter größter Gefahr Leichensektionen. Er stellte auf diese Weise als erster überhaupt die Gehirnventrikel in wahrer Form und Gestalt dar, indem er sie mit Wachs ausgoß. Trotzdem war er noch völlig beherrscht von der scholastisch-antiken Lehre der Spiritus animales, die er selbst in einer berühmten Zeichnung, nach der von dem Araber Avicenna überlieferten Weise des Mittelalters, in drei Zellen lokalisiert, darstellte. Leonardo ist damit der Repräsentant jener Übergangszeit, in der sich anatomische Kenntnisse vom wirklichen Zustand des Hirnventrikelsystems noch mit der traditionellen Lokalisationstheorie des Gehirnzellenschemas verbinden.

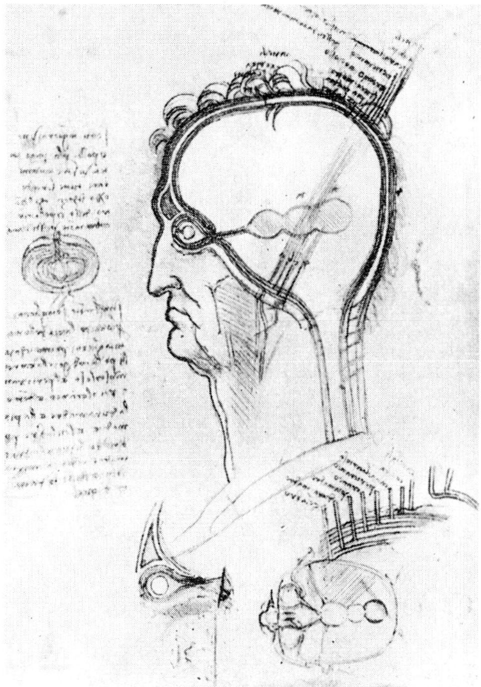

Abb. 3: Gehirnventrikel in der Darstellung von Leonardo da Vinci (aus Clarke, Dewhurst 1974).

1.1.3 Die Lokalisationstheorie

Andreas Vesalius dagegen, der eigentliche Begründer der neuzeitlichen Anatomie, war der erste, der mit der klassischen Ventrikellehre und ihrer erkenntnistheoretischen Konsequenz brach. Nichts spricht nach seiner Meinung dafür, daß in den Ventrikeln, welche nur wässrige Flüssigkeit enthalten, die Spiritus animales entstehen, und somit ist es für ihn sinnlos, nach dem Sitz der Seele und ihren Funktionen zu suchen. Aber er legt insofern die weitere Entwicklung dieser Fragestellung in geradezu prophetischer Weise fest, als er auf die Hirnwindungen verweist und die Frage, ob der Mensch vielleicht gerade deswegen Verstand habe, den Philosophen zuweist. Denn bloß anatomisch zeigen sie nichts Besonderes: Esel, Pferd und Rind und andere Tiere besitzen sie auch.

An diese Arbeitsteilung hielten sich zwar die unmittelbaren Zeitgenossen und Nachfolger Vesals im 16. Jahrhundert, die jede Spekulation über die Spiritus animales vermieden. Aber bereits im 17. Jahrhundert setzte ein neues

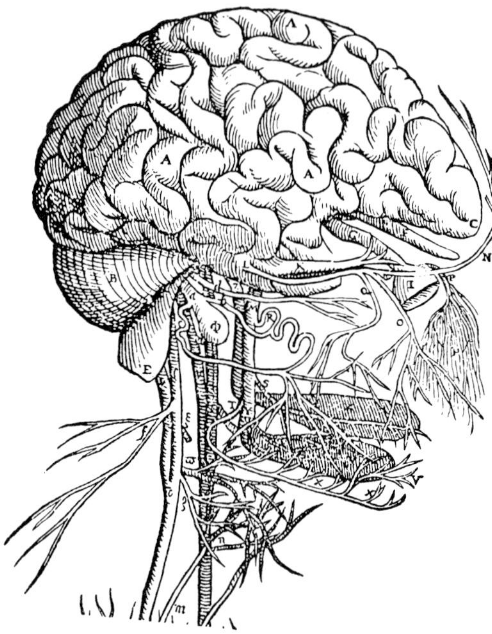

Abb. 4: Gehirnwindungen nach der Darstellung von A. Vesalius, De humani corporis fabrica, 1543 (aus Grünthal 1957).

spekulatives Interesse der Hirnanatomen an diesem Problem ein. Dieses neu erwachende Interesse führt bei J. J. Wepfer, F. D. Sylvius und vor allem bei Thomas Willis, dessen Hirndarstellungen von keinem Geringeren als dem Erbauer der St.-Pauls-Kathedrale in London und dem von Newton selbst anerkannten Vorläufer der Entdeckung des Gravitationsgesetzes, Christopher Wren, gezeichnet worden sind, zu einer neuen Theorie der Lokalisation psychischer Funktionen in der Hirnsubstanz. Das Großartige an dieser weitreichenden Theorie war, daß sie von vornherein keine rein statische Lokalisationstheorie war, sondern von einer dynamischen – oder genauer: mechanischen – Grundidee ausging. Nach der Meinung von Thomas Willis bedürfen die Spiritus animales nicht derartig weiter und offener Höhlen, wie die alte Ventrikeltheorie der Erkenntnisfunktionen behauptet hatte, sondern nur enger Kanäle, die in der Hirnsubstanz selbst vorhanden sind. Diese Bahnen sind zwar ebensowenig wie die Spiritus animales selbst direkt zu beobachten, aber sie können aus ihren Wirkungen erschlossen werden. In diesem Sinne setzt Willis das Problem der Beschreibung der Seele und das Problem der Beschreibung der Gehirnfunktionen gleich.

Sieht man davon ab, daß auch Willis noch die Spiritus animales als seltsame Zwitterwesen zwischen realem und geistigem Sein betrachtet, destil-

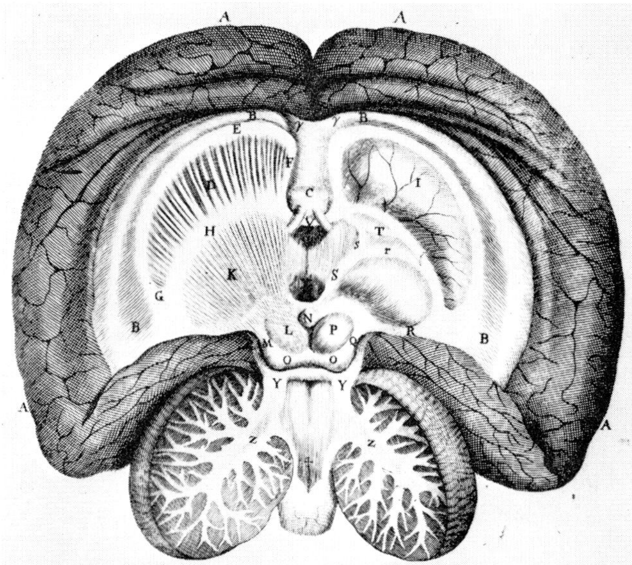

Abb. 5: Lokalisation der höheren Hirnfunktionen im Cortex (AAAA) nach Thomas Willis, De anima brutorum, 1672 (aus Clarke, Dewhurst 1974).

liert aus dem Dunst des Blutes, so kommt er doch, was den Ort ihrer Entstehung und Wirksamkeit betrifft, zu einem neuen und bedeutsamen Ergebnis: Er nimmt nämlich an, daß die „höheren Funktionen" wie Vorstellung (imaginatio) und Gedächtnis (memoria) ebenso wie der bewußte Wille (appetitus) in der Großhirnrinde entstehen, dort als eine Art von Wellenbewegung tätig sind und schließlich auch in ihrem nicht aktiven Zustand in den Großhirnwindungen aufbewahrt werden. Damit erfüllt sich auch der von Vesalius teils prophetisch, teils ironisch gemeinte Ratschlag, eine Beziehung zwischen menschlichem Verstand und Gehirnwindungen herzustellen. Die niederen unbewußten vegetativen Funktionen, wie Atmung, Verdauung, Herzschlag usw., werden jedoch von Willis ausdrücklich ins Kleinhirn verlegt, während der Sensus communis in das von ihm erstmals exakt beschriebene vordere, ins Hirn hineinragende Ende des Rückenmarks (das Caudatum) verlegt wird. Diese zwar „faktisch nicht haltbare Theorie" (Grünthal 1957) gab nicht nur den ersten Anstoß zu einer experimentellen Hirnphysiologie, sondern bedeutete erkenntnistheoretisch eine empirische Interpretation der Aristotelischen Lehre vom Schichtenbau oder, besser gesagt, von der Einschachtelungsstruktur der Anima rationalis, sensitiva und vegetativa, die unter dem entwicklungsgeschichtlichen Aspekt noch weitere Dimensionen bekommen sollte.

Wie ein seltsamer Rückfall in längst überholte Schemata aus mittelalterlicher Zeit mutet daher die Auffassung des berühmten deutschen Gehirnanatomen Samuel Thomas Soemmering (1755–1830) an, der mehr als 130 Jahre nach Erscheinen des epochemachenden Werkes von Willis die alte Dreizellenlehre wieder aufgreift. In seiner 1796 in Königsberg erschienenen Schrift ›Über das Organ der Seele‹, zu der Kant selbst einen Beitrag lieferte, entwickelte er eine Theorie über das aristotelisch-scholastische Sensorium commune als den gemeinsamen Empfindungsplatz, an dem sich alle Wahrnehmungen vereinigen. Seine Lösung, die er Kant zur kritischen Beurteilung vorlegte, war, daß das unmittelbare materielle Organ, das sich einzig und allein dafür qualifiziert, das Wasser der Gehirnhöhlen ist (Liquor cerebrospinalis). Die Antwort, die Kant ihm darauf gibt, stellt eine Meisterleistung auf dem schmalen Grat der Verständigung zwischen aprioristisch-erkenntnistheoretischer Reflexion und naturwissenschaftlicher Theorienbildung dar. Kant akzeptiert nämlich die Hypothese Soemmerings, konstruiert sie aber in seiner erkenntnistheoretischen Begründung so um, daß daraus eine von der Frage nach dem materiellen Träger der Prozesse völlig abgelöste dynamische Theorie der Organisation entsteht. Denn er sieht gerade in der Tatsache, die schon Vesalius erkannte, daß die Flüssigkeit der Gehirnventrikel nicht viel mehr ist als „gemeines Wasser" und somit selbst eigentlich ohne Organisation, ohne „beharrliche Anordnung der Teile" ist, ein wesentliches Argument, um von einer mechanischen zu einer dynamischen Betrachtungsweise überzugehen: „Wenn man nun als Hypothese annimmt: Daß dem Gemüt im empirischen Denken, d. i. im Auflösen und Zusammensetzen gegebener Sinnesvorstellungen, ein Vermögen der Nerven unterlegt sei, nach ihrer Verschiedenheit das Wasser der Gehirnhöhle in jene Urstoffe zu zersetzen, und so, durch Entbindung der einen oder des anderen derselben, verschiedene Empfindungen spielen zu lassen (z. B. die des Lichts vermittels des gereizten Sehnerves oder des Schalls durch die Hörnerven usw.), so doch, daß diese Stoffe, nach aufhörendem Reiz, sofort wiederum zusammenflössen: so könnte man sagen, dieses Wasser werde kontinuierlich organisiert, ohne doch jemals organisiert zu sein: wodurch dann doch eben dasselbe erreicht wird, was man mit der beharrlichen Organisation beabsichtigte, nämlich die kollektive Einheit aller Sinnesvorstellungen in einem gemeinsamen Organ (Sensorium commune), aber nur nach seiner chemischen Zergliederung begreiflich zu machen" (Kant 1796).

Entscheidend ist jedoch – und darin besteht die Aktualität dieser Auffassung –, daß Kant in diesem Zusammenhang ausdrücklich jede Frage nach der räumlich-statischen Lokalisation der Seele als Konsequenz dieser dynamischen Betrachtungsweise ablehnt. Die funktionelle Realität oder, wie Kant selbst sagt, die „dynamische Gegenwart" der Seele bedarf keiner „lokalen Gegenwart". Denn die Seele kann „sich selbst schlechterdings keinen Ort bestimmen, weil sie sich zu diesem Behuf zum Gegenstand ihrer eigenen äußeren Anschauung machen und sich außer sich selbst versetzen müßte, welches sich widerspricht". Nach Kant führt die Lösung der Aufgabe, den „Sitz der Seele" im Gehirn zu bestimmen, was der Metaphysik zugemutet

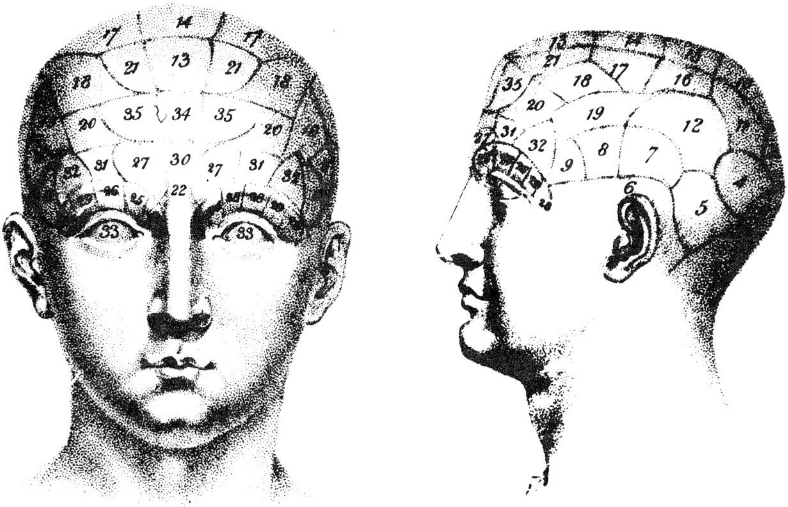

Abb. 6: Lokalisation der seelischen Funktionen nach der Phrenologie von J. C. Spurzheim, 1825 (aus Clarke, Dewhurst 1974).

wird, auf eine „unmögliche Größe", wie in der Mathematik die Quadratwurzel aus minus zwei.

Diese grundlegenden Überlegungen Kants verhinderten es jedoch keineswegs, daß bereits der Zeitgenosse Soemmerings, Franz Josef Gall (1758 bis 1828), zum Wegbereiter einer Lokalisationstheorie wurde, deren phantastische Auswüchse die eigentlichen Leistungen dieses Mannes verdunkelten. Galls hirnanatomische Untersuchungen, bei denen er nicht wie früher das Gehirn einfach in Scheiben schnitt, sondern es nach strukturellen Gesichtspunkten zerlegte, brachten eine Reihe von wichtigen Ergebnissen über die nervöse Feinstruktur von „Gehirnmark" und „Gehirnrinde", die ihm den Schluß nahelegten, daß die „Geistestätigkeiten nur in der Gehirnrinde ihren Sitz haben können". Allerdings legte er seiner Lokalisationstheorie nicht mehr die alte aristotelisch-scholastische Vermögenspsychologie zugrunde, sondern jene um die Mitte des 18. Jahrhunderts entwickelte „Erfahrungsseelenkunde", die in sentimental-romantischer, manchmal sogar ausgesprochen naiver Weise eine Unzahl von Fähigkeiten, Trieben und Eigenschaften unterschied. Gall dachte sich diese Vielfalt von psychischen Funktionen an bestimmte Teile des Großhirns gebunden, deren stärkere Ausprägung sogar an der äußeren Schädeloberfläche in Erscheinung treten soll. Auf diese Weise konnte er mühelos 27 seelische Funktionen in Form einzelner Organe nach der Lage der Schädelhöcker auf die Großhirnrinde verteilen.

Trotz dieser Phantastereien, die vor allem durch die von seinem Schüler und Mitarbeiter J. C. Spurzheim so genannte „Phrenologie" in grotesker

Weise weiterentwickelt worden sind, knüpfte die wissenschaftliche Lokalisationstheorie an ein von Gall hervorgehobenes Beispiel an. Denn bereits Gall interessierte sich in besonderer Weise für die Lokalisation der Sprachstörungen. Er nahm den Sitz des Sprachvermögens in den Stirnlappen an und versuchte diese Meinung durch Untersuchungen von Hirnverletzten der Napoleonischen Kriege zu stützen. Bekanntlich war es aber erst Paul Broca, der das nach ihm benannte motorische Sprachzentrum nachweisen konnte, zu dem sich dann sein rezeptives Gegenstück, das von Wernicke so genannte sensorische Sprachzentrum gesellte.

Bald erkannte man, daß sich auch andere psychische Leistungen, oder genauer Leistungsstörungen, auf diese Weise lokalisieren ließen. Neben die Sprachstörungen, die sog. „Aphasien", traten die Störungen der gnostischen und praktischen Funktionen, die „Agnosien" und „Apraxien".

Für die klassische Fragestellung nach der Lokalisation der Erkenntnisfunktionen waren vor allem die „Agnosien" von Bedeutung, eine Bezeichnung, die von S. Freud stammt, der sich in jüngeren Jahren sehr eingehend und erfolgreich mit hirnpathologischen Problemen beschäftigt hat. Die Untersuchung der Agnosien setzte mit einem merkwürdigen Phänomen ein. Bei gewissen Gehirnverletzungen kann es dazu kommen, daß dingliche Objekte zwar noch gesehen, aber nicht in ihrer Bedeutung erkannt werden. Dieses Faktum, das leicht insofern feststellbar ist, als ein Versuchstier, z. B. ein Hund, bei entsprechender Hirnläsion einem optischen Hindernis zwar ausweicht, aber nachweislich nicht mehr seine Bedeutung erfassen kann, führt Munk auf den Verlust der „Erinnerungsbilder der früheren Gesichtswahrnehmung" zurück. Diese Art von „Seelenblindheit" bedeutet aber dann, daß die Residuen früherer optischer Eindrücke an anderen Stellen der Hinterhauptlappen des Gehirns „deponiert" werden als an denjenigen, an denen die optischen Wahrnehmungen zustande kommen. Auf diese Weise ergibt sich aber auch eine klare Unterscheidung zwischen „Perzeptionszentren" und „Erinnerungszentren", womit wiederum im Prinzip eine ähnliche Aufteilung entsteht, wie sie die alte Lehre vom Sensus communis im ersten Ventrikel und Memoria im letzten Ventrikel entworfen hatte.

Hinzu kommt noch, daß man sich im Rahmen dieser Lokalisationstheorie die Frage nach dem Ort der höheren Erkenntnisleistungen vor allem der Denkvorgänge stellte. Denn mit all den Lokalisierungsversuchen, die hier im einzelnen nicht angeführt zu werden brauchen und die zu einer Landkarte führten, in die die einzelnen Leistungszentren genau eingezeichnet wurden, befand man sich, wie der Psychiater Bumke sagte, noch im „Vorhof der Psyche". Die Antwort, welche die klassische statische Lokalisationstheorie gegeben hat, war konsequent: Auf der „Landkarte" des Gehirns gab es immer noch „weiße Stellen", an denen sich keine besonderen sensorischen oder motorischen Leistungen ansiedeln ließen. Diese „weißen Stellen", insbesondere an der Stirnhirnrinde, wurden von Flechsig für die Denkvorgänge in Anspruch genommen. Er sprach von „Assoziationsfeldern", die gleichsam als „Rangierbahnhöfe" zwischen den „Projektionsfeldern“ der Hirnrinde fungieren. Allerdings beruhte auch diese Lokalisation der „höheren psychischen Leistungen“ nicht lediglich auf Spekulationen, sondern auf einer großen Zahl von Beobachtungen von Stirnhirngeschädigten. So konnte Kleist schon auf Grund der Erfahrungen des Ersten Weltkrieges eine weitere Differenzierung derart durchführen, daß er die Antriebsstörungen vor allem auf die Stirnhirnkonvexität und die affektiven, zu Wesensänderung führenden Störungen auf die Stirnhirnbasis bezog, die allerdings auch immer mit Stammhirnschädigungen verbunden waren.

Faßt man nun die statisch-mechanische Lokalisationstheorie zu einem Gesamtkonzept zusammen, wie es bereits Theodor Meynert im vorigen Jahrhundert grundgelegt hatte, dann kommt man zu folgendem Bild, das sich in seiner geradezu großartigen Konsequenz und Einseitigkeit auch terminologisch sehr gut mit der klassischen Mechanik Newtons vergleichen läßt: Die Großhirnrinde besitzt die Fähigkeit, von der gesamten Sinnesperipherie vermittels der zentripetal leitenden Empfindungsbahnen Sinneseindrücke zu empfangen und durch die zentrifugal leitenden Bewegungsbahnen der Muskulatur motorische Impulse zu erteilen. Die sensorischen Rezeptoren und motorischen Effektoren sind dabei nach dem Grundsatz der isolierten Leitung gewissermaßen auf die Hirnrinde projiziert. Zwischen diesen Projektionsfeldern werden Verbindungen durch „Assoziationsfasern“ hergestellt, die in massiver Form als „Assoziationsfelder“ zu wahren „Rangierbahnhöfen“ werden, an denen sich das „Denkgeschehen“ abspielt. Die anatomische Struktur und die Funktion des Gehirns weist nach dieser Theorie eine eindeutige Entsprechung auf: „Der Bau des Organs enthält die Bedingung seiner Leistung“ (Meynert 1892).

Die erkenntnistheoretische Position, die Meynert mit seiner Gehirntheorie einnimmt, ist ein explizit ausgedrückter Kantianismus, den er als die „wahre Konsequenz naturwissenschaftlichen Denkens“ bezeichnet. Er folgt damit Schopenhauers naturalistischer Interpretation der Transzendentalphilosophie, der behauptet hat, Kant habe unter „Seelenvermögen“ selbstverständlich „Gehirnfunktionen“ verstanden (Meynert 1892, S. 77). Meynert lehnt aber andererseits mit Recht die, wie er sagt, „allen naturwissenschaftlichen Ernstes spottenden“ Ansichten Schopenhauers über Mechanik und Funktion des Gehirns ab.

Ganz im Sinne Kants ist für Meynert das Selbstbewußtsein oder das Ich ein vom „Gehirn-Mechanismus gestaltetes Wesen“, das eine kognitive Welt von Erscheinungen schafft, deren notwendige Bedingung das organische Funktionieren des Gehirns darstellt. Das zentrale Nervensystem ist eine Art „Netzwerk“, in dem die Erregungen aller Zellen miteinander verknüpft sind. Nur aus solchen Verknüpfungen entsteht eine kausal strukturierte räumliche Welt und entwickelt sich ein Ich. Daher ist es für Meynert eine gewagte Hypothese im Sinne eines naiven Realismus zu behaupten, „daß die Welt, welche den Gehirnen erscheint, auch vor und nach dem Vorhandensein von Gehirnen bestünde“. Der Bau des bewußtseinsfähigen Gehirns führt zur „Negation dieser Hypothese“ (Meynert 1892, S. 32), was Meynert am Beispiel der Raumwahrnehmung demonstriert. Der Raum selbst kann neurophysiologisch betrachtet kein „äußeres Objekt" sein. Er gestaltet sich vielmehr durch den „Gehirnmechanismus" in unserem Bewußtsein. Dieser Gehirnmechanismus besteht in einem Ausmessen der gereizten Stellen unserer Netzhaut und deren gegenseitigen Verrechnung, aus der sich der Raum als eine interne Konstruktion ergibt – ganz im Sinne des heute so gen. Prinzips der „kognitiven Selbstreferentialität". In diesem Zusammenhang macht Meynert eine für die gegenwärtige Kontroverse zwischen evolutionärer Erkenntnistheorie und neurobiologischem Konstruktivismus höchst aktuelle Bemerkung: „Jene physiologischen Auffassungen, welche das Raumbild zwar als im Bewußtsein liegend betrachten, aber als erblich überkommene fertige Anschauung in Beziehung zur Descendenzlehre setzen, können die Beziehungen des Raumbildes zu einer Genesis aus dem Gehirn-Mechanismus nicht alterieren, sondern sie übertragen diese Genesis eben nur auf den gleichen Gehirn-Mechanismus der Ascendenten" (Meynert 1892, S. 31). Noch klarer als für den Raum gilt nach Meynert auch für die Zeit die Kantische These, daß sie nichts anderes ist als ein Produkt des Gehirn-Mechanismus, der durch die neuroanatomisch und neurophysiologisch bedingte Kontinuität der Sukzession der Erscheinungen die Zeit hervorbringt, ebenso die Kausalität und die weiteren Kantischen Kategorien.

So konsequent diese Theorie auch war und so zahlreich sie auch durch Beobachtungen und Experimente (allerdings nur durch Tierversuche) unterstützt wurde, war sie doch sehr bald wieder Gegenstand heftiger Kritik. Es war vor allem H. Head, der die Schüler Meynerts und Wernickes als "diagram makers" bezeichnete, die aus Punkt- und Strichzeichnungen (Zentren und Assoziationsbahnen) die funktionelle Architektur des Gehirns rekonstruieren wollten. Head stellte sie bereits einer anderen Gruppe, den „Ikonoklasten" gegenüber, die jede Art von schematischer Konstruktion ablehnten. Aber auch innerhalb der Lokalisationstheorie wurde von allem Anfang an an ihrer Grundvoraussetzung gezweifelt, daß man die einzelnen Funktionen isolieren könne, wie man einen „Mauerstein aus der Wand" (Linke 1981) herausbricht.

Die ganzheitliche Betrachtung, die vor allem von Goldsteins gestaltneurologischen Vorstellungen weiterentwickelt worden ist, bildete bereits eine wesentliche Korrektur einer auf dem Standpunkt strenger Isolierbarkeit der Funktionen beruhenden Lokalisationstheorie. Entscheidend waren jedoch vor allem die Experimente von Sherrington und seiner Schule, die den überzeugenden Nachweis von der „funktionellen Instabilität der motorischen Rindenpunkte" brachte. Bisher konnte man nach den bekannten Rindenreizversuchen von Fritsch und Hitzig davon ausgehen, daß jedem Punkt des motorischen Rindenareals eine spezifische unabänderliche Reaktion des peripheren Erfolgsorganes entspreche. Diese Überzeugung von der Konstanz und Eindeutigkeit solcher projektiver Beziehungen mußte man nun aufgeben. An die Stelle einer isolationistischen statischen Lokalisationstheorie trat eine dynamische Theorie, die von einer genaueren Kenntnis der mikroanatomischen neuronalen Struktur des Menschenhirns ausging und bereits eine ausgebildete Neurophysiologie voraussetzte.

1.1.4 Die neurophysiologischen Theorien

Sieht man von den antik-mittelalterlichen Vorstellungen ab, für die Galens spekulative Lehre von den Spiritus animales repräsentativ war, kann man erst nach Harveys Entdeckung des Blutkreislaufes von einer empirisch betriebenen Hirn- oder Neurophysiologie sprechen. Harvey selbst besaß eine eigene Hypothese von den Nervenfunktionen. Er lehnte die Auffassung ab, daß es in den Nerven so etwas wie ein Fließen oder eine Bewegung von animalischen „Geistern" (spiritus) gäbe, sondern nahm eine „Erregung" an, die er sich wie „das Licht in der Luft" oder Ebbe und Flut im Meer vorstellte. Konkreter wurde diese Vorstellung bei dem Begründer der Biomechanik, Giovanni Alfonso Borelli, der in seinem Buch ›De motu animalium‹ von einer „Nervenflüssigkeit" (succus nerveus) sprach und durch ein Experiment demonstrierte, daß die „animalischen Geister" nicht gasförmiger Natur sind. Dazu schlitzte er einem in Wasser untergetauchten Tier die Muskeln auf. Die Tatsache, daß trotz Kontraktion im verletzten Glied keine Blasen aufstiegen, widerlegte die klassische Idee von der dunst- oder gasförmigen Natur der Spiritus animales und führte ihn zur Annahme eines flüssigen Mediums, das in den Muskeln einen explosiven Vorgang (ebbulitio et displosio) verursacht.

Descartes, der zwar Harveys Entdeckung vom Blutkreislauf, aber offensichtlich nicht die Experimente Borellis kannte, blieb jedoch bei der Vorstellung der animalischen Geister, die in Form eines „Windhauchs" oder einer sehr feinen Flamme in den Muskel eindringen und ihn steif werden und anschwellen lassen wie die Luft in einem Ballon. Er war damit einer der letzten „Ballonisten" unter den Nervenphysiologen seiner Zeit. Die anderen seiner Zeitgenossen folgten bereits den Konsequenzen der Experimente Borellis, die auf ein flüssiges Medium hinwiesen. Eine Kompromißlösung stellte die Auffassung von Thomas Willis dar, dessen größte Leistung, wie bereits erwähnt, jedoch mehr auf hirnanatomischem als auf neurophysiologischem Gebiet lag. Er vertrat die Meinung, daß die „animalischen Geister", die er aus der Galenistischen Tradition übernahm, sich wie eine Flamme im Lebenssaft des Blutes ausbreiten und mit den „Nervensäften" in den Muskeln zu einer „explosiven" Mischung vereinigen, die dann die Muskelbewegungen hervorruft.

In solchen immer wieder auftauchenden Vorstellungen, daß das Geschehen in den Nerven einem explosiven Vorgang gleichen muß, kann man bereits eine Vorstufe oder Ahnung von der elektrochemischen Natur der nervösen Erregung und Entladung sehen. Doch das eigentliche Medium, in dem sich diese Vorgänge abspielen sollten, blieb zu dieser Zeit ein Gegenstand reiner Spekulation. Darauf wies bereits kritisch der dänische Anatom

Stensen (Stenon) hin, der vielleicht der erste war, der die ungeheure Komplexität des Menschenhirns erfaßt hat. Denn er bezeichnete es als „das schönste Meisterwerk der Natur“ («le plus beau chef-d'œuvre de la nature»). In seinem 1667 in Florenz erschienenen Werk traf er folgende vernichtende Feststellung: „Animalische Geister, als feinste Teile oder als Dunst des Blutes und die Nervensäfte, das sind alles Bezeichnungen, die von vielen verwendet werden, aber nicht mehr als Worte sind, die nichts meinen.“

Trotzdem waren diese theoretischen Vorstellungen so stark, daß sie offensichtlich einen der genauesten Beobachter, nämlich A. van Leeuwenhoek, mit dem die Geschichte der mikroskopischen Untersuchung des Nervengewebes begann, zu einem falschen Ergebnis führten. Er „sah“ nämlich die Nervenfasern als hohle „Gefäße“ an, womit er im Einklang sowohl mit den Vertretern der Theorie der „Nervensäfte“, die ein flüssiges Medium annahmen, als auch mit den Ballonisten, welche die animalischen Geister als gasförmig ansahen, stand.

Die eigentliche Alternative zu beiden Vorstellungen stammte aus einem anderen Bereich: nämlich aus der Physik. Es war kein Geringerer als Newton selbst, der sich das Nervengewebe als solid und uniform vorstellte. Als Medium nahm er im Sinne seiner universellen Gravitationstheorie einen elastischen Äther an, der feiner als die Luft jede Materie und so auch die soliden Nerven mit einer Vibrationsbewegung durchdringt. Unter den Medizinern war bezeichnenderweise der Hauptvertreter der Iatromechanik Giorgio Baglivi auch der wichtigste Anhänger der Theorie von der soliden Struktur der Nervenfasern. Er stellte eine Theorie von der oszillatorischen Bewegung der Nervenfasern auf. Alle diese Theorien wurden jedoch sowohl von Boerhaave als auch von A. von Haller mit dem Einwand zurückgewiesen, daß solche mechanische Vorstellungen der Natur der weichen, schwammigen und flattrigen Nerven widersprächen, von denen man außerdem durch van Leeuwenhoeks mikroskopische Untersuchungen zu wissen glaubte, daß sie hohle Leitungen darstellten.

Die Neurophysiologie Boerhaaves bildet ein Verbindungsglied zwischen den extrem mechanischen Vorstellungen in der Iatromechanik Baglivis und dem Begriff der Irritabilität, wie ihn Haller zur Grundlage der Neurophysiologie machte. Der Iatromechanik folgend, veränderte Boerhaave zunächst die Vorstellung vom Spiritus animalis. Für ihn bestehen die Spiritus animales aus submikroskopischen Partikeln und befinden sie sich überall in den Hohlräumen des Gehirns und in den Zwischenräumen zwischen den Nervenfasern. Sie sind in allen ihren verschiedenen Arten mineralischen Ursprungs und lassen sich daher auch ganz im Sinne der Alchemisten außerhalb des Pflanzen- und Tierreichs feststellen. Das zentrale Glied der „machina nervosa“ ist das Sensorium commune, das sich überall dort im Gehirn und Rückenmark befindet, wo die graue Substanz in die weiße Substanz übergeht. In ihm treffen sich die Sinnesreize und von ihm gehen die motorischen Impulse aus. Die Spiritus animales haben dabei die Funktion eines Reizmittels für die Nervenendungen.

Auch für A. von Haller liegt der Ausgangspunkt seiner Überlegungen in der geläufigen Feststellung, die Fähigkeit zu empfinden und sich zu bewegen sei eine Eigenschaft des Nervensystems. Anders als Leeuwenhoek, der davon überzeugt war, daß das „Nervengeflecht aus sehr kleinen Gefäßen von unvorstellbarer Feinheit" besteht, hält es Haller aus funktionell-physiologischen Gründen nur für „wahrscheinlich, daß die Nervenfiberchen und die ebenso beschaffenen markigen Fibern des Gehirns hohl sind". Denn keine optische Vergrößerung erreicht, wie er ausdrücklich betont, die Feinheit solcher Röhren. Wenn aber diese Fibern Röhren sind, so ist es wiederum wahrscheinlich, daß sie von den „Arterien des Gehirns ihren Saft bekommen", eine Annahme, die Soemmering sofort mit guten Gründen in einer Anmerkung bestreitet (Haller 1788).

In der Unsicherheit über die Beschaffenheit dieses Saftes zeigt sich deutlich die eigentliche Problematik des neurophysiologischen Erklärungsmodells. Schon zur Zeit von Haller gab es mehrere Möglichkeiten. Daß der Nervensaft nicht mit den anderen Klassen der Flüssigkeiten des Körpers zusammenfällt, machen sowohl Haller als auch seine gelehrten Kommentatoren Meckel und Soemmering klar: Er gehört nicht unter dieselbe Kategorie wie Tränen, Blut, Speichel, Schweiß und Urin, mit denen die späteren Materialisten wie Vogt und Büchner argumentierten. Sondern der „Nervensaft" oder „Nervengeist" gehört den „hypothetischen Flüssigkeiten" an, die „sehr fein" und „unsichtbar" sind und „keinen Geschmack oder Geruch" haben und sich sehr schnell bewegen müssen. Wenn man nicht die Modelle solider, harter und elastischer Nervenfasern annehmen will, die auf mechanischen Kräften beruhen, wie Baglivi angenommen hat und anscheinend auch Meckel, denn dieser spricht nicht von Flüssigkeit, sondern von einer „Kugelreihe" (Haller 1788, S. 288, Anm.), dann bleiben nur die beiden anderen Möglichkeiten übrig, die Haller aufzählt: „ätherischer" oder „elektrischer" Art. Diese beiden Möglichkeiten können als Vorstufe der gegenwärtigen Auffassung von der chemisch-elektrischen Art der Informationsübertragung im Nervensystem angesehen werden. Haller entscheidet sich für den „ätherischen Nervensaft oder Nervengeist", der die Ursache ist, warum Nerven die Werkzeuge der Sinne und Bewegungen sein können.

Die Situation änderte sich jedoch mit der Entdeckung der „tierischen Elektrizität" durch Luigi Galvani im Jahre 1786. Galvani kam auf Grund seiner berühmten Versuche mit präparierten Froschschenkeln zur Ansicht, daß der lebende Organismus selbst, vor allem aber das Gehirn, Elektrizität produziert, die entlang der Nerven fließt und als Reiz auf die erregbaren Muskelfasern wirkt und Kontraktionen hervorruft. Diese Ansicht beseitigte endgültig das Rätsel, vor dem die Physiologen wie A. von Haller und alle jene standen, die eine Erregbarkeit der Nerven durch einen Eingriff von außen her experimentell nachweisen konnten, ohne angeben zu können, von welcher Art die Energie ist, die, von den durch verschiedene mechanische oder chemische Reizungen sensibilisierten Nerven ausgehend, die Muskelkontraktionen bewirkt.

Obwohl es zunächst Galvani schwer hatte, seine „tierische Elektrizität" als eigene vom Organismus selbst erzeugte Art von Elektrizität gegenüber der „metallischen Elektrizität", die sein Landsmann Alessandro Volta als einzige anerkannte, durchzusetzen, war damit der entscheidende erste Schritt zur Erklärung des Mechanismus des Nervensystems getan.

Von diesem Zeitpunkt an entwickelte sich eine eigene „Physik der Nerven", wie sie der berühmte Physiologe Johannes Müller nannte, der jedoch selbst mit gutem Grund zögerte, die Identität von Nervenprinzip und Elektrizität anzunehmen: Ein methodisches Vorgehen verbiete, „eine noch nicht begründete Vermutung als Basis für wissenschaftliche Systeme zu benutzen".

Seine Grundthese war vielmehr das Gesetz der spezifischen Sinnesenergie, das bereits eine bedeutsame erkenntnistheoretische Konsequenz enthält. Das Gesetz, das er bereits 1826 formulierte, besagt, daß jedes Sinnessystem auf Reize verschiedenster, also mechanischer, chemischer, thermischer oder elektrischer Art nur in der ihm eigentümlichen Weise reagiert. Das aber bedeutet, daß wir nicht die Vorgänge der Außenwelt wahrnehmen, sondern nur die dadurch veranlaßten Veränderungen in unseren Sinnessystemen: „Im Umgang mit der Außenwelt empfinden wir beständig uns selbst" (zit. n. Stendel 1964). Außerdem machte J. von Müller die heute noch gültige und besonders aktuelle Feststellung, daß das Sinnessystem des Auges nicht nur auf äußere optische Reize anspricht, sondern auch durch innere Reize erregt werden kann. Allerdings hielt er grundsätzlich daran fest, daß man die „Geschwindigkeit der Nervenwirkungen" nie erfassen wird können.

Genau das aber hat sein Schüler Hermann von Helmholtz nur wenige Jahre später geleistet. Seine Bestimmung der Leitungsgeschwindigkeit der Nerven leitete eine neue naturwissenschaftliche Ära der Nervenphysiologie ein, die von C. Matteucci vorbereitet und von Emil Dubois-Reymond, der ebenfalls ein Schüler von Johannes von Müller war, mitgetragen worden ist. Dubois-Reymond wird zusammen mit Matteucci als Entdecker der später so gen. elektrischen „Aktionsströme" bezeichnet. Außerdem hatte er bereits die Vorstellung, daß die elektrische Ausbreitung des Nervensignals durch einen chemischen Übertragungsmechanismus ergänzt wird.

Beide Vorstellungen von der Tätigkeitsweise des Nervensystems, die chemische und die elektrische, wurden in der neueren Entwicklung der Neurophysiologie bestätigt. 1902 formulierte Bernstein die sog. Membrantheorie, welche dann die Grundlage der Ionentheorie der Erregung von Hodgkin und Huxley bildete. Der Grundgedanke dieser Theorie ist, daß der Erregungszustand einer Zelle an einen Ungleichgewichtszustand gebunden ist, der wiederum Folge eines Pumpmechanismus ist, bei dem Kaliumionen in das Neuron, Natriumionen aus dem Neuron gefördert werden, wobei die Durchlässigkeit der Zellmembrane sich mit dem Erregungszustand ändert. Neben diesen schnellen Aktionspotentialen der Nervenzellen wurden aber schon im Jahre 1924 durch den deutschen Psychiater Hans Berger langsame elektrische Hirnströme entdeckt, von denen angenommen wurde, daß sie das materielle Korrelat zur gedanklichen Verarbeitung der Sinneswahrnehmungen darstellen, die selbst durch die schnellen Nervenimpulse repräsentiert werden.

Nicht unerwähnt soll bleiben, daß Berger in der Frage nach dem Verhältnis von Gehirn und Bewußtsein einen partiellen Parallelismus vertrat, den er vergeblich vor den daraus resultierenden dualistischen Konsequenzen zu retten versuchte. Denn das Endresultat war die Forderung nach einer eigenen „spezifisch psychischen Energie", die mit seiner angestrebten monistischen Auffassung unvereinbar war. Es zeigt sich also, daß der Begründer der Enzephalographie mit der Formulierung dieser Aporie wesentlich vorsichtiger war als so mancher von den heutigen Identitätstheoretikern, die kognitive Prozesse mit Gehirnwellen gleichsetzen wollen. Das, was Hans Berger vor mehr als einem halben Jahrhundert von seinen Experimenten erhoffte, war die Möglichkeit, mit dem Elektroenzephalogramm auch Denkprozesse sichtbar zu machen. Und was man heute wirklich erreicht hat, ist, daß man elektrophysiologische Korrelate zu kognitiven Prozessen erfassen kann; allerdings mit der Einschränkung, daß, so wertvoll diese Methode auch ist, sie doch sehr leicht Artefakte produzieren kann. Das Gehirn ist schließlich nicht dazu eingerichtet, elektrische Reize zu verarbeiten. Deshalb ist auch die Methode der elektrophysiologischen Experimente künstlich und entspricht nicht der natürlichen Arbeitsweise des Gehirns.

Die heute am häufigsten geübte Technik zur Untersuchung von funktionellen Verbindungen im Gehirn ist die der sog. „evozierten Potentiale". D.h., es werden verschiedene „Eingänge" ins Gehirn (Sinnesorgane oder die in den Kortex führenden Bahnen) mit einem elektrischen Impuls gereizt und die elektrischen Antworten an verschiedenen Stellen des Gehirns durch Elektroden festgestellt, wobei es bereits verschiedene Schichten der Verfeinerung dieser Technik vom Makro-EEG über das Mikro-EEG bis auf die zelluläre Ebene gibt (Petsche). Voraussetzung für eine derartig verfeinerte Untersuchungstechnik war daher auch eine bessere Kenntnis der mikroanatomischen Strukturen des Gehirns, die auch tatsächlich zeitlich parallel zu den hirnelektrischen Untersuchungen der Neuronen- und Synapsentheorie erreicht worden ist. Die entscheidende Entdeckung, die bereits vom Begründer der Neuronentheorie, Santiago Ramón y Cajal, gemacht worden ist, war, daß das gesamte Nervensystem aus Nervenzellen, sog. Neuronen, aufgebaut ist, die nicht wie andere Zellen von vornherein in einem Zellverband fest zusammengeschlossen sind, sondern sozusagen jede für sich ihr eigenes „biologisches Leben leben" (Eccles 1974). Mit anderen Neuronen steht jedes Neuron durch einen eigenen Kommunikationsapparat, der von Sherrington „Synapse" genannt worden ist, in Verbindung.

Zunächst war man sich jedoch nicht im klaren, auf welche Art und Weise die Übertragung der Nervenimpulse an den Synapsen stattfindet. Die elektrophysiologischen Untersuchungen wiesen darauf hin, daß die Übertragung elektrischer Art ist, und die Pharmakologen waren auf Grund der Experimente von Claude Bernard überzeugt, daß diese Übertragung chemischer Natur sei. Heute weiß man, daß es beide Übertragungsweisen gibt. Damit ist aber auch die Idee einer besonderen psychischen Energie beseitigt, die an eine bestimmte physikalisch-chemische Übertragungsart gebunden sein sollte. Das Gehirn funktioniert weder chemisch noch elektrisch, sondern es funktioniert eben als Gehirn, und daher läßt sich auch, wie Sherrington (1964) selbst sagt, „das Geistige nicht als eine Form der Energie untersuchen".

1.2 Die gegenwärtige Diskussion des Gehirn-Bewußtsein-Problems

Nach einer mehr als zweitausendjährigen Geschichte enger Wechselbeziehungen zwischen empirischer Hirnforschung und philosophischer Erkenntnis- und Bewußtseinstheorie ist die scharfe Trennung zwischen beiden Gebieten, wie sie über Jahrzehnte hinweg für unser Jahrhundert kennzeichnend war, kaum verständlich. Es waren jedoch nicht nur philosophische Bewußtseinstheorien, welche die Resultate der neurobiologischen Forschungen außer acht ließen (Grüsser, Henn 1970; Linke 1982; Roth 1987), die „Abstinenz" gegenüber philosophischen Fragestellungen war vielmehr in der Neurobiologie zumindest zeitweise noch ausgeprägter: „Die dogmatische Ablehnung des Bewußtseins oder geistiger Kräfte als Erklärungsmodelle war in der Naturwissenschaft während der fünfziger und bis in die frühen sechziger Jahre hinein so stark gewesen, daß sich schon der Lächerlichkeit preisgab, wer bei einer ernst zu nehmenden wissenschaftlichen Zusammenkunft Wörter wie ‚bewußt' oder ‚geistig' auch nur in den Mund nahm" (Sperry 1963).

Den Grund für diese Tabuisierung des Bewußtseins muß man paradoxerweise darin sehen, daß gerade die großen Erfolge der modernen Hirnforschung, der funktionalen Neuroanatomie, Neurophysiologie und Neurochemie die Lösung des Problems des Verhältnisses von Gehirn und Bewußtsein zunächst nicht leichter, sondern noch viel schwieriger, ja vielleicht überhaupt unlösbar zu machen schienen. So stellt bereits Sherrington in dem schon klassisch gewordenen Buch ›Man on his nature‹ resigniert fest: „Nach allem, was sich wahrnehmungsmäßig über das Bewußtsein ausmachen läßt, geht es demnach in unserer räumlichen Welt gespenstischer als ein Gespenst einher. Unsichtbar, ungreifbar ist es ein Ding ohne jeglichen Umriß, es ist überhaupt kein ‚Ding'. Es bleibt unbestätigt durch die Sinne und bleibt es so für immer" (1940, 1964).

Neun Jahre später erscheint ein anderes Buch, ›The Concept of Mind‹ von Gilbert Ryle. In ihm wird zu zeigen versucht, daß sowohl die traditionelle Philosophie als auch der gewöhnliche Sprachgebrauch der Alltagserkenntnis von einem großen Irrtum ausgehen: von dem Dualismus zwischen äußeren körperlichen Phänomenen und inneren mentalen Phänomenen, wie z. B. „Schmerz“, „Angst“, „Erinnerung“, „Gedanken“, „Bewußtsein“ und „Geist“. Ryles These lautet, daß diese dualistischen Intuitionen nicht die natürlichen unverdorbenen Intuitionen sind, sondern das Produkt einer unterlassenen oder falschen Analyse des mentalistischen Vokabulars. Eine kritische Analyse mentalistischer Beschreibungen zeigt dagegen, daß der „Geist in der Maschine“ eine Fiktion ist, ebenso wie die traditionellen Theorien zur Lösung des Leib-Seele-Problems fiktive Theorien über fiktive Probleme sind.

Der Einfluß von Ryles Buch war befreiend und verheerend zugleich. Vor Ryle gab es eine verwirrende Vielfalt von Theorien über das Verhältnis zwischen Bewußtsein und Gehirn: Idealismus, Materialismus, neutraler Monismus, epiphänomenaler Parallelismus bekämpften sich zwar auch untereinander, waren sich aber in einem Punkt einig, daß es sich bei diesem Problem um ein echtes Problem, nicht um ein Scheinproblem handelt.

Nach dem Erscheinen von Ryles Buch gab es für mehr als ein Jahrzehnt keine Theorien des Geistes mehr. Sie waren suspekt in dem Sinne, daß nur derjenige solche Theorien aufstellen kann, der noch nicht bemerkt hat, daß sie auf dem unkritischen Gebrauch eines fiktiven Begriffsapparates beruhen (Bieri 1981). Was übrigblieb, war das Programm der begrifflichen Analyse, die sich jedoch fast ausschließlich auf die gewöhnliche Alltagssprache bezog, wenn man von den traditionellen hermeneutischen Interpretationen klassischer Texte der Philosophie absieht, die jedoch meist nur der Verewigung einer überholten Terminologie dienen und deshalb keine Alternative darstellen.

Heute jedoch hat sich die Situation in beiden Lagern geändert. Es sind einerseits differenzierte Forschungsergebnisse neurobiologischer Laborexperimente, welche die Bedeutung und Unentbehrlichkeit der Bewußtseinskonzeption hervorgehoben haben (Sperry 1985), nachdem schon der psychologische Behaviorismus durch die Resultate der vergleichenden Verhaltensforschung (Lorenz im Anschluß an von Holst) widerlegt worden war. Andererseits war es aber auch gerade der streng durchgeführte logische Behaviorismus, der zur Einsicht geführt hat, daß es mentale Zustände und Ereignisse gibt, die in der realen Welt eine kausale Rolle spielen und die sich nicht in Verhaltensdispositionen auflösen lassen.

Im Zentrum dieser Überlegungen steht ein klassischer Begriff der traditionellen aristotelisch-scholastischen Philosophie, der später von Brentano wiederaufgenommen worden ist: der Begriff der „Intentionalität“. Er bildet den nichteliminierbaren Grundbegriff einer neuen „Philosophie des Geistes“, die sich als kompatibel mit der modernen Hirnforschung erweisen könnte.

1.2.1 Die Identitätstheorie

Die ersten Ansätze zu einer Annäherung von Bewußtseinstheorie und Hirnforschung erfolgten daher auch nicht aus der traditionellen Philosophie, sondern aus der modernen Wissenschaftstheorie, sobald sie ihre Beschränkung auf die logische Analyse der Sprache überwunden hatte. Das läßt sich bereits von der Identitätstheorie H. Feigls sagen, der im Gegensatz zum sog. Logischen Behaviorismus (Ryle, Carnap) die Frage nach dem Verhältnis von Leib und Seele nicht als sinnloses Scheinproblem ansah, das sich einfach durch logische Analyse eliminieren läßt. Vielmehr benützt er gerade Freges bekannte Unterscheidung von „Sinn" und „Bedeutung", um eine semantische Identitätstheorie auf Grundlage eines neutralen Monismus zu propagieren. Es wird keine Identität der Begriffe von Seele und Leib, sondern nur eine Identität der Extension oder Begriffsumfänge behauptet: Trotz des verschiedenen Sinnes der Begriffe, die neurophysiologische Phänomene und derjenigen, die Bewußtseinsphänomene beschreiben, beziehen sie sich doch auf ein und denselben Gegenstand bzw. auf ein und dasselbe Ereignis, wobei im Sinne des neutralen Monismus offenbleibt, was diese Ereignisse oder Gegenstände eigentlich sind. Feigl läßt aber trotzdem keinen Zweifel darüber offen, daß es letzten Endes physikalische Gesetze sind, die allen Phänomenen des Universums zugrunde liegen, was allerdings nur das Problem auf die Frage verschiebt, wie materialistisch die Physik ist. Aus einem ontologisch-metaphysischen Materialismus ist somit die wissenschaftstheoretische Position des „Physikalismus" geworden.

Selbst dann, wenn sich einige Identitätstheoretiker als „Materialisten" bezeichnen, wie z.B. die Vertreter des sog. „australischen Materialismus" U.T. Place, J.J.C. Smart und D.M. Armstrong, ist damit nicht mehr der klassische ontologische Materialismus gemeint. Der moderne „Materialismus" hat daher irreführenderweise eine von der früheren Bezeichnung grundsätzlich abweichende Bedeutung, auf die die Argumente gegen den alten Materialismus nicht mehr anwendbar sind. Der alte ontologische Materialismus ist heutzutage wissenschaftlich nicht mehr vertretbar. Er hat sich, wie schon Popper (1977) betont, in der Geschichte der Physik selbst überwunden. Denn der Begriff der Materie im klassischen Sinn hat sich mit dem Fortschritt der Naturwissenschaft aufgelöst. Die moderne Physik ist nicht materialistisch (Gierer 1985). Deshalb kann auch der Physikalismus als wissenschaftstheoretische Position nicht materialistisch im klassischen Sinn sein. Was übrigbleibt ist lediglich ein methodologischer Reduktionismus, der nur mehr dem Namen nach als „Materialismus" bezeichnet werden kann, da er nicht mehr auf die Struktur der Materie selbst eingeht, sondern nur mentale Ereignisse semantisch auf eine andere Erklärungsebene zurückzuführen versucht. Ein solcher, bloß eliminativer Materialismus (Feyerabend, Rorty) besteht letzten Endes nur aus dem Postulat der zukünftigen Elimination aller mentalistischen Ausdrücke und ihrer Ersetzbarkeit durch die Terminologie der Neurowissenschaften. Für die empirische Forschung, die über das Verhältnis von Gehirn und Bewußtsein konkrete Aussagen machen will, sind jedoch solche Aussagen völlig unproduktiv, im schlimmsten Fall sogar forschungshemmend.

Aber auch wenn man den Ausdruck „Materialismus" zugunsten der Bezeichnung „Physikalismus" vermeidet, ergeben sich weitere Abschwächungen der Identitätstheorie. Nach T. Nagel (1965) kann man vier unterschiedlich starke Positionen der physikalistischen Identitätstheorie unterscheiden:

(1) Die stärkste Form des Physikalismus, die allgemein eine strikte Identität zwischen psychischen und physischen Zuständen behauptet, in dem Sinn, daß jedem einzelnen psychischen Zustand ein physischer entspricht.
(2) Ein schwächerer Standpunkt, der eine strikte Identität physischer und psychischer Zustände nur in bestimmten Fällen, z. B. bei Empfindungen, sonst aber nur partikuläre Identitäten behauptet.
(3) Ein noch schwächerer Standpunkt verzichtet darauf, daß für jeden einzelnen psychischen Zustand ein physischer angenommen werden muß, insbesondere dann, wenn es sich um mentale Zustände intensionaler Art handelt.
(4) Die schwächste Form des Physikalismus würde sogar nicht mehr auf bestimmten einzelnen Identitäten bestehen, obwohl dann völlig unklar wird, wie überhaupt noch eine Identität mentaler und physischer Zustände behauptet werden kann.

Die Ausformulierung einer Theorie des Physikalismus im Sinne der beiden ersten Positionen ist deswegen nicht sinnvoll, weil sie, wenn sie überhaupt jemals gelingen sollte, unvorstellbar kompliziert wäre. Es bleiben daher lediglich die schwachen Formen einer physikalistischen Identitätstheorie übrig, die entsprechend dem Fortschritt der Neurobiologie immer wieder neu formuliert werden müssen. In diesem Sinne hat schon R. Sperry mit Recht betont, daß insbesondere nach der Veröffentlichung der Resultate seiner neurobiologischen Laborexperimente, die dem Bewußtsein als Emergenzphänomen eine kausale Rolle im Hirngeschehen zubilligten, eine Flut von semantischen Transformationen der Identitätstheorie einsetzte, um diese an den jeweiligen Stand der Hirnforschung anzupassen.

Die vom Ergebnis her bedeutendste Transformation der Identitätstheorie ist die sogenannte „Supervenienztheorie". Intern knüpft sie an die Diskussion um den problematischen Status von Korrespondenz- oder Korrelationsgesetzen zwischen mentalen und neuralen bzw. physikalischen Ereignissen an. Wenn mentale Ereignisse und Zustände kausale Effekte von neuralen Ereignissen sind und den mentalen Ereignissen im neuralen Geschehen zumindest so etwas wie eine kausale Rolle zukommt, dann muß es auch kausale Gesetze geben, unter die beide Arten von Ereignissen fallen, auch wenn sie nur dem Sinn und nicht ihrer extensionalen Bedeutung nach verschieden sind. Als synthetische und nicht nur sprachanalytische Theorie ist die Identitätstheorie auf die empirische Bestätigung solcher Gesetze angewiesen, und es stellt sich erneut die Frage nach der Art und Weise, wie das

Physische und Psychische als zwei verschiedene Eigenschaftsmengen miteinander verknüpft werden können. Die Antwort darauf lautet: Kausalität ist nicht die einzige Art, in der eine Eigenschaftsmenge eine zweite bestimmen kann, und die Zuordnungsrelation muß nicht symmetrisch, sondern kann auch asymmetrisch sein.

In diesem Sinne taucht der Supervenienz-Begriff bereits in der Ethik auf (Hare 1952). Dort dient er der Darstellung einer asymmetrischen Relation von deskriptiven und moralischen Eigenschaften einer Handlung und besagt, daß, sobald die deskriptiven Eigenschaften einer Handlung feststehen, auch die moralischen Eigenschaften fixiert sind, aber nicht umgekehrt. Mit anderen Worten: Die gleichen moralischen Eigenschaften können durch verschiedene Handlungen realisiert werden. Aber es ist unmöglich, daß zwei Handlungen sich in ihren moralischen Eigenschaften unterscheiden, ohne sich im Hinblick auf ihre deskriptiven Eigenschaften zu unterscheiden.

Auf das Leib-Seele- oder Gehirn-Bewußtsein-Problem angewendet (Davidson 1970) bedeutet Supervenienz eine Abhängigkeit (Dependenz) mentaler Eigenschaften von physikalischen Eigenschaften derart, daß sich die mentalen Eigenschaften eines Systems nicht verändern können, ohne daß sich auch die physikalischen Eigenschaften ändern. Eine solche Dependenz, die eine Abhängigkeit hinzukommender Eigenschaften von bereits vorhandenen zugrundeliegenden Eigenschaften ist und deswegen auch in diesem Bereich „Supervenienz" genannt werden kann, impliziert jedoch ausdrücklich „nicht Reduzibilität mittels eines Gesetzes oder einer Definition" (Davidson 1970, 1981), sondern führt zu verschiedenen aufeinander nicht zurückführbaren Beschreibungsebenen.

Die Supervenienztheorie ist daher mit dem Emergenz-Konzept des Bewußtseins vereinbar und liefert dazu eine korrekte nichtreduktionistische semantische Theorie. Denn die sprachlogisch und wissenschaftssystematisch festgelegten Beschreibungsebenen entsprechen inhaltlich den Emergenzstufen einer universalen Evolutionstheorie, in die auch die Entstehungsgeschichte des menschlichen Bewußtseins und der wissenschaftlichen Erkenntnis eingebettet ist. Das aber bedeutet, daß auch innerhalb des Mentalen mit Hilfe des Informationsbegriffes Differenzierungen im Sinne der Supervenienzrelation durchführbar sind, die über den psychologischen Bewußtseinsbegriff hinaus zu einer philosophisch begründbaren Gehirn-Geist-Theorie führen und die Frage nach der Entstehung von „Bedeutung" im Gehirn zulassen. Die Supervenienztheorie kommt damit zu jenem Punkt, an dem sie ihren eigentlichen Ursprung aus der physikalistischen Identitätstheorie bereits völlig verlassen hat. Anstatt Identität zwischen mentalen und physikalischen Zuständen oder Ereignissen zu behaupten und sich in endlose Schwierigkeiten bei der Definition des richtigen Typs von Identität (partikulare oder allgemeine strikte Identität) zu verstricken, wird in der fortgeschrittendsten Version der Supervenienztheorie die Identitätsthese überhaupt aufgegeben (Haugland 1982). Damit gibt es auch keine lokale Supervenienz von mentalen Vorgängen auf einzelne Gehirnvorgänge, sondern nur eine globale Supervenienz, die sich nicht mehr auf bestimmte Eigenschaftsmengen, sondern auf „Wahrheitsmengen" bezieht. Wie diese Wahrheitsmengen verschiedener Beschreibungsebenen in sich in Eigenschaften von Individuen zerfallen, bleibt offen. Übrig bleibt nur die zentrale Intuition, daß alle Eigenschaften der Welt fixiert sind, sobald die physikalischen Eigenschaften fixiert sind. Damit zeigt sich aber auch die Grenze dieser schwächsten Form des Physikalismus: die quantenmechanischen Eigenschaften eines raumzeitlichen Bereichs stehen niemals vollständig und zur Gänze fest (Gierer 1985). Denn im quantenmechanischen Meßprozeß muß man auf das beobachtende Subjekt rekurrieren. Dadurch ergibt sich eine letzten Endes nichtphysikalistische Lösung der ursprünglich physikalistischen Supervenienztheorie in Form einer „zyklischen" Supervenienzhierarchie: Es wird eine Supervenienz quantenmechanischer Eigenschaften auf mentale Eigenschaften postuliert.

Tatsächlich ist auch unabhängig von der Supervenienztheorie des Leib-Seele-Problems in der Theorie des quantenmechanischen Meßprozesses diese Dependenz oder Abhängigkeit der physikalischen Mikroereignisse vom Bewußtsein des Beobachters behauptet (Wigner) und in Form eines der globalen Supervenienztheorie äquivalenten kosmologischen Konzepts als starkes (kausales) und schwaches anthropisches Prinzip (Wheeler) vertreten worden.

1.2.2 Der Funktionalismus

Ursprünglich ist auch der Funktionalismus als eine Variante der Identitätstheorie entstanden. Darauf hat einer seiner Hauptvertreter, Hilary Putnam, selbst hingewiesen, wenn er sagt, daß „nach funktionalistischer Auffassung tatsächlich eine Identität" zwischen Gehirn und Bewußtsein vorliegt, jedoch nicht im Sinne des Physikalismus, der eine „falsche Gehirneigenschaft" als das andere Gleichungsglied angenommen hat. Denn es sind nicht die physikalischen Eigenschaften des Gehirns, die mit mentalen Eigenschaften gleichgesetzt werden können, sondern es sind gerade solche Eigenschaften, die „in Begriffen, die den physikalischen oder chemischen Aufbau des Gehirns unerwähnt lassen, definiert werden können" (Putnam 1982).

Solche „nichtphysikalischen" Eigenschaften des Gehirns sind seine funktionalen Eigenschaften. Dafür, daß ein physikalisches System nichtphysikalische Eigenschaften haben kann, gibt es ein gutes Beispiel: „Eine Rechenmaschine hat viele physikalische Eigenschaften. Sie hat z. B. ein bestimmtes Gewicht, und sie hat eine bestimmte Anzahl von Schaltelementen. Sie hat ökonomische Eigenschaften, wie z. B. einen bestimmten Preis, und sie besitzt auch funktionale Eigenschaften, wie z. B. ein bestimmtes Programm" (Putnam 1982).

Mit dem Hinweis auf die Rechenmaschine greift Putnam auf ein klassisches Analogiemodell zurück, das bereits in den Anfängen der modernen

Computertechnologie von A. Turing, J. von Neumann und N. Wiener diskutiert worden ist. Heute bildet diese Analogie die Grundlage für die sog. „Künstliche-Intelligenz"-Forschung im Rahmen der Kognitionswissenschaften, zu denen neben den Neurowissenschaften und Computer Science bzw. Informatik auch Kognitionspsychologie, Verhaltensforschung, Linguistik bzw. Semiotik und klassische Disziplinen der Philosophie, wie Logik und Erkenntnistheorie, gehören.

Der heuristische Wert der Methode, die Leistungen des menschlichen Bewußtseins mit den Funktionen einer informationsverarbeitenden Maschine zu vergleichen, ist beim gegenwärtigen Stand der Informationstechnologie unbestreitbar. Denn die Simulierung menschlicher Erkenntnisleistungen in Automaten bedeutet, daß diese Erkenntnisleistungen selbst in detaillierter Reflexion erfaßt worden sind. Die Frage Turings, ob eine Maschine denken kann, enthält daher, wie bereits Popper festgestellt hat, eine Falle: eine Widerlegung der positiven Antwort auf diese Frage kann nämlich nur darin bestehen, daß ein beobachtbares menschliches Verhalten oder eine Leistung angegeben werden muß, zu der ein informationsverarbeitender Automat grundsätzlich nicht fähig ist.

Kann man aber ein derartiges Verhalten in detaillierter Weise angeben, so hat man damit schon eine abstrakte Anweisung für den Bau einer Maschine, die diese Leistung vollbringen kann, vorgelegt, gleichgültig, ob deren technische Realisierung tatsächlich durchführbar ist oder nicht.

In dieser Form eines empirischen Funktionalismus sind funktionale Analysen nur eine Methode, in verobjektivierter Weise mehr vom Erkenntnissubjekt selbst zu erfahren. Sie nützen auch der Hirnforschung, da man mit ihrer Hilfe auch auf Mechanismen stoßen kann, die dem im Gehirn vorhandenen vielleicht ähnlich sind. Ein klassisches Beispiel dafür sind die Neuronennetzwerke von McCulloch und Pitts, die der modernen Hirnforschung einen entscheidenden Auftrieb gegeben haben (Braitenberg 1987) und andererseits eine der Wurzeln der Automatentheorie bildeten.

In ihrer bekannten Arbeit ›A logical calculus of ideas immanent in nervous activity‹ (1943) stilisierten diese beiden Autoren die verschiedenen funktionalen Beziehungen zwischen Neuronen als die Grundoperationen des Aussagekalküls Konjunktion, Disjunktion und Negation und legten damit die Grundlage für die Auffassung, daß das Gehirn propositional, d. h. in Form von Aussagenkalkülen funktioniert. In den Anfangsjahren war diese Auffassung so stark, „daß manche Leute, die in Wirklichkeit an Computer dachten, die Worte ‚Neuron' und ‚Synapse' benutzten und Diagramme zeichneten, die ursprünglich für die Darstellung echter Nervennetzwerke in tierischen Gehirnen entwickelt worden waren. Doch es bestehen gute Gründe dafür, daß diese Vorstellung eines Nervennetzwerks als eines Automaten mit fester Struktur, der auf einer diskreten Zeitskala synchron arbeitet, zu einfach ist" (Braitenberg 1987).

Zur Bewertung des Funktionalismus als einer Gehirn-Bewußtseins-Theorie ist ein schwacher Funktionalismus von einem starken Funktionalismus zu unterscheiden. Der schwache Funktionalismus ist empirischer Art und benutzt lediglich den informationsverarbeitenden Automaten als Analogiemodell für die menschliche Informationsverarbeitung im Gehirn und sollte dort enden, wo solche Analogien nicht mehr zutreffend sind. In dieser Form hat der Funktionalismus seinen heuristischen Wert, ist rational begründbar und keiner weiteren Kritik bedürftig.

Der starke Funktionalismus dagegen ist semantischer Art. Er besagt, daß mentale Zustände mit funktionalen Zuständen identisch sind. Funktionalität wird damit als das Wesensmerkmal des Bewußtseins angesehen. Eine Konsequenz aus diesem starken Funktionalismus, der so tatsächlich in der extremsten Form der Künstlichen-Intelligenz-Forschung vertreten wird, ist, daß am Bewußtsein oder Geist „nichts wesentlich Biologisches ist" (Searle 1986, S. 27). Die Programme, die menschliche Intelligenz ausmachen, könnten von Computern unbestimmt vieler verschiedener Hardware-Typen realisiert werden, und das Hirn ist zufällig ein Computer mit solch einer Hardware. Jedes beliebige materielle System mit dem entsprechenden richtigen Programm hätte nach dieser Auffassung im gleichen Sinn Bewußtsein, Intelligenz und Geist wie ein Mensch.

Funktionalisten in diesem Sinne, sagt Putnam, der sich selbst ausdrücklich dazu rechnet, „verwenden gern das folgende antichauvinistische Argument: Im Grunde könnte man die Unterschiede (jedenfalls die Unterschiede der funktionellen Zusammensetzung) zwischen einem Roboter und einem Menschen auf Kleinigkeiten des physikalischen und chemischen Aufbaus reduzieren. Man könnte sogar einen Roboter haben, der bis hin zur Neuronenebene mit uns übereinstimmt (er könnte sogar, abgesehen vom Gehirn, einen Körper aus Fleisch und Blut haben). Der Unterschied wäre, daß die Neuronen des Roboters aus elektronischem Material hergestellt wären, während unsere aus Kohlenstoff, Wasserstoff, Proteinen usw. bestehen, doch von der Neuronenebene aufwärts würden alle Leitungen und Schaltungen genau übereinstimmen. Sofern man kein ‚Wasser- und Kohlenstoff-Chauvinist' ist, der glaubt, daß Kohlenstoff und Wasserstoff von sich aus mehr Bewußtsein haben, warum sollte man dann nicht sagen, daß dieser Roboter eine Person ist, deren Gehirn zufällig mehr Metall und weniger Wasserstoff und Kohlenstoff enthält?" (Putnam 1982, S. 133f.).

Die Grundidee dabei ist, daß eine entsprechend „lebensechte" materielle Struktur den Eindruck erwecken soll, man habe „Leben synthetisiert" als notwendige Voraussetzung für Bewußtsein. Abgesehen davon, daß Putnam bereits selbstkritisch festgestellt hat, daß fiktive Idealisierungen grundsätzlich irrelevant sind (Putnam 1982), hätte auch dieser fiktive Homunculus nur eine Art von „künstlichem Leben", das dem wirklichen Leben nicht gleichwertig ist. Denn es fehlt ihm die wesentlichste Eigenschaft, nämlich die der Selbstorganisation. Technische Systeme herzustellen, die dem wirklichen Leben gleichwertig sind, ist jedoch eine praktische Unmöglichkeit. Denn aus den Theorien präbiotischer Evolution weiß man, daß bereits die Zahl aller Operationen, durch die eine experimentelle Synthese des Lebens aus unbelebter Materie zustande kommen könnte, die zeitlich begrenzte experimentelle Forschung, wie sie von Menschen betrieben wird, überhaupt zu überschreiten scheint. Abgesehen davon, daß gerade die Simulierung kognitiver Leistungen in informationsverarbeitenden Systemen gerade nicht den Weg eines fiktiven Homunculus gegangen ist, mit dem unnötigerweise nicht nur menschliches Erkenntnisverhalten, sondern auch die äußerliche Struktur simuliert werden soll, gibt es einen klassischen Einwand gegen das Bewußtsein von Maschinen, der historisch auf die Zeit der Erfindung der ersten Rechenmaschine durch Babbage zurückzuführen ist und von Lady Lovelace formuliert worden ist: „Die analytische Maschine erhebt keinen Anspruch, etwas selbst hervorzubringen. Sie kann nur das tun, was wir ihr zu vollbringen befehlen“ (Turing 1965; s. Oeser 1976, Bd. 2, S. 70).

Daß dieser Einwand unabhängig von der technologischen Entwicklung ist, zeigen die Thesen von Searle, die gegen den starken Funktionalismus in der modernen KI-Forschung gerichtet sind. Searle geht von der allgemein akzeptierten Definition eines Computerprogrammes aus, die besagt, daß ein solches Programm vollständig durch seine formale, d. h. syntaktische Struktur bestimmt ist. Bloße Syntax reicht aber für Semantik nicht aus. Nun ist es gerade die charakteristische Eigenschaft des menschlichen Bewußtseins, mit semantischen Inhalten zu operieren. Denn Bewußtsein wird definiert durch seine Intentionalität, d. h. durch seine Eigenart, auf etwas gerichtet zu sein, was es selbst nicht ist. Daraus ergibt sich die Schlußfolgerung, daß kein Computerprogramm aus eigener Kraft einem System Bewußtsein oder Geist verleihen kann. Oder anders ausgedrückt: Wirkliche Intentionalität ist eine Eigenschaft des Lebendigen. Wenn man trotzdem von Intentionalität im übertragenen Sinn bei Computern sprechen kann, dann hat das, wie Dennet an dem klassischen Beispiel des Schachcomputers gezeigt hat, praktische Gründe: Man kann nämlich an solche komplexe informationsverarbeitende Systeme mit drei verschiedenen Einstellungen herangehen:

- mit der Einstellung des Programmierers, der Aussagen über das Funktionieren des Computers macht,
- mit der Einstellung des Mechanikers, der Funktionsstörungen des Computers beheben kann,
- und mit der Einstellung des Benutzers, der mit dem Schachautomaten als Partner ein Spiel durchführt.

Für den Benutzer ist es selbstverständlich, daß er seine Strategie, mit der er eine solche Maschine in einem Schachspiel schlagen will, so ausrichtet, als ob der Schachcomputer ein intelligenter menschlicher, mit einem bestimmten Wissen ausgestatteter Gegner wäre. Denn damit bestätigt er nur, daß die Maschine so funktioniert, wie sie konstruiert ist. Theoretisch wäre auch für den Benutzer eine andere Strategie möglich, die darin besteht, daß er sich die Schachzüge der Maschine aus dem gegebenen Programm und/oder den physikalischen Zuständen berechnet. Aber selbst für den Konstrukteur eines solchen Schachautomaten wäre das eine „witzlose Herkulesarbeit" (Dennet 1981, S. 184), da die besten heutigen Schachcomputer für eine solche Betrachtung praktisch unzugänglich sind. Das gleiche gilt von allen komplexen informationsverarbeitenden Automaten, die ja allein zu dem Zweck konstruiert worden sind, um nach bestimmten vorgegebenen Regeln selbsttätig bestimmte Aufgaben durchzuführen, die der menschlichen Erkenntnisfähigkeit entsprechen.

Deshalb ist es nicht nur unbedenklich, sondern sogar konsequent, solchen Systemen „Intentionalität" zuzuschreiben. Ob eine Maschine ein intentionales System sein kann, ist eine Frage, die, wie Dennet richtig bemerkt hat, viel leichter zu entscheiden ist als die Fragen, ob eine Maschine wirklich denken kann, Bewußtsein hat oder gar moralisch verantwortlich sein kann, wie dies tatsächlich allen Ernstes von radikalen Funktionalisten erörtert worden ist (s. Putnam 1975). Denn mit der bloßen Zuschreibung von Intentionalität ist nur die Behauptung verknüpft, daß ein rein physikalisches System gelegentlich so komplex sein kann und trotzdem so organisiert, daß es für Erklärungen ergiebig und für Voraussagen nützlich ist, es so zu behandeln, als wäre es rational. In Wirklichkeit aber ist eben ein Schachcomputer nicht mehr als das, was seine Bezeichnung ausdrückt: nämlich eine Maschine zum Schachspielen, von Mensch und Tier als Lebewesen völlig unterschieden. Deshalb ist auch seine „Rationalität" beschränkt und künstlich, während sie bei lebenden Systemen „natürlich" in dem Sinne ist, daß sie ihnen nicht von außen zugeschrieben oder zugeteilt wird, sondern in ihnen selbst auf artspezifische Weise entsteht.

Alle wirklich intentionalen Akte haben daher eine biologische Grundlage. Sie sind aber – und das scheint Searle in seiner Kritik des funktionalistischen Kognitivismus übersehen zu haben – nicht auf die gleiche Stufe mit anderen biologischen Phänomenen „wie Wachstum, Fortpflanzung, Absonderung von Galle und Verdauung" (Searle 1986) zu stellen. Denn diese Funktion des zentralen Nervensystems unterscheidet sich von den Funktionen aller anderen Körperorgane dadurch, daß seine physischen Organtätigkeiten elektrochemischer Art nicht das Endprodukt darstellen. Die spezifische Leistung des Gehirns besteht vielmehr in der Verhaltenssteuerung. Verhaltenssteuerung aber bedeutet, daß das Gehirn Instruktionen an seinen Trägerorganismus abgibt. Solche Vorgänge aber können nur auf der informationellen Ebene betrachtet werden, die auch für die Diagnose von Leistungsstörungen dieses Organs unentbehrlich ist. Die neurale Information, die das Verhalten steuert, ist also eine nichtphysikalische Eigenschaft von physikalischen bzw. physiologischen Eigenschaften und besitzt daher eine eigene funktionale Realität. Der Funktionalismus enthält als letzte Konsequenz einen ontologisch neutralen Dualismus, der im Unterschied zur physikalistischen Identitätstheorie nicht zur Elimination mentaler Phänomene gezwungen ist und damit jenen vielkritisierten Kategorienfehler der Gleichsetzung von physikalischen und mentalen Phänomenen vermeidet. Dieser Dualismus, der in manchen Aspekten der Aristotelischen Philosophie nahekommt (Bieri 1981), ist aber weder ein Dualismus von zwei Substanzen noch ein Dualismus von verschiedenen Ereignissen (mentalen Ereignissen und neuralen Ereignissen), sondern ein Dualismus von Eigenschaften, der jedoch noch weitgehend ungeklärt ist. Je nachdem, ob man entweder nur in eher harmloser und erkenntnistheoretisch unbedenklicher Weise meint, daß mentale Eigenschaften als funktionale Eigenschaften des menschlichen Gehirns auf einer bestimmten Stufe „abschöpfbar" (Hofstadter 1985) und auf Maschinen übertragbar sind, oder ob man der Meinung ist, daß mentale Eigenschaften und damit auch das Bewußtsein prinzipiell auf verschiedene Weise realisiert werden können, wobei im Extremfall auch eine Realisierung ohne jeden materiellen Träger nicht ausgeschlossen wird, ergeben sich verschiedene Formen des Dualismus. Diese reichen von einer dualen Einheit von materieller Struktur und spezifischer Funktion bis zu einem geradezu gespensterhaften Dualismus einer „reinen" Funktion, da man zumindest die logische Möglichkeit der Existenz von nichtphysikalischen Realisierungen funktional organisierter abstrakter Systeme annimmt (Putnam, Fodor). Ein solch reiner Funktionalismus gleicht jedoch dem vielzitierten Grinsen der Cheshire-Katze in dem berühmten Kinderbuch: „Gut, ich habe schon oft eine Katze ohne Grinsen gesehen", dachte Alice, „aber ein Grinsen ohne Katze! Das ist das merkwürdigste Ding, das ich in meinem ganzen Leben sah!"

Verständlich ist dieser radikale Funktionalismus dann, wenn man in Betracht zieht, daß er generell von zwei Voraussetzungen ausgeht (P. Churchland 1986):

(1) daß alles Erkennen Denken ist,
(2) daß der Modus der Repräsentation nur der von aussagenartigen Symbolen ist.

Denn damit wird tatsächlich eine bestimmte abstrakte funktionale Leistungspotenz des Menschenhirns hervorgehoben, deren multivariable Realisierungsmöglichkeit völlig plausibel ist: Es ist eben die Sprache, die durch ihre Externalisierbarkeit eine eigene konkrete Existenz, zumindest im Sinne von Trägerinvarianz, besitzt. Daher reduziert sich auch der Funktionalismus auf eine linguistische Bewußtseinstheorie (Frey 1985).

Wie bereits erwähnt, ist jedoch diese Einschränkung auf propositionale Strukturen, die aus der klassischen Automatentheorie (McCulloch und Pitts) stammt, ungeachtet ihrer komplizierten mathematischen Formulierungen, eine grobe Vereinfachung, wenn man sie zur Modellierung wirklicher Neuronennetzwerke heranzieht. Das hat bereits John von Neumann geahnt, wenn er darauf hinweist, daß die Natur in der Organisation und Funktion des ZNS zeigt, daß sie nicht nur willens, sondern auch in der Lage ist, weiter in Richtung auf Komplexität zu gehen, als es in der Automatentheorie mit Hilfe des digitalen Expansionssystems möglich ist. Das aber bedeutet dann, daß die „Logik eine Pseudomorphose zur Neurologie hin" vollziehen muß. In der heutigen Terminologie gesprochen, geht es um eine fundamentale Logik der Prozesse, die noch unterhalb der gewöhnlichen Schaltlogik anzusetzen ist, weil sie nur so der massiven Parallelität, die allen

Hirnvorgängen zugrunde liegt, gerecht werden kann. Nur dadurch kann der Funktionalismus von seiner Einschränkung auf eine linguistische Bewußtseinstheorie befreit werden, die gegenwärtig einer der Hauptgesichtspunkte ist, unter dem er kritisiert werden kann. Denn es gibt eben, angefangen von der Wahrnehmung bis hin zu den unterschiedlichen Qualitäten der Selbstreflexion, eine große Anzahl von mentalen Zuständen und Eigenschaften, die linguistisch nicht adäquat repräsentierbar sind.

1.2.3 Dualistische und emergentistische Interaktionstheorie

Während der Funktionalismus als eine Variante aus der Identitätstheorie hervorgegangen ist, stellt die Interaktionstheorie eine ausdrückliche Alternative zur Identitätstheorie dar. Sie tritt, wie Roger Sperry in einer Stellungnahme zu Poppers und Eccles' Buch ›Das Ich und sein Gehirn‹ gezeigt hat, von Anfang an in zwei Varianten auf:

- als dualistische Theorie, wie sie John Eccles gemeinsam mit Karl Popper vertritt,
- als emergentistische Theorie, wie sie Sperry selbst entworfen hat.

Gemeinsam ist beiden Varianten die Grundidee der kausalen Wirksamkeit des Bewußtseins, die sich von der vagen Vorstellung einer bloß „kausalen Rolle" des Bewußtseins, die man auch in der Identitätstheorie anzunehmen gezwungen war, deutlich unterscheidet. Denn in der Interaktionstheorie werden Bewußtsein oder Geist nach Sperrys Auffassung „mitten in das kausale Wechselspiel der Gehirnmechanismen verlegt: Sie geben die Befehle und stoßen und zerren die physiologischen, physikalischen und chemischen Prozesse genauso herum, wie diese sie dirigieren, wenn nicht noch mehr" (Sperry 1985). Auf ähnliche Weise, ja sogar noch viel drastischer, schildert auch Eccles die kausale Wirksamkeit des Geistes im neuralen Geschehen, wenn er von „Abtastoperationen" des selbstbewußten Geistes spricht und in früheren Schriften „geisterhafte Einflüsse" annimmt, die auf den Ablauf der synaptischen Vorgänge einwirken.

Tatsächlich haben sich weder Popper noch Eccles, wie beide in ihren Rückerinnerungen betonen (1983), von Ryles Gespensteraustreibung beeindrucken lassen. Vielmehr sind beide von der Existenz eines „Geistes in der Maschine" überzeugt, natürlich nicht in dem lächerlichen Sinn, wie sie Ryle kritisiert hat, der nicht an die komplexe neuronale Maschinerie, wie sie in der modernen Hirnforschung dargestellt wird, gedacht hat, sondern an die alte cartesianische Vorstellung vom Gehirn mit Pumpen, Klappen und Röhren, in denen sich Flüssigkeiten bewegen. Prinzipiell wird jedoch von Eccles an der Idee festgehalten, daß es einen solchen Geist in der Maschine gibt, der einen übernatürlichen Ursprung hat und auch den Gehirntod überlebt. Damit verknüpft er eine stark dualistisch-interaktionistische Hypothese mit einem erneuten Lokalisationsversuch des Bewußtseins im Gehirn. Die Grundlage dafür lieferten ihm die bekannten Untersuchungen von

Sperry und Mitarbeitern an Kommissurotomie-Patienten, die bis zu dem Schluß führten, „daß das Selbstbewußtsein der Untersuchungsperson nur in Beziehung zu den Aktivitäten der dominanten Hemisphäre entstand" (Eccles 1982, S. 430). Die Anregung zur Erneuerung des in der Geschichte der Hirnforschung immer wieder gescheiterten Versuchs, das Bewußtsein in einer bestimmten Region zu lokalisieren, erhielt er jedoch wesentlich früher aus Sherringtons Buch ›Man on his nature‹ (1940).

In einem eigenen Kapitel, auf das sich Eccles ausdrücklich beruft, stellte Sherrington die Frage nach einem eigenen „Verbindungsorgan", das den Ort oder den Sitz des Bewußtseins darstellt. Seine Antwort, die er im Rahmen einer historischen Reflexion über die Lokalisationstheorien ausdrücklich auf Kant zurückführt, war eindeutig und klar: Die „Lokalisation" des Bewußtseins ist die „große Lokalisation". D.h., der Ort des Bewußtseins ist dort, wo sich die Nervenzellen des gesamten Nervensystems zur Masse ballen: „Die größte dieser Massen ist das Gehirn, und mit diesem korreliert das erkennbare Bewußtsein" (Sherrington 1964). Für einfache, „diffuse" Nervensysteme läßt sich kein Bewußtsein nachweisen. Es entsteht erst im komplexen System, wenn sich Nervenzellen gegenseitig beeinflussen. Das komplexeste Nervensystem ist das menschliche Gehirn. Und hier ist es besonders die Großhirnrinde, die auf Grund ihrer nachweisbaren Funktionen zum wachen tätigen Bewußtsein in Beziehung steht, was sich auch in einem bestimmten „chemischen Zustand" der Großhirnrinde ausdrückt. Aber nirgendwo ist bei Sherrington selbst eine Bemerkung zu finden, die das Bewußtsein in einer bestimmten Region der Großhirnrinde ansiedelt. Vielmehr ist für Sherrington bereits die Behauptung, daß ein einziges Organ, das Gehirn, der Versorger von Bewußtsein für das ganze Individuum ist, eine kühne, fast lächerliche Aussage, wenn sie nicht tatsächlich die Situation wiedergäbe, in welcher der Arzt und Chirurg praktisch stehen.

Eccles dagegen schreibt die prinzipielle Zurückhaltung Sherringtons nur einem zu dieser Zeit noch mangelhaften Entwicklungszustand der experimentellen Hirnforschung zu, der heute bereits überwunden ist. „Damals", sagt er, „konnte die Rolle des Liaisonshirns, das die Gehirn und Geist verbindende Schnittstelle im Gehirn bildet, noch keiner spezifischen Region der Hirnrinde zugewiesen werden." Nach den "Split-Brain"-Experimenten von Sperry fühlt sich Eccles aber zur genauen Lokalisation des Liaison-Organs in der sog. dominanten Hirnhemisphäre berechtigt: „Als man das Corpus callosum durchtrennte, wurde evident, was schon die ganze Zeit über der Fall war, nämlich, daß die untergeordnete Hemisphäre per se immer ein bewußtloser Gehirnteil ist und die Verbindung durch das Corpus callosum benötigt, um Informationen vom bewußten Selbst zu erhalten und Informationen zu diesem zu übermitteln" (Eccles, Zeier 1984).

Entsprechend ihrer Tätigkeit umfassen die geforderten Liaisonareale die Sprachzentren und einen großen Teil des Frontalapparates. Damit zeigt sich, daß die scheinbar so eindeutige Verbindung, die Eccles zwischen dem „selbstbewußten Geist" und der sprachdominanten Hemisphäre sieht, allein auf den Modus operandi zurückzuführen ist, der für sprachliche Leistungen notwendig ist und nie ohne Bewußtsein abläuft. Sprachliche Leistungen sind eben normalerweise „von Natur aus" mit dem Bewußtsein verbunden, was jedoch nicht bedeutet, daß es ohne Sprache kein Bewußtsein gibt. In sprachlichen Leistungen ist Bewußtsein nur am leichtesten erkennbar. Aber es ist eine Degradierung der rechten Gehirnhälfte, wenn die ihr von Sperry zugeschriebenen und von Eccles übernommenen und ergänzten Leistungen, wie Musikalität, Mustererfassung, zeitliche Integration, ganzheitliches Bild-Denken, geometrische und räumliche Fähigkeiten, als „bewußtlose" Aktivitäten bezeichnet werden, die nur sekundär durch die andere Gehirnhälfte gesteuert werden. Grotesk wird diese Auffassung dann, wenn es um die Kontrolle gezielter Bewegungen geht. Da experimentell nachgewiesen ist, daß die rechte Hand durch die linke Hemisphäre und die linke Hand durch die rechte kontrolliert wird, ergibt sich das Problem, daß ein Mensch, der nach totaler Balkendurchtrennung einen Mord mit der linken Hand ausübt, nicht mehr verantwortlich ist. Weil dieser Mord nicht mehr die Tat des „selbstbewußten Geistes" ist. Solche unannehmbare Konsequenzen eines Gedankenexperiments, aber auch noch mehr jene Realexperimente an Patienten mit einer Totalentfernung der linken Hemisphäre, die dennoch ein restliches Selbstbewußtsein besaßen, haben Eccles zu einer Modifizierung seiner Lokalisationsthese gezwungen, die jedoch im Unterschied zu den früheren Lokalisationstheorien von vornherein differenzierter war. Denn Eccles behauptet ja nicht die Lokalisation des Bewußtseins oder selbstbewußten Geistes selbst an einer bestimmten Stelle: „Obwohl er sich mit speziellen Zonen des Neocortex in Liaison befindet, muß er selbst nicht die Eigenschaft räumlicher Ausdehnung besitzen" (Eccles, Popper 1983, S. 452). Die Frage: wo ist der selbstbewußte Geist lokalisiert? ist daher für Eccles „im Prinzip nicht zu beantworten". Während die Lokalisationsfrage abgeschwächt wird, bleibt dagegen der Dualismus nicht nur aufrecht, sondern wird noch verschärft. Eccles benützt zur Formulierung seines radikalen Dualismus das 3-Welten-Konzept von Popper und dessen Kritik am Determinismus. Denn für Popper ist Welt 1, d.h. die materielle physikalische Welt, nicht kausal geschlossen. Sie ist für Welt 2, d.h. das Bewußtsein, kausal offen. Deshalb kann auch der selbstbewußte Geist in die materielle Welt eingreifen. Nach Eccles' Vorstellung tut er es dadurch, daß er die dynamischen Raum-Zeit-Muster der neuralen Vorgänge integriert und modifiziert. Was damit vertreten wird, ist, wie Eccles sagt, nicht bloß eine ausgeklügelte Form von Parallelismus, der die mentalen Phänomene immer nur als passive Begleiterscheinungen ansieht, sondern der Kern der Hypothese ist, daß dem selbstbewußten Geist eine aktive kausale Rolle zukommt.

An diesem Punkt treten jedoch dualistische und emergentistische Interaktionstheorie auseinander: „Mit Nachdruck habe ich darauf hingewiesen", sagt Sperry (1985), „daß der Begriff der Interaktion nicht beinhalten soll, daß geistige Kräfte in die physiologischen und chemischen Abläufe im Gehirn eingreifen, sie stören oder unterbrechen, sondern nur, daß sie noch hinzukommen." Und er läßt keinen Zweifel daran aufkommen, daß er von allem Anfang an die Einheit des Bewußtseins nur als ein „funktionelles oder operationales Derivat" der Gehirnvorgänge aufgefaßt hat.

Das Hauptmerkmal der emergentistischen Interaktionstheorie ist nach Sperrys eigener Charakteristik „die neue Bereitschaft, subjektiv-geistigen Erscheinungen in der wissenschaftlichen Erklärung eine Vorrangstellung einzuräumen und den geistigen oder kognitiven Phänomenen als Kausaldeterminanten eine Kontrollfunktion auf höherer Ebene über ihre neuralen Korrelate zuzugestehen" (1985). Es ist ein Gehirnmodell, in dem bewußte, geistig-seelische Kräfte als der „krönende Abschluß einer schon fünfhundert Millionen oder noch mehr Jahre andauernden Evolution anerkannt werden" (Sperry 1965). Der Vorteil dieses Modells gegenüber einer dualistischen Interaktionstheorie ist daher, daß man „stetig in derselben Begriffswelt fortschreiten kann, ohne den Pfad der Evolution zu verlassen, von subatomaren Teilchen im Gehirn über Moleküle, Zellen und neurale Schaltungen zu Gehirnfunktionen mit oder ohne bewußte Eigenschaften und weiter zu höheren Verbindungen, allesamt innerhalb der einen irdischen Daseinsweise" (Sperry 1985). Damit will Sperry klarstellen, daß seine Auffassung keineswegs das „tierische Element im Menschen leugnet, ebensowenig wie das molekulare oder das atomare". Andererseits muß geistige Bewußtheit nicht mehr in abgetrennte, metaphysische, epiphänomenale oder andere parallelistische oder dualistische Bereiche abgeschoben werden. Sie verdient vielmehr in der kausalen Kette von Kontrollmechanismen „innerhalb der Gehirntätigkeit" einen herausragenden Platz. An solchen Formulierungen wird deutlich, daß dem eigentlichen Grundanliegen Sperrys, falls es sich nicht letzten Endes doch noch um einen versteckten Dualismus handelt, die Bezeichnung „Interaktionismus" nicht gerecht wird. Denn es handelt sich um eine Wechselwirkung innerhalb eines einheitlichen Systems, die man besser als „Intraaktionismus" (Oeser 1987) bezeichnen muß, um die „duale Einheit" (Seitelberger) wiederzugeben, die eine komplexe Organisation mit emergenten Systemeigenschaften kennzeichnet. Emergente Eigenschaften sind dadurch gekennzeichnet, daß sie selbst nicht mehr auf die Ebene rückführbar sind, aus der sie entstanden sind. Reduktion von komplexen Systemeigenschaften heißt Auflösung dieser Eigenschaften.

Als Beispiel führt Sperry die Schmerzempfindung an. Nervenerregungen gehören natürlich ebenso zur Lust wie zum Schmerz, und dasselbe gilt für jeden anderen Sinneseindruck. Entscheidend aber ist die unverwechselbare Struktur des zentralnervösen Erregungsverlaufes, die eben Schmerz und nicht irgend etwas anderes produziert. Der Versuch, das Schmerzmuster oder irgendein anderes mentales Phänomen nur unter dem Gesichtspunkt der raumzeitlichen Anordnung von Nervenimpulsen zu erklären, wäre, wenn es überhaupt theoretisch gelänge, „unglaublich sinnlos", denn mentale Phänomene ereignen sich eben nicht auf dieser Ebene, die zwar die notwendige, aber nicht hinreichende Bedingung darstellt.

Es handelt sich jedoch bei Sperry nicht um eine einfache Schichtenhierarchie, sondern – und das ist der Punkt, an dem er sich den klassischen Vorstellungen des Aristoteles nähert – um eine verschachtelte Hierarchie, in der die höheren Schichten zugleich auch die umfassenderen kausalen Strukturen festlegen: „Ein gewisses Maß an Selbstbestimmung geht den Teilen verloren, sobald die höheren Kräfte des neuen Ganzen sich darüberlegen. Obwohl die Kausalkräfte auf den niederen Ebenen der Quanten, Atome oder Moleküle in der Systemstruktur auch weiterhin wie bisher funktionieren, werden sie von den neuen kausalen Eigenschaften, die in der Ganzheit auftauchen, umgeben, einbezogen, überwältigt, abgelöst, ergänzt und übertroffen" (Sperry 1985).

Diese Auffassung widerspricht im Unterschied zur „kausalen Offenheit" der physikalischen Welt bei Eccles und Popper nicht der kausalen Geschlossenheit, die jede physikalische Theorie heutzutage annimmt. Vielmehr ist Sperrys Auffassung mit der Synergetik Hakens und dem Konzept der „Versklavung" der Teile durch das Ganze durchaus zu vereinbaren.

Ein weiterer Unterschied zwischen dualistischer und emergentistischer Interaktionstheorie ist die Interpretation der Hemisphärenspezialisation. Im Gegensatz zu Eccles vertritt Sperry keineswegs die These, daß die linke Hemisphäre die dominante und die rechte die untergeordnete, zurückgebliebene ist, die kein eigenes Bewußtsein hat. An die Stelle dieser klassischen neurologischen Doktrin von der einseitigen Dominanz ist die Vorstellung einer beidseitigen, komplementären Spezialisierung getreten. Und frühere Zweifel über das Vorhandensein höherer geistiger Funktionen in der sog. untergeordneten Hemisphäre sind nach Sperrys eigenen Ergebnissen im wesentlichen zerstreut: „Alles, was wir über Jahre hinweg bei unseren Tests beobachtet haben, erhärtet den Schluß, daß das innere, bewußte Erleben der abgetrennten, stummen Hirnhälfte auf genau derselben Stufe steht, wie das der Sprachhemisphäre, obwohl es sich in seiner Eigenart natürlich davon unterscheidet. Die rechte Hemisphäre kann offensichtlich wahrnehmen, denken, lernen und sich erinnern, und alles auf einem sehr menschlichen Niveau" (Sperry 1985). Beide Hälften wirken normalerweise als integrative Einheit zusammen. Das zeigt sich auch daran, daß das Funktionieren beider Hemisphären gestört ist, wenn eine Hirnhälfte von einer relativ kleinen, aber kritischen Verletzung betroffen ist. Die philosophisch relevante Konsequenz aber aus all diesen Experimenten ist, daß das menschliche Bewußtsein nicht mehr ohne weiteres als fraglos vorausgesetzte Einheit angenommen werden kann, sondern als eine Einheit, die sich selbst erst in ihrer Tätigkeit aktiv zustande bringt.

1.2.4 Evolutionäre und genetische Erkenntnistheorie

Hat schon Sperry seine emergentistische Gehirn-Geist-Theorie im Rahmen der biologischen Evolutionstheorie formuliert, so ist die evolutionäre Erkenntnistheorie, wie sie ursprünglich von Konrad Lorenz aus der vergleichenden Verhaltensforschung systematisch begründet wurde, aber in Ansätzen mindestens auf Darwin selbst zurückreicht, der ausdrückliche Versuch, die Entstehung des menschlichen Bewußtseins aus der Evolution des Gehirns abzuleiten. Lorenz selbst räumt daher der Hirnforschung eine zentrale Rolle ein, wenn er feststellt: „Die Menschwerdung ist die Fulguration der kumulierbaren Tradition und das menschliche Gehirn ist ihr Organ." Damit ist für eine evolutionäre Erkenntnistheorie das konkrete Untersuchungsobjekt deutlich festgelegt: „Es ist der physiologische Apparat, dessen Leistung im Erkennen der wirklichen Welt besteht und der nicht weniger wirklich ist als sie" (Lorenz 1973). Aus der Vergleichung der Erkenntnisapparate, d. h. der neuralen Systeme verschiedener Lebewesen und der dazugehörigen Leistungen, lassen sich dann empirisch begründete Aussagen über die Entstehung und Funktion des menschlichen Bewußtseins gewinnen.

Als Resultat dieses Vergleichs ergibt sich jedoch nicht, wie meist der biologischen Evolutionstheorie überhaupt unterschoben wird, eine Einebnung des Unterschieds von Mensch und Tier, sondern gerade im Gegenteil eine ausdrückliche Betonung der Sonderstellung des Menschen, die neurobiologisch auf der sog. progressiven Enzephalisation der Wahrnehmung beruht. Damit ist die durch empirische Befunde (endokraniale Ausgüsse von fossilen Hominidenschädeln) gut belegte Tatsache gemeint, daß sich im Laufe der Hominidenevolution die Informationsverarbeitung von der Peripherie (Sinnesorgane) immer mehr ins Zentrum des Nervensystems (Gehirn) verlagert, was sich, zumindest an geologisch-biologischen Zeiträumen gemessen, sehr rasch an einer Vergrößerung des Gehirns zeigt, die allerdings keine Auskunft über dessen innere Struktur gibt. Denn Gehirne fossilieren nicht.

Die evolutionäre Erkenntnistheorie ist zwar in ihrem ursprünglichen neuroethologischen Ansatz durchaus auf einen erkenntnistheoretischen Adaptionismus ausgerichtet. Denn ihr Grundsatz lautet, daß der Aufbau und die Funktionsweise unseres evolutionär entstandenen Erkenntnisapparates an die reale Welt angepaßt sind, so wie „unser Fuß auf den Boden paßt oder die Flosse eines Fisches ins Wasser" (Lorenz 1941), weil nur eine solche Anpassung Überleben und Entwicklung in dieser Welt ermöglichte. Trotzdem ist damit nicht eine naive passivistische Abbildtheorie der Erkenntnis gemeint. Denn es ist selbstverständlich aus den von Lorenz selbst gegebenen Beispielen klar, daß weder der Fuß eine Kopie des Bodens noch eine Flosse eine Kopie des Wassers ist, sondern daß es dabei um eine aktive „Auseinandersetzung" des Organismus mit seiner artspezifischen Umwelt geht. Denn für das Überleben sind nicht die richtigen Abbilder, sondern die richtigen, d. h. entsprechenden Reaktionen wichtig. Das gilt auch für die grundlegenden genetisch bedingten Strukturen und Funktionen unseres Erkenntnisapparates, die nur an einen bestimmten Ausschnitt der realen Welt, in dem wir als biologische Art Homo sapiens leben, angepaßt sind. Der ökologischen Nische entspricht sozusagen eine „kognitive Nische", deren Begrenzungen sinnesphysiologisch vorgegeben sind. Aber im Unterschied zu den einfacheren neurobiologisch weniger differenzierten Organismen, bei denen sich viel „eingeengtere Verformungen der ihnen möglichen Erfahrungen" (Lorenz 1941) finden, hat die Evolution mit dem Menschenhirn einen Apparat hervorgebracht, der als Überschußorgan die unmittelbaren Bedürfnisse des Überlebens übersteigt. Während aber sonst im Bereich des Organischen stärkere Differenzierungen meist zugleich eine Spezialisierung bedeuten, verhält es sich gerade beim Gehirn als dem Organ der „Entspezialisierung" (Seitelberger 1983) ganz anders, worauf auch bereits Lorenz mit besonderer Eindringlichkeit hingewiesen hat: „Darin liegt unser Begriff der Freiheit, darin liegt auch das Großartige und, zumindest auf diesem Planeten, vorläufig Einzigartige des Menschengehirns, daß es trotz aller gigantischen Differenzierungen und Strukturierung ein Organ ist, dessen Funktion die proteushafte Veränderlichkeit, das lavahafte sich Aufbäumen gegen die eigenen strukturbedingten Funktionsbeschränkungen in einem Ausmaß besitzt, die sonst nicht einmal dem feste Strukturen entbehrenden Protoplasma zukommt" (Lorenz 1941). Freiheit im kognitiven Sinn aber bedeutet die Fähigkeit, die eigenen genetisch-organisch bedingten Grenzen konstruktiv erweitern zu können, ohne dabei aus den Augen zu verlieren, daß alle und somit auch die höchsten Erkenntnisleistungen theoretisch begründeter Wissenschaft letzten Endes auf den geradezu „maschinellen Strukturen des menschlichen Zentralnervensystems" beruhen. Wenngleich der weitere Ausbau der evolutionären Erkenntnistheorie weit mehr die adaptionistische als die konstruktivistische Seite betont hat (Vollmer 1975) und die epigenetischen selbstorganisatorischen Prozesse, die vor allem für das Menschenhirn charakteristisch sind, vernachlässigt hat (Roth 1987), sollte mit diesen Hinweisen auf den ursprünglichen neuroethologischen Ansatz von Lorenz klar geworden sein, daß zwischen evolutionärer Erkenntnistheorie und Konstruktivismus kein kontradiktorischer Gegensatz besteht. „Anpassung", sagt Lorenz, „ist ein vorbelastetes und mißverständliches Wort" (1941, 1983, S. 99). Richtig verstanden hat es weder mit einer naiven Abbildungstheorie der Wahrnehmung noch mit einer trivialen Korrespondenztheorie der Wahrheit, noch mit einer bloß rezeptiv-passiven Vorstellung von der Wahrnehmung zu tun, sondern stellt vielmehr Anfang und Ende des Prozesses menschlicher Erkenntnis dar, der je nach Höhe der Abstraktion mehrere konstruktive Schritte enthält, die jedoch alle in der unmittelbaren Erfahrung mit der Realität rückgekoppelt sind.

Ein Vergleich der Leistungsfähigkeit der Nervensysteme höherer Lebewesen zeigt aber auch außerdem, daß mit dem Auftreten des Menschenhirns eine Leistungsebene erreicht wird, die sich prinzipiell und nicht nur graduell von den anderen Ebenen unterscheidet, ohne daß dabei die biologische Evolutionstheorie geleugnet werden muß, sondern vielmehr nur der durchgängige Gradualismus, dem man einen Punktualismus entgegensetzen kann, der diskontinuierliche oder sprunghafte Übergänge zuläßt.

Die progressive Enzephalisation der Wahrnehmung, wie sie in der Evolution zum Menschenhirn hin erfolgt, ist ein solcher abrupter Übergang von einem Äquilibrium, in dem nur wenig sich verändert, zu einem anderen, in dem sehr viel verändert ist.

Eines der auffälligsten und wichtigsten Merkmale dieses durch das Auftreten des Homo sapiens veränderten Zustandes in der Hirnevolution ist die sog. Neotenie, d. h. das lange Verbleiben des Individuums in einem noch unfertigen jugendlichen Zustand, das zur Folge hat, daß das Erwachsenenstadium des evolutionären Nachfahren (Menschen) dem Jugendstadium des Vorfahren (Affen, Schimpansen) sehr ähnlich ist. Neuroepistemologisch bedeutet das, daß in bezug auf die individuelle Entwicklung des Individuums beim Menschen der Ontogenese viel mehr überantwortet ist als der Phylogenese.

Diesen Aspekt hat Jean Piaget mit seiner genetischen Erkenntnistheorie behandelt (Piaget 1967, dt. 1974), und zwar in ebenso deutlicher Übereinstimmung als auch Diskrepanz zur Lorenzschen Auffassung des Kantischen Apriori. Piaget stimmt mit Lorenz darin überein, daß dieser „an die Stelle der starren, ausgesprochen statischen Gegenüberstellung Kants die Idee gradueller Annäherung setzt, und zwar – das ist das Entscheidende – nicht kraft additiver Kumulation von Erfahrungen, sondern mehr durch Perfektionierung der erblichen Instrumente der Kognition, also auf Grund einer aufsteigenden Evolution des Apriori selbst“. Ebensosehr stimmt Piaget der ethologischen Grundthese der evolutionären Erkenntnistheorie zu, daß das Apriori der Tiere (was immer das auch sein möge) „zu einem besseren Verständnis des menschlichen Apriori, also des notwendigen Apriori unserer kognitiven Strukturen verhelfe“. Nicht aber kann eine nur biologisch verstandene evolutionäre Erkenntnistheorie den Charakter der Notwendigkeit erklären, den das kognitive Apriori des Menschen, vor allem die logisch-mathematischen Strukturen, besitzt. „Ihre Notwendigkeit“, sagt Piaget mit Recht, „ist vielmehr das Ergebnis einer allmählichen Konstruktion“ (1974, S. 323), die sich auch empirisch an der intellektuellen Entwicklung des Kindes durch psychologische Experimente nachweisen und in verschiedene aufeinander aufbauende Entwicklungsphasen bringen läßt.

Piaget beschränkt sich jedoch dabei ausdrücklich auf die Analyse des Verhaltens und geht weder auf die Analyse des Bewußtseins noch auf deren neurobiologische Korrelate ein. Einerseits, weil er die Frage nach dem „nervösen Mechanismus“ der Wahrnehmung und der Intelligenz mit zumindest seinerzeit „unüberwindbaren Schwierigkeiten“ behaftet sieht, andererseits, weil er die Analyse der Entwicklung dieses Verhaltens für ausreichend hält, „um zu einem Verständnis der mit diesen Erkenntnissen verbundenen Beziehungen zwischen dem Subjekt und den Objekten, mit anderen Worten, zwischen den Aktivitäten des Organismus und der Umwelt“ zu kommen. Das aber hindert ihn daran, überhaupt ein „strukturelles Apriori“ anzunehmen, das im Sinne der evolutionären Erkenntnistheorie „angeboren“ und somit auch „vererbbar“ ist.

Andererseits ist für ihn aber auch klar, daß die logisch-mathematischen Strukturen ebensowenig aus der Erfahrung erlernt worden sind. Zwischen dieser scheinbaren Alternative entweder „vererbt" oder „erlernt" steht das „organisatorische Funktionieren der kognitiven Mechanismen" in seiner absoluten Kontinuität, das als solches sich nicht vererbt durch genetische Information, sondern als Ganzes im Laufe dieser Übermittlung fortsetzt und erhält, und zwar auf Grund selbsterhaltender und selbstregulierender Prozesse, die die reale Existenz eines Lebewesens in seiner Umwelt garantieren.

Diese überdauernde Aktivität eines allgemeinen Funktionierens der Gesamtorganisation wird nicht im gleichen Sinn übertragen wie die einzelnen genetisch bedingten Strukturen. Wenn daher die Frage erhoben wird, worauf das Kantische Apriori (das die logisch-mathematischen Strukturen mit deren Notwendigkeitscharakter einschließt) zurückzuführen ist – entweder auf die genetisch bedingten Substrukturen oder auf das allgemeine Funktionieren der Gesamtorganisation eines Lebewesens –, dann lautet die keineswegs völlig unproblematische Antwort darauf, daß man sich mehr am allgemeinen Funktionieren orientieren muß, d. h. mehr an der organisierenden als an der organisierten Organisation und infolgedessen an noch allgemeineren Koordinationen, die mithin auch in höherem Maße notwendig sind als zu einem bestimmten Zeitpunkt vererbte einzelne oder spezielle Eigenschaften.

Obwohl Piaget noch keine Möglichkeit sah, diese Fragestellung im Rahmen einer transdisziplinären Hirnforschung zu lösen und sich allein auf psychologische Verhaltensexperimente beschränkte, weisen seine am Rande gemachten Überlegungen in diese Richtung, wenn er feststellt, daß ein „verblüffendes Verbindungsglied zwischen der hereditären Organisation und den Gesetzen des Denkens in dieser Hinsicht die Kortextätigkeit ist, die als Funktionieren hereditär ist, der aber fast jede erbmäßige Programmierung für kognitive Strukturen fehlt" (1974). Sosehr auch phylo- und ontogenetische Erkenntnistheorien sich in Einzelheiten unterscheiden, so gibt es doch gerade, was das Phänomen des menschlichen Bewußtseins als einer nicht reduzierbaren emergenten Eigenschaft komplexer neuraler Systeme betrifft, wieder eine bemerkenswerte Übereinstimmung.

Nach Piagets „Biologie der kognitiven Funktionen" darf das Phänomen des Bewußtseins um so weniger vernachlässigt werden, weil es nur mit spezifischen Begriffen beschrieben werden kann, die mit physikalischer oder physiologischer Kausalität nichts zu tun haben, sondern auf einer kategorial verschiedenen Ebene liegen und trotzdem auf Grund der abstrakten Gleichartigkeit der Ordnungsbeziehungen, die sie allgemein ausdrücken, eine „Verwandtschaft" aufweisen. So besteht nach Piaget eine Verwandtschaft zwischen den Begriffen „Kausalität" und „Implikation" im Sinne einer logischen Verursachung, die sich konkret dadurch ausdrückt, daß jede logische Operation, wenn sie aktuell ausgeführt wird, wie z. B. 2 plus 2 = 4, gewisse neurale Vorgänge voraussetzt, die jedoch, selbst wenn man sie in ihren Einzelheiten kennen würde, nicht erklären können, weshalb diese Operationen gültig sind. Und er fügt hinzu, daß diese „Interpretation des Bewußtseins" in keinerlei Widerspruch steht zu den biologischen Erklärungen der kognitiven Funktionen: „Vielmehr beruft sie sich in dem Maße auf diese, in dem Kausalität und Implikationen nicht identisch, sondern komplementär sind“ (Piaget 1974).

Eine derartige „kategoriale Verschiedenheit“ wird auch vom eigentlichen Begründer der evolutionären Erkenntnistheorie als einer biologischen Disziplin, von Konrad Lorenz, ausdrücklich als ein prinzipiell und nicht nur für den heutigen Stand des Wissens „unüberbrückbarer Hiatus“ zwischen Leib und Seele bezeichnet: „Selbst eine utopische Zunahme unserer Kenntnisse würde uns der Lösung des Leib-Seele-Problems nicht näher bringen. Die Eigengesetzlichkeiten des Erlebens können grundsätzlich nicht aus chemisch-physikalischen Gesetzen und aus der, wenn auch noch so komplexen Struktur der neurophysiologischen Organisation erklärt werden“ (Lorenz 1973).

Daran ändert auch jene Erklärungsleistung nichts, die die evolutionäre Erkenntnistheorie selbst im Hinblick auf die Entstehung des menschlichen Bewußtseins und seiner Erkenntnisfähigkeit erbringen kann. Die Entwicklungsvorgänge, die vom Anorganischen zum Organischen und vom Tier zum Menschen führen, sind zwar, wie Lorenz sagt, der Fragestellung und den Methoden der Naturforschung in gleicher Weise zugänglich. Beide Einschnitte sind zumindest annäherungsweise heute schon durch eine Theorie der Selbstorganisation der Materie und der Hominidenevolution erklärbar. Aber der Hiatus, der zwischen den höchsten rezenten Tieren und den Menschen funktional in synchroner Vergleichung klafft, ist unüberbrückbar, weil er gerade in diesem theoretisch weitgehend und immer besser erklärbaren und durch empirische Befunde rekonstruierbaren Übergang entstanden ist und sich nicht auf die Größe oder den Grad der Komplexität des menschlichen Gehirns, sondern auf dessen Funktion und Leistungen bezieht. An diesem Punkt endet dann auch prinzipiell die evolutionäre Erkenntnistheorie als biologische Theorie und an ihre Stelle tritt eine von K. Lorenz von allem Anfang an (1941) nie geleugnete „reine Erkenntnistheorie“, die sich bloß auf die kognitiven Funktionen von bereits vorhandenen organischen Strukturen bezieht: „Wir sind mit Kant und gegen Hume durchaus der Ansicht, daß ‚reine‘, d. h. von jeder Erfahrung unabhängige Wissenschaft von den angeborenen Denkformen des Menschen möglich sei.“ Aber er fügt auch mit Recht hinzu, daß diese „reine“ Erkenntnistheorie nur ein sehr einseitiges Verständnis für das eigentliche Wesen apriorischer Denkformen vermitteln kann, weil sie den „Organcharakter dieser Strukturen vernachlässigt und die konstituierende biologische Frage nach ihrem ursprünglichen arterhaltenden Sinne gar nicht stellt“ (Lorenz 1941). Die prinzipielle Unvollständigkeit und Ergänzungsbedürftigkeit sowohl der reinen „transzendentalen“ als auch der biologischen evolutionären Erkenntnistheorie läßt sich erst durch eine strikte Integrierung beider Konzepte durch ein Zwei-Stufen-Modell der Erkenntnis aufheben (Oeser 1987). Dadurch geht der unleugbar vorhandene, aber eng begrenzte Erklärungswert der evolutionären Erkenntnistheorie als Erforschung der biologischen Grundlagen des menschlichen Erkenntnisprozesses nicht verloren und es bleibt trotzdem der nicht nur graduelle, sondern wesentliche Unterschied zwischen Leben und Erkennen erhalten. Die zweite Stufe der evolutionären Erkenntnistheorie stellt dann letzten Endes nichts anderes dar als eine im Sinne von Piaget verstandene „konstruktivistische" Lösung der Frage nach den apriorischen Strukturen der menschlichen Erkenntnis, die jedoch mit einer biologischen Erkenntnistheorie, deren Basis die Evolutionstheorie ist, kompatibel ist.

In diesem Zwei-Stufen-Modell muß der Untersuchung der Funktion des Menschenhirns die zentrale Rolle zugeteilt werden. Sie bildet sozusagen das Scharnier oder den Angelpunkt, um den sich das traditionelle Leib-Seele-Problem und heute das Gehirn-Bewußtsein-Problem dreht.

1.2.5 Konstruktivismus und Repräsentationismus

In ebenso strikter Weise, wie sich die evolutionäre Erkenntnistheorie als biologische Disziplin bezeichnet, versteht sich auch die Theorie selbstreferentieller und autopoietischer Systeme von H. Maturana als eine „biologische Kognitionstheorie". „Leben ist ein erkenntnisgewinnender Prozeß", sagt Lorenz. Und bei Maturana heißt es noch massiver: „Kognition ist ein biologisches Phänomen und kann nur als solches verstanden werden. Jegliche epistemologische Einsicht in den Bereich der Erkenntnis setzt dieses Verständnis voraus" (Maturana 1982). Im Unterschied zur evolutionären Erkenntnistheorie, die sich trotz der ursprünglichen Ansätze von Lorenz und „trotz gegenteiliger eigener Bekundungen" (Roth 1987, bezogen auf Vollmer) bisher nur wenig mit den Ergebnissen der Neurobiologie im allgemeinen und der Hirnforschung im besonderen auseinandergesetzt hat, so daß ihr von Humanmedizinern der Vorwurf gemacht worden ist, in Form eines „Zoologismus" die Eigenart des Menschenhirns zu überspringen (Linke 1984, bezogen auf Riedl), ist die biologische Kognitionstheorie Maturanas eine neurobiologische Theorie. Ihr Ausgangspunkt waren spezielle neurobiologische Untersuchungen zur Farbwahrnehmung und zur Größenkonstanz, die zur allgemeinen Feststellung führten, daß zwischen Außenweltereignissen und neuronalen Zuständen keine stabilen Korrelationen hergestellt werden, dagegen aber stabile Korrelationen zwischen solchen Zuständen innerhalb des Nervensystems selbst nachgewiesen werden können. Die erkenntnistheoretisch bedeutsame Folgerung daraus war, daß das Nervensystem ein „operational geschlossenes" System ist, das nur mit seinen eigenen Zuständen interagiert. Auf Grund dieser Einsicht entwickelt Maturana eine „Biologie der Kognition", die „sowohl ein epistemologisches Verständnis des Phänomens der Kognition ermöglicht, als auch eine adäquate Erkenntnis der funktionalen Organisation des erkennenden Organismus, der Phänomene wie begriffliches Denken, Sprache und Bewußtsein hervorbringt". Damit werden nicht nur zwei Gebiete, die Theorie der Organisation von Lebewesen und die Theorie von Wahrnehmung und Erkenntnis, miteinander verbunden, was ja bereits J. von Uexküll, Konrad Lorenz, Jean Piaget u. a. explizit versucht haben, sondern es wird auch der Anspruch erhoben, „Kognition" aus einer biologischen Theorie der Organisation als „notwendiges Phänomen abzuleiten" (Maturana 1982).

Diese Theorie der Organisation von Lebewesen bezeichnet Maturana mit dem Begriff „Autopoiese", um damit die Autonomie des lebendigen Systems im Gegensatz zu technischen Systemen, insbesondere Automaten, hervorzuheben, die er allopoietische Systeme nennt. Während allopoietische Systeme die Bestandteile, aus denen sie bestehen, nicht erzeugen, sind autopoietische Systeme selbsterzeugend. Für sich genommen legt aber dieser Begriff der „Selbsterzeugung", der eine Konsequenz des Konzeptes der operationalen Geschlossenheit ist, bereits die Grundlage für ein durch falsche Wahl eines irreführenden Begriffs vorgegebenes Mißverständnis, das sich im erkenntnistheoretischen Bereich als solipsistische Konsequenz rächt. Genausowenig wie behauptet werden kann, daß ein Organismus vollständig geschlossen und unabhängig von seiner Umwelt existieren kann, da ja Umweltenergie und/oder -materie durch ihn hindurchfließen und ihn antreiben, genausowenig ist das kognitive System „informationsdicht" und geschlossen. Wäre dies der Fall, dann könnte ein solches geschlossenes autopoietisches selbstreferentielles System nicht überleben oder überhaupt existieren. Tatsächlich ist mit diesem Begriff der Geschlossenheit weder eine materiell-energetische noch eine informationelle Geschlossenheit gemeint, sondern eben nur eine „operationale Geschlossenheit", die sich auf die Tätigkeitsweise des Nervensystems bezieht, was nicht mehr heißt als zirkuläre Interaktion der neuronalen Zustände untereinander, die ein System bilden, das keine Eingänge und Ausgänge in dem gleichen Sinne besitzt wie ein Computer, der als Input-Output-System konstruiert worden ist und nach einem bestimmten Programm Informationen verarbeitet.

An die Stelle der populären Computerprogrammanalogie, die im funktionalistischen Kognitivismus im Rahmen der Künstlichen-Intelligenz-Forschung und der kognitiven Psychologie, soweit sie sich von der Hirnforschung unabhängig machen wollte, eine zentrale Rolle gespielt hat, aber in der Neurobiologie selbst als methodisches Hilfsmittel nur in eingeschränkter Weise verwendet worden ist, setzt Maturana eine biologische Maschinentheorie, die in übertriebener Polemik den Informationsbegriff nicht nur vermeidet, sondern in dogmatischer Weise verbietet, wobei in keiner Weise auf die hinter jeder korrekten wissenschaftlichen Verwendung des Informationsbegriffs stehenden Theorien hingewiesen wird, die den systemrelativ differenzierten Gebrauch dieses Begriffes bestimmen.

Das gilt für den gesamten biologischen Anwendungsbereich des Informationsbegriffs. So stellt Maturana zunächst sehr vage und allgemein über den Begriff der genetischen Information fest: „Wir haben oft sagen hören, daß die Gene die ‚Information' enthalten, die ein Lebewesen spezifiziert" (Maturana, Varela 1987). Dies ist für Maturana deswegen falsch, weil damit dem

Replikationsmechanismus der DNA die alleinige Verantwortung für die Spezifikation und Entwicklungsgeschichte des Gesamtorganismus zugeschrieben wird. Tatsächlich aber gibt es keine Forschungsrichtung in der Genetik, selbst wenn man den sog. „molekulardarwinistischen" Ansatz miteinschließt, die diesen Fehler gemacht hat. Und keineswegs wird mit dem Konzept der genetischen Information behauptet, die „Geschichte" eines Lebewesens „im einzelnen" erklären zu können. Was damit erklärt werden soll, ist vielmehr das allgemeine Phänomen der Vererbung. Erklärt werden aber kann nur etwas mit Hilfe einer Theorie und nicht mit der bloßen Anwendung eines Begriffes in alltagssprachlicher Bedeutung, den man willkürlich annehmen oder verwerfen kann, weil er als solcher bloß eine Verschiebung, nicht aber Lösung des Problems bedeutet. Der Informationsbegriff ist aber als wissenschaftlicher Begriff ein theoretischer Grundbegriff, d.h. ein Begriff, der Sinn und Bedeutung nur innerhalb einer Theorie besitzt. Ihn anzuwenden heißt, eine Theorie verwenden, die jeweils ein bestimmtes Problem löst, wie etwa die Shannonsche Informationstheorie das Problem der Korrektheit der Übertragung von Information, die algorithmische Informationstheorie das Problem der Verarbeitung oder Erzeugung von Information oder die allgemeine Netztheorie das Problem der organisatorischen Veränderung von Information erklärt, wobei „Information" immer nur „systemrelativ" verstanden sein kann, d.h. für sich selbst als „absolute" Information keine Bedeutung hat.

Die bloß pauschale Ablehnung eines undifferenzierten alltagssprachlichen Informationsbegriffes ist daher irrelevant, während die Ablehnung der hinter dem wissenschaftlichen Begriff der genetischen Information stehenden allgemeinen Theorien nicht akzeptabel ist, solange keine ausgearbeitete Alternative dazu sichtbar ist. Davon scheint aber die Autopoiese-Theorie von Maturana noch weit entfernt zu sein.

Was für den Bereich der Genetik gilt, trifft auch für die Neurobiologie zu. Wenn Maturana feststellt: „Das Nervensystem ‚empfängt' keine ‚Information', wie man häufig sagt", dann kritisiert er damit nur die populäre Metapher von Gehirn und Computer, an die niemand mehr glaubt und die von allem Anfang an gerade von den Pionieren der Computer-Technik wie John von Neumann in sehr eingeschränkter Weise verwendet worden ist, und zwar letzten Endes bereits mit dem entgegengesetzten Ziel, nämlich nicht unsere Erklärungsmodelle dem Computer anzupassen, sondern umgekehrt den Computer an die Strukturen des menschlichen Gehirns (Oeser 1976). Konkret ist auch Maturanas Ablehnung des Informationsbegriffes in der Hirnforschung, wie er selbst sagt, auf seine Unzufriedenheit mit den Modellierungen biologischer Phänomene durch Vertreter der Automatentheorie und der „künstlichen Intelligenz" zurückzuführen und auf die daraus tatsächlich häufig resultierende Verwechslung der funktionalen Beschreibung mit dem Phänomen selbst. Die radikale Konsequenz, die Maturana daraus zieht, lautet: „Funktionale Beschreibungen müssen deswegen verworfen werden, weil sie die strukturellen Mechanismen verdecken, von denen die der Beobachtung zugänglichen Phänomene erzeugt werden" (Maturana 1985). Da aber, wie Maturana richtig feststellt, die funktionale Beschreibung „die schlechthin gängige Denk- und Sprechweise der Biologen" überhaupt ist, fühlt sich Maturana berechtigt, eine neue Sprache einzuführen, in der überhaupt keine Ausdrücke funktionaler Beschreibung zulässig sind.

Die Konstruktion einer neuen Sprechweise ist jedoch noch keine Garantie für die Entwicklung neuer Ideen. Das, was mit der strikten Vermeidung funktionaler Ausdrücke erreicht wird, ist lediglich eine präzisere Darstellung des streng lokal bedingten Operierens der Bestandteile des Nervennetzwerkes ohne Hypothesen irgendwelcher Art, welche eine theoretische Verbindung zwischen der äußeren Umwelt des Organismus und seines Nervensystems herstellen und ohne jede Hypothese irgendwelcher Art, die sich auf die Leistungsprodukte dieser Operationen des Nervensystems bezieht. Es versteht sich von selbst, daß ein derartig restriktives Programm hauptsächlich aus Negationen besteht, die manchmal berechtigte Korrekturen lokalisationstheoretischer und funktionalistischer Irrtümer darstellen, meist aber in irreführender Weise die Begriffe der funktionellen Neuroanatomie und funktionellen Neurophysiologie simplifizieren, um sie kritisierbar zu machen.

Das wird besonders an dem populärphilosophischen erkenntnistheoretischen Überbau deutlich, der auf diese anatomisch-morphologische Theorie des strukturdeterminierten Operierens des Nervensystems aufgebaut ist. Die Grundbegriffe einer funktionalen Beschreibung und Erklärung des Nervensystems, „Information" und „Repräsentation", werden auf eine geradezu lächerliche und bewußt karikierende Weise als „Abbildungen" der Außenwelt mißdeutet, die fertig in den Kopf hineinkommen und nur sprachlich umformuliert werden müssen, um dann wieder als Laut- oder Klangbild in die Außenwelt abgegeben zu werden (Maturana, Varela 1987). Als Alternative zu dieser primitiv-naiven Abbildtheorie, die in dieser Form weder in der Neurobiologie noch in der Geschichte der Philosophie jemals aufgetreten ist und mit der Bezeichnung „Repräsentationismus" versehen wird, wird der „Solipsismus" angeführt, von dem behauptet wird, daß er auf jener „klassisch philosophischen Tradition" beruht, welche die absolute „kognitive Einsamkeit" hervorgehoben hat, der tatsächlich aber ebenfalls niemals ernsthaft vertreten worden ist. Denn der philosophische Idealismus hat nichts mit dem subjektiven Idealismus solipsistischer Art zu tun, was schon zur Zeit der Hochblüte des Deutschen Idealismus einer ihrer bedeutendsten Vertreter mit den Worten ausgedrückt hat: „Der Idealist ist einsam und verlassen, von einer Welt der Gespenster überall umgeben" (Schelling, zit. n. Oeser 1969).

Stellen nun beide Extrempositionen, Repräsentationismus und Solipsismus, Scheinpositionen zu einem Problem dar, das eigens zu dem Zweck erfunden worden ist, um eine Lösung anzubieten, so ist auch die Lösung dieses Scheinproblems entsprechend trivial. Sie lautet in einem „Kernaphorismus" ausgedrückt: „Alles Gesagte ist von jemandem gesagt" (Maturana, Varela

1987). Was damit wirklich gemeint ist, ist das Eingeständnis der Unzulänglichkeit einer Theorie des Nervensystems, die den Anspruch erhebt, das Phänomen der Kognition biologisch zu erklären, jedoch auf jede Art der funktionalen Beschreibung verzichtet. Es ist jedoch andererseits klar, daß die nachträgliche Wiedereinführung einer anderen Betrachtungsebene, die aus der Perspektive des Beobachters geschieht und in der die alten funktionalen Beschreibungen, und so auch der Informationsbegriff, wieder zulässig sind, keinen Schutz vor dem Solipsismus bedeutet, da sie nur als eine Als-ob-Betrachtung gültig sein soll. Es ist daher nicht verwunderlich, daß in der Epigonenliteratur, in der diese „biologische Kognitionstheorie" philosophisch unter dem Stichwort „radikaler Konstruktivismus" (Schmidt 1987) ausgeschlachtet wird, die Bezeichnung „epistemologischer Solipsismus" ausdrücklich akzeptiert und durch Berufung auf experimentalpsychologische Theorien (von Glasersfeld) unterstützt wird. In dieser Form wurde die Theorie Maturanas auch, wie Roth (1987) treffend feststellt, zwar in den Sozialwissenschaften und der Linguistik „begierig rezipiert", während die Biologie oder Neurobiologie selbst davon bisher völlig unberührt blieben. Tatsächlich ist die Theorie Maturanas nur dann akzeptabel, wenn an ihr wesentliche Korrekturen vorgenommen werden, die allerdings dieser Theorie ihre scheinbare Originalität und Eigenständigkeit wieder völlig nehmen.

Eine grundsätzliche Korrektur wurde bereits ausdrücklich von Gerhard Roth durchgeführt: die Trennung von Autopoiese und Kognition. Das keineswegs nur metaphorisch gemeinte Ineinssetzen von Leben und Erkennen, so faszinierend es auch auf den ersten Blick sein mag, bringt Maturanas Theorie in mindestens ebensogroße Schwierigkeiten, wie sie bereits in ähnlicher Weise an der evolutionären Erkenntnistheorie kritisiert worden sind. Während sich jedoch in der evolutionären Erkenntnistheorie diese Schwierigkeiten durch eine schärfere Betonung des dort nie geleugneten Unterschiedes von Leben und Erkennen (Lorenz 1973) im Rahmen eines Zwei-Stufen-Modells dieser Theorie beheben lassen (Oeser 1987), muß die Trennung von Autopoiese und Kognition Maturanas Theorie zerstören. Denn man kann die spezifischen Leistungen des Gehirns als eines kognitiven Systems nur verstehen, wenn man, wie G. Roth (1987) richtig bemerkt, begriffen hat, daß es gerade nicht wie ein „autopoietisches" System im Sinne von Maturana funktioniert. Dazu ist es aber zunächst nötig, den mißverständlichen und manchmal mit einem geradezu „mystischen Beigeschmack" versehenen Begriff der „Autopoiese" in die beiden Teilaspekte der „Selbstherstellung" und „Selbsterhaltung" aufzutrennen.

„Selbstherstellung" hängt mit dem allgemein gebräuchlichen Begriff der „Selbstorganisation" zusammen, wie er in den Theorien von der Selbstorganisation der Materie (Eigen) oder in der Nichtgleichgewichtsthermodynamik und in der Synergetik (Haken) verwendet wird. Charakteristisch für solche Phänomene ist das Auftreten musterbildender Strukturen, die jedoch meist sehr schnell zerfallen, wenn ihre konstituierenden Komponenten aufgebrauchte sind oder vergehen. Außerdem besitzen solche Systeme keinen autonomen, sondern nur einen vorgegebenen oder „erzwungenen“ Rand (Gefäß). Organismen müssen daher noch eine andere Fähigkeit besitzen: die Selbsterhaltung. Diese kommt im Sinne einer die einzelnen Komponenten des Systems überdauernden Stabilität nur dadurch zustande, daß ein räumlich und zeitlich zusammenhängender autonomer Rand existiert, mit dem sich der autonome Organismus von der Umwelt abgrenzt. Die Entstehung des Lebens läßt sich nach Roth (1987) als Übergang von Zuständen der Selbstherstellung zu den Zuständen der Selbsterhaltung verstehen. Die Autonomie des Organismus gegenüber seiner Umwelt hat sich also erst in der Evolution herausgebildet und bleibt stets eine relative.

Im Gegensatz zu dieser relativen Autonomie bedarf das Gehirn als unselbständiger Teil eines solchen Organismus zu seiner Erhaltung der ständigen Zufuhr von Brennstoff und Energie, d. h. Glukose und Sauerstoff. Natürlich hat es auch für den Körper lebenserhaltende Funktionen, aber diese, ebenso wie die materielle energetische Bedingtheit des Gehirns selbst als Organ, bilden keine Einschränkung für seine kognitiven Operationen: „Nur dadurch, daß sich das Gehirn nicht selbst erhalten muß, sondern vom Organismus erhalten wird, kann es eine in sich semantisch abgeschlossene kognitive Welt konstruieren, die nicht materiellen Bedingungen unterliegt“ (Roth 1987). Der Ausdruck für diese Art der Tätigkeitsweise des Gehirns ist: Selbstreferentialität. Mit „Selbstreferentialität“ ist jedoch ein universales Ordnungsprinzip gemeint, das nicht auf biologische Systeme oder überhaupt auf materielle Systeme beschränkt ist, sondern auch in abstrakten Systemen auftritt und dort nichts anderes als zirkuläre Selbstbezüglichkeit meint. In der Logik und Mathematik lange Zeit verpönt und verboten, wurde die Selbstreferentialität durch den Gödelschen Unvollständigkeitsbeweis legitimiert. Daß es sich dabei grundsätzlich um das gleiche Problem handelt, wurde von den Biologen bisher zumeist oder überhaupt übersehen, obwohl zur Illustration der Selbstreferentialität in geradezu stereotyper Weise immer wieder in allen Bereichen die sich selbst zeichnende Hand von Escher, dem Meister der Darstellung selbstreferentieller Strukturen, verwendet worden ist (Hofstadter, Haken, Maturana, Varela). Zum Begriff der Selbstreferenz, der unabhängig von Maturanas Autopoiesetheorie unentbehrlich für die Lösung des Gehirn-Bewußtsein-Problems ist, steht jedoch weder der Informationsbegriff noch überhaupt die funktionale Betrachtungsweise in Widerspruch. Es war aber gerade die funktionale Neuroanatomie des Menschenhirns, die insbesondere, wie die gesamte Geschichte der medizinischen Hirnforschung zeigt, durch die funktionale Analyse der Leistungsstörungen der Lösung dieser Problematik noch am nächsten gekommen ist. Dieser Weg soll nun auch in den folgenden Untersuchungen eingeschlagen werden. Denn sosehr uns auch vergleichende Studien über die Struktur und Funktion von Nervensystemen verschiedener Lebewesen Auskunft geben können über die ansteigende Komplexität ihrer Organisation und Leistung, so ist es doch das Menschenhirn allein, zu dem wir einen doppelten Zugang haben – den empirisch naturwissenschaftlichen und den metaempirischen Zugang über unser eigenes Bewußtsein. Keine „Biologie der Kognition“ kann daher das Gehirn des Menschen, seinen besonderen Bau und seine mit anderen Nervensystemen letzten Endes unvergleichbaren „höheren“ Leistungen überspringen. Denn diese Leistungen sind es, was es den alten Philosophen erlaubte, vom Bewußtsein als dem „Spiegel des Universums“ zu reden.

2. DAS GEHIRN DES MENSCHEN

Zu den Wesensmerkmalen der Lebewesen gehört, daß sie gegenüber der nicht-lebenden materiellen Umwelt im Lebensvorgang einen weitab vom thermodynamischen Gleichgewicht liegenden Zustand mittels Verfahren der Energiegewinnung aus der Umwelt für einen eigenständigen Energiehaushalt aufrechterhalten. Leben setzt sowohl Abgrenzung des Lebewesens von als auch Verbindung mit der Umwelt voraus. Diese Bedingungen erfüllt die äußere Hülle des Lebewesens: beim Einzeller die Zellmembran, bei den Mehrzellern die Haut mit ihren Ausgestaltungen. Sie erhält die besonderen Bedingungen der Innenwelt des Lebewesens, das sog. innere Milieu, gegenüber der Außenwelt aufrecht und ermöglicht oder vollführt zugleich den Austausch von Energie, Stoff und Information mit der Umwelt, ohne die der Lebensvorgang nicht vor sich gehen könnte. Das Wechselspiel zwischen den ablaufenden Umweltbedingungen und den Vorgängen im Lebewesen mit dessen Äußerungen bezeichnet man in seiner Folge und Gesamtheit als das *Verhalten* der Lebewesen. Der Austausch von Information mit der Umwelt besteht bei den einzelligen Lebewesen darin, daß eine als Reiz taugliche Gegebenheit oder Veränderung der Umwelt zu einer Zustandsänderung der inneren Situation und diese wieder zu einer passenden Reizantwort des Einzellers, z.B. in Form einer Änderung seiner Gestalt, einer Bewegung zur Reizquelle hin oder von ihr weg, führt. Die Antwort des Einzellers auf einen Reiz aus der Umwelt richtet sich somit wieder an die Umwelt und bewirkt ihrerseits in dieser eine Veränderung. Diese dem Verhalten zugrunde liegende Kommunikation zwischen dem Ökosystem, der Umwelt, und einem seiner Subsysteme, eben dem Lebewesen, erfolgt somit in Form eines rekursiven Prozesses.

Schon Einzeller verfügen oft über mehrere verschiedene Verhaltensweisen. Bei den mehrzelligen Lebewesen kommt es im Rahmen der Arbeitsteilung des Organismus zur Ausbildung einer für die Aufgaben des Informationsaustausches spezialisierten Zelle, nämlich der *Nervenzelle*. In ihr erfolgen auf Reize jene Zustandsänderungen, man bezeichnet sie als *Erregung*, die in passende Äußerungen des Organismus umgesetzt werden. Die wissenschaftliche Beschreibung der Zustandsänderungen der Nervenzelle und der Nervengewebe (Nervenzellverbände) ist Gegenstand der *Neurophysiologie*: Sie umfaßt an sich alle physischen Merkmale der Lebenstätigkeit, betrifft im besonderen aber die *elektrischen Phänomene*, die mit dem Erregungsgeschehen, seinen Entstehungsbedingungen, seinem Verlauf und seinen Äußerungen verbunden sind. Die Gestalt der Nervenzelle offenbart ihre Funktion: Die Reizaufnahme besorgen kurze Zellfortsätze, die Dendriten; die Erregungsleitung über verschieden lange Distanzen, in der Richtung vom Zelleib weg, besorgt der lange Nervenzellfortsatz, das Axon, die Weitergabe dessen Endverzweigungen, die Terminalen. Die Erregungsübertragung zwischen den Nervenzellen geschieht punktuell in Kontaktstrukturen, den Synapsen, vermittels chemischer Substanzen, den Transmittern, und wird von elektrischen Veränderungen an der Nervenzellmembran begleitet und gefolgt. Dieses Bau- und Funktionsprinzip der Nervenzelle wurde auch in den höchstentwickelten nervösen Einrichtungen unverändert beibehalten. Der *Informationsaustausch*, d.h. die Umsetzung von Merkmalen der Umwelt in eine Verhaltensantwort des Organismus, bedarf in einfachster Form nur *einer* Nervenzelle oder in sparsamer Ausführung zweier Nervenzellen: einer *afferenten* für die Inputinformation, die direkt auf eine zweite *efferente* Nervenzelle für die Outputinstruktion übertragen wird. Das einfachste *nervöse System* besteht aus einer Kette von 3 Nervenzellen, von denen man den beiden äußeren die Funktion des Reiz- bzw. *Informationstransportes*, der mittleren, *intermediären*, aber bereits die der *Informationsverarbeitung* bzw. die eines Rechenelementes zusprechen kann. Als früheste nervöse Organisation treten bei den radial-symmetrischen Mehrzellern *nervöse Netzwerke* auf, die aus etlichen durch ihre Fortsätze miteinander verbundenen Nervenzellen bestehen. Zwischen Input und Output tritt damit die Tätigkeit mehrerer intermediärer Nervenzellen, die aus der gegebenen Informationskonstellation ein angepaßtes Verhalten gestalten. Die intermediären oder assoziativen Nervenzellen bilden auf den höheren Entwicklungsstufen dicht vernetzte Zellanhäufungen (Nervenzellknoten, Ganglien, Kerne), in denen eine *integrative Verarbeitung* der aus den Sinnesorganen eintreffenden Informationsvielfalt geleistet wird.

Im Verlauf der Evolution tritt eine Tendenz zu immer weitergehenderem Zusammenschluß der Verhaltenssteuerung hervor, die außer zur relativen Vergrößerung der nervösen Einrichtungen vor allem zu ihrer räumlichen Konzentration in einem nervösen Zentralorgan, dem *Zentralnervensystem*, führt. System ist dabei im technischen Sinn zu verstehen, da die Nervenzellen sämtlich miteinander zu einer Funktionseinheit verbunden sind, in der die Aktivität jedes einzelnen Systemelements vom Einfluß der anderen abhängt und ihrerseits Einfluß auf andere Elemente ausübt. Nervensysteme sind also im Wortsinn *biologische Systeme der Informationsverarbeitung zum Zweck der Verhaltenssteuerung.* In der Phylogenese der Mehrzeller wurden für die selektive Aufnahme bestimmter Reizqualitäten die *Sinnesorgane* entwickelt, die den afferenten Nervenzellen vorgeschaltet sind, und wurden zunehmend Reize nicht nur aus der Umwelt, sondern auch aus dem eigenen Körper der zentralen Verarbeitung als Input zugeleitet.

Man bezeichnet den vordersten Abschnitt des Zentralnervensystems der phylogenetisch jüngsten Lebewesen, d.h. der höheren Säugerarten, als *Gehirn*, wenn alle im Verlauf der Evolution erworbenen Organabschnitte, insbesondere das zuletzt ausgebildete Großhirn, voll ausgeprägt vorhanden sind. Auf den Bau und die Organfunktionen des *menschlichen Gehirns* wird später näher eingegangen.

2.1 Evolution, Entwicklung und Aufbau des Gehirns

2.1.1 Die Evolution des Gehirns

Im folgenden sollen die wichtigsten *Stufen der Gehirnevolution* im Zusammenhang mit der Artentwicklung knapp dargestellt werden. Wesentliche Schritte der oben erwähnten Zentralisierung der Verhaltenssteuerung erfolgten im Verlauf der Evolution der *Wirbeltiere*, die vor etwa 500 Mio. Jahren einsetzte und ihren Vertretern die Anpassung der Lebensweise an schwierigere Umweltbedingungen ermöglichte.

Der Organismus der Wirbeltiere ist axial-symmetrisch gebaut und polar zwischen Ein- und Ausgang des Verdauungskanals differenziert. Ihr *Zentralnervensystem* (ZNS) liegt in der Mittellinie und weist eine Konzentration von Steuerungsinstanzen am vorderen Pol auf, um den die Einrichtungen für das Erkennen, Ergreifen und Einnehmen der Nahrung sowie für die Fortbewegung angeordnet sind. Jeder Evolutionsschritt im Zusammenhang mit dem Erwerb eines neuen Sinnesgerätes, eines Freß- oder Verteidigungswerkzeuges geht mit der Bereitstellung einer zusätzlichen komplexeren nervösen Einrichtung zur Integration aller verfügbaren Information einher. Diese neue Integrationsebene – einem allgemeinen ökonomischen Evolutionsprinzip gemäß – ersetzt nicht etwa die älteren Strukturen, sondern überbaut sie, wobei sie deren Funktionen unverändert oder modifiziert in die höhere Leistungsstufe mitaufnimmt. Diese Suprastrukturen wachsen also am vorderen Pol des ZNS zu und fassen alle tieferen Systemebenen mittels dichter nervöser Verbindungen kontrollierend zusammen.

Der evolutive Ausbau des ZNS geht also mit Vergrößerung und äußerer Aufgliederung des Organs sowie mit Verdichtung und Differenzierung seiner inneren Einrichtung, d.h. der zwischen seinen Bauteilen bestehenden Verbindungen (Interkonnektivität), im Sinn einer Erhöhung der Komplexität des Organbaues einher. Diese Vorgänge entfalten sich am mächtigsten in der Anatomie des *Großhirns*. Von dieser höchsten und für die menschliche Seinsweise entscheidenden Integrationsstätte des Gehirns wird später noch ausführlicher zu handeln sein.

Vorher muß aber ein Abriß der *Gehirnentwicklung der Säugetiere* gegeben werden. Dabei wird die Evolution des Gehirns nicht isoliert als bloß morphologische Geschehensfolge betrachtet, sondern wird im Zusammenhang mit seinen Funktionen, d.h. mit den jeweiligen *Verhaltensmustern*, gesehen: Verhalten wird durch die jeweilige nervöse Organisation ermöglicht und ist in Wechselwirkung mit der veränderlichen Umwelt zugleich auch ein wichtiger Faktor im Selektionsvorgang, der die Richtung der Evolution bestimmt. Eine positive Rückkoppelung zwischen Verhalten und Entwicklungsdynamik zeigte sich vor allem in der letzten Phase der Gehirnevolution und verstärkte sich zum Menschen hin gewaltig, so daß es zu einer ungemeinen Beschleunigung von Entwicklungsschritten kam, für die es in der gesamten Evolution kein Vergleichsbeispiel gibt.

Abb. 7: Phylogenese des Großhirns.

Ein entscheidender Schritt in der Gehirnevolution erfolgte vor ungefähr 200 bis 250 Mio. Jahren, als die reptilischen *Vorfahren der Säugetiere* sich anschickten, die neue Umwelt des Lebens auf dem Lande zu betreten, und sich als Nachttiere anpassen mußten, weil ihre übermächtigen Feinde in diesem Lebensraum, die Saurier, ausgesprochene Tagtiere waren. Dabei waren vor allem neue Einrichtungen für die räumliche Entfernungsmessung zu entwickeln.

Die Sinnesorgane des Hörens und des Riechens wurden für diesen Zweck ausgebaut, die erforderliche nervöse Verarbeitungseinrichtung im ZNS lokalisiert. Das bedeutete den wichtigen Schritt der *Enzephalisation* von Funktionen, d.h. die Verlagerung der Informationsverarbeitung aus der Peripherie, also aus dem Bereich des Sinnesorgans, in das ZNS mit dem

Resultat einer Vergrößerung desselben. Gleichzeitig damit wurde die Netzhaut des Auges durch den Erwerb des Stäbchenzellapparates für das Nachtsehen ausgestattet.

Ein weiterer Enzephalisationsschritt ereignete sich vor ca. 65 Mio. Jahren, als die *Säugetiere* in Tagesnischen eindrangen, wobei eine weitere Vervollkommnung ihres Sehapparates und eine erhöhte Zusammenarbeit mit dem Hör- und Riechsystem in neugebildeten Regionen der Großhirnrinde im Sinn der sogenannten *Kortikalisation* von Funktionen erfolgte. Im Zusammenwirken von Gesicht, Gehör und Geruch wurde es möglich, von ein und derselben Stelle im Raum verschiedene Arten von Information zu erhalten und auf einen gemeinsamen lokalisierten Eigenschaftsträger, einen *Gegenstand*, zu beziehen. Dank der zeitlich geordneten Organisation des Gehörs konnten ferner bestimmte Objekte nunmehr nicht nur im Raum, sondern auch als umschriebene Zeitgestalten festgestellt werden.

Erst in der Geschichte der *Primaten* aber, seit ungefähr 50 Mio. Jahren, wurde das Verhalten konsequent im ZNS zentralisiert, also enzephalisiert und vor allem kortikalisiert. Die Primaten entwickelten für das Leben im Wald, im dreidimensionalen Raum der Bäume, ein ausgeprägtes optisches Verhalten mit binokularem räumlichen Sehen und Farbensehen sowie genauer Koordination von Auge und Hand. Hingegen wurde das *periphere Riechsystem* nicht weiterentwickelt, während das große *zentrale Riechhirn* andere Funktionen übernahm, die zu Emotion, Motivation und Gedächtnis Beziehung haben.

Von der Superfamilie der *Hominoiden* (menschlicher Affen) zweigte die Familie der *Hominiden*, der unmittelbaren Ahnen des Menschen, vor ungefähr 20–15 Mio. Jahren ab, verließ die Wälder und richtete sich in der neuen Umgebung einer offenen Landschaft ein. In diesem Raum stellte sich den Primaten als gruppenbildende und in Gruppen jagende Lebewesen die Aufgabe, die Orientierung und Verständigung in weitem flachem Gelände sicherzustellen. Dazu adaptierten sich ihr Gehör und ihre Lautgebung, so daß zur Mitteilung über die eigene räumliche Position, die aktuelle Situation und den Ereignisverlauf zwischen den Mitgliedern der Gruppe Lautfolgen mit Handelnsanweisungen abgegeben, lokalisiert und verstanden werden konnten. Eine solche Elementarsprache tauchte vermutlich bei den *Australopithecinen*, kleinen Vormenschen, bereits vor etwa 4 Mio. Jahren auf und dürfte der Ursprung der menschlichen *Sprache* gewesen sein. Schon aus diesen Entstehungsbedingungen erscheint es offensichtlich, daß sprachliche Kommunikation eher auf die Repräsentation und die Mitteilung von Sachwirklichkeit hinweist als auf eine Signalfunktion zur Auslösung emotionaler Reaktionen. Die Sprache ist vor allem der Erkenntnis im Sinn der Erfahrungssicherung *(Kognition)* gewidmet, wozu ausgedehnte kortikale nervöse Netzwerke erforderlich sind. Mit der Bildung der betreffenden Strukturen erreichte das Gehirn der Hominiden bereits ein höheres Gewicht, als es die heute lebenden menschenähnlichen Affen, die Pongiden, aufweisen, nämlich ca. 300 g.

Die *Erhöhung des Hirngewichts* ist aber nur die *eine* Determinante der Menschwerdung. Die andere, vermutlich entscheidendere und frühere, ist die volle *Aufrichtung des Körpers*, die mit dem Eintritt der frühen Hominiden in eine offene Landschaft erfolgt war. Damit wurde die Aufgabe der Fortbewegung den Beinen überlassen. Die Arme wurden von dieser Aufgabe entlastet und für das Greifen und die Zubereitung der Nahrung freigemacht sowie für andere Formen des Gebrauchs der Hände, also des Handelns, z. B. für die Erzeugung von Werkzeugen. In Verbindung damit wurden der Mund und das Gesicht von der Freßfunktion entlastet und schließlich für die kommunikativen Funktionen des mimischen Ausdrucks und der Sprache verfügbar gemacht. Diese Erschließung neuer Tätigkeitsgebiete für die Hand und das Gesicht mit einer riesigen Anzahl von Betätigungsmöglichkeiten, dadurch verbesserter Selbsterhaltung und Vermehrungsrate der Art übte offenbar einen enormen selektiven Druck aus, unter dem sich in der im Vergleich mit anderen evolutionären Veränderungen sehr kurzen Zeit der letzten 4 Mio. Jahre das Hirngewicht der Hominiden auf das 4fache erhöhte.

Der erste Repräsentant des Genus Homo, nämlich *Homo habilis*, erschien vor ca. 2 Mio. Jahren mit einem Hirngewicht von etwa 600 g. Vor ca. 1 Mio. Jahren erreichte der *Homo erectus* ein Hirngewicht von etwa 1000 g. Die *Neandertaler*, die vor 100000 Jahren lebten, hatten mit mehr als 1500 g ein sehr schweres Gehirn. *Homo sapiens*, die gegenwärtige Spezies des Menschen, erschien vor etwa 40000 Jahren mit einem mittleren Gehirngewicht von etwa 1400 g und wurde das erste Lebewesen, das sich über die gesamte Erde ausbreitete.

Ein hervorstechendes Merkmal dieser Evolutionsphase des Menschen liegt darin, daß sich in ihr ein allgemeiner Trend der Evolution geradezu in sein Gegenteil verkehrte, nämlich der Trend zur *Spezialisierung* der organischen Ausstattung zwecks Anpassung an eine gegebene Umwelt. Die Entlastung der Hand und des Gesichts sind nämlich Ereignisse nicht der Spezialisierung, sondern der physischen *Entspezialisierung*. Andere Beispiele sind der Verlust des Haarkleides und die dauernde sexuelle Bereitschaft. Gleichzeitig gingen viele spezialisierte, genetisch gewährleistete Programme des Verhaltens progressiv verloren, so daß das menschliche Verhalten nahezu vollkommen durch individuell erworbene, d. h. erlernte und sozial weitergegebene Programme beherrscht wird. Das ist der Grund, warum man den Menschen oft als ein „Mängelwesen" charakterisierte. Entspezialisierung jedoch erwies sich in diesem Zweig der Evolution nicht als ein negatives Moment, sondern im Gegenteil als eine höchst fruchtbare Quelle neuer Fähigkeiten, die durch ein Gehirn gewährleistet werden, das instandgesetzt ist, angemessenes Verhalten in selbstregulierten Instruktionen zu erlernen. Von Beginn der Evolution an kann man nämlich auch einen der Spezialisierung anscheinend entgegenwirkenden Trend, den des *Lernens*, identifizieren, d. h. des Gewinns von Modifikationen und Erweiterungen des individuellen Verhaltens durch die Einprägung von Instruktionen aus einzelnen, temporär erlebten Ereignissen und Situationen in die Verhaltensmuster. Lernen ist in diesem Sinn eine Eigenschaft aller Lebewesen, die aber in der Nervenzelle eine Spezialeinrichtung gewann. Durch die Evolution von Nervensystemen und besonders von *Gehirnen* wurde schließlich eine organische Struktur mit höchster Lernfähigkeit, geradezu ein *Lernorgan*, hervorgebracht. Lernen aus den wechselnden Situationen des individuellen Lebens bedeutet Offenheit, Flexibilität und vermehrte Anpassungsfähigkeit an die dauernden Veränderungen in der Umwelt. In dieser besonderen Hinsicht repräsentiert *Lernen* den evolutionären Trend zur *Entspezialisierung in funktionaler Hinsicht.* Spezialisierung bedeutet abgesehen von ihrer Wirksamkeit in einer definierten und stabilen Umgebung gleichzeitig oft eine Sackgasse, aus der keine weitere Entwicklung mehr erfolgen kann. Auf der anderen Seite stellt schon eine geringfügige oder relative Entspezialisierung Möglichkeiten für adaptive evolutive Veränderungen bereit. Das bewirkte in der Primatenevolution einen starken Selektionsdruck auf physische Entspezialisierung verbunden mit Erhöhung der Lernfähigkeit. Es muß betont werden, daß das Lernen in der Bedeutung, wie es hier verwendet wird, nicht mit Wissenserwerb gleichgesetzt oder als Erkenntnis mißverstanden werden sollte. *Lernen*, d. h. die Einverleibung von Wirklichkeitsmustern in die nervösen Strukturen, bedarf prinzipiell keiner geistigen Funktionen und ist daher primär kein kognitiver Prozeß. So wurde in einem einzigartigen Weg in der Evolution der Hominiden der Fortschritt zur optimalen Anpassung nicht durch generelle Hochspezialisierung, sondern durch Hereinnahme bestimmter *Entspezialisierungen als Voraussetzung einer generellen adaptiven Spezialisierungsfähigkeit* erstellt, quasi in einer Spezialisierung für das Mögliche, das Neue und Nichtvorhersehbare, wie sie in der vorwiegenden Benutzung der Lernfähigkeit der nervösen Systeme, besonders des Gehirns, gegeben ist. Die *Spezialisierung* in dieser Evolutionsphase konzentrierte sich in besonders wirksamer Weise auf die Struktur des Organs, auf den *Gehirnbau*, dessen jüngster Komplexitätszuwachs überhaupt als das spektakulärste Ereignis der Evolution angesehen werden darf. In diesem Zusammenhang soll auch betont werden, daß die dabei ermöglichte Entwicklung der *Sprache* ihrerseits die Lernprozesse enorm erleichterte wie ihre Effizienz erhöhte und so eine der Voraussetzungen für die menschlichen kulturellen Errungenschaften schuf.

2.1.2 Der Bau des menschlichen Zentralnervensystems

2.1.2.1 Die Gliederung des Zentralnervensystems

Das menschliche Nervensystem umfaßt wie das der übrigen höheren Säugetiere folgende Anteile:

a) Das *periphere Nervensystem* (PNS), das einerseits die Sinnesorgane, andererseits die Exekutivorgane, Muskeln und Drüsen, mit dem Zentralnervensystem (ZNS) verbindet und dementsprechend zuleitende *affe-*

rente und ausführende *efferente* Anteile oder Teilsysteme unterscheiden läßt.

b) Das *vegetative* oder *autonome Nervensystem* (ANS), das die selbsttätige Steuerung von Organfunktionen: Herz, Lunge, Darm, Leber, Niere, Blase etc. besorgt. Man unterscheidet das sympathische und das parasympathische System, die in ihrem Bau, vor allem aber durch ihre antagonistische Wirkungsweise auf die Organtätigkeiten voneinander abweichen. Jedes System besitzt zentrale Anteile im ZNS oder außerhalb desselben (paariger sympathischer Grenzstrang) und die in den Organen selbst gelegenen Anteile.

c) Das *zentrale Nervensystem* (ZNS), das aus dem Gehirn und dem mit ihm kontinuierlich verbundenen Rückenmark besteht. Das ZNS besitzt mit der Schädelkapsel und der Wirbelsäule eine schützende knöcherne Umkleidung und ist in die Zerebrospinalflüssigkeit, den sogenannten Liquor, eingebettet, der neben anderen wichtigen Funktionen auch eine mechanisch-dämpfende Schutzwirkung gegen Stoß und Druck erfüllt. Die vom ZNS paarig ausgehenden Hirnnerven und Rückenmarkwurzeln stellen die Verbindung zur Umwelt her und gehören dem PNS und ANS an.

Am *Gehirn*, dem mächtigen Vorderende des ZNS, kann man entsprechend seiner Herkunft aus den primitiven, in der Evolution wie in der individuellen Ontogenese hervortretenden Vorstufen 5 *Hauptabschnitte* unterscheiden, die zugleich den bisher entstandenen *Integrationsebenen* der zentralen Steuerung entsprechen. Diese Abschnitte sind:

(1) Das *Hinterhirn* in Fortsetzung des Rückenmarks: Es besorgt die Steuerung lebenswichtiger Organfunktionen wie Atmung und Blutkreislauf. Sein vorderer Anteil ist an der Unterseite zur *Brücke*, an der Rückenseite zum seitlich ausladenden

(2) *Kleinhirn* geformt: Die Kleinhirnrinde koordiniert u.a. den Bewegungsablauf in raumzeitlicher Hinsicht.

(3) Das *Mittelhirn*: Es steuert den Schlaf-Wach-Rhythmus und enthält Schalt- bzw. Bearbeitungsstellen für den Gesichts- und Gehörsinn. Hinterhirn und Mittelhirn, eventuell auch Zwischenhirn werden zusammen als *Hirnstamm* bezeichnet.

(4) Das *Zwischenhirn*: Es wacht über das innere Milieu des Organismus und die Zeitstruktur (Rhythmen) der Lebenstätigkeiten.

(5) Das *Endhirn*: Sein paariger Anteil, die Hemisphären des *Großhirns*, enthalten die umfassende Integrationseinrichtung der Großhirnrinde, an welche die sogenannten höheren bewußten Hirnleistungen gebunden sind.

Die Gliederung des Gehirns in die oben genannten Hauptanteile tritt bei der Betrachtung seiner der Schädelbasis aufliegenden *Unterseite* deutlich hervor. Das Rückenmark, das nach oben bzw. nach vorne anschließende Rautenhirn oder Verlängerte Mark, die Brücke und die kleinen oberflächlichen Anteile des Mittel- und Zwischenhirns sind als unpaare Ausgestaltungen des Zentralorgans mit den in paariger Anordnung aus- bzw. eintre-

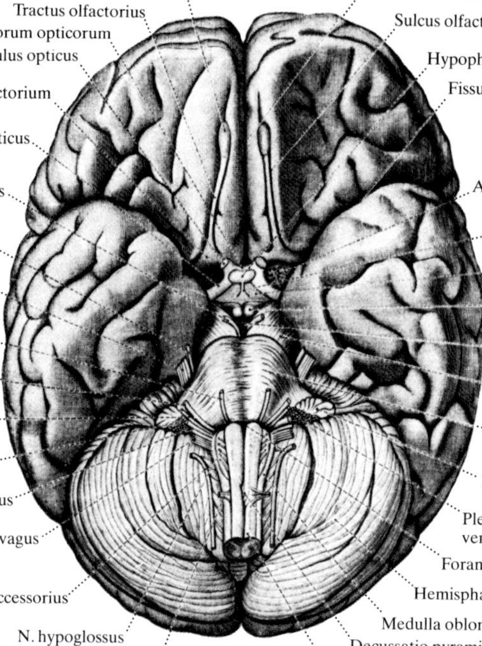

Abb. 8: Gehirn – Ansicht von der Basis. Die dem Schädelgrunde zugewendete Fläche des Gehirns, Facies basialis encephali, mit den austretenden Wurzeln, der Hirnnerven, Radices nervorum capitalium. Die basiale Fläche des Großhirns, Facies basialis cerebri, ist in ihrem okzipitalen Anteil von dem Kleinhirn gedeckt (nach Toldt–Hochstetter).

tenden Hirnnerven, den Verbindungen zu den Kopf- und Gesichtsorganen, erkennbar. Seitlich treten die Unterflächen der Kleinhirnhemisphären hervor, die im Gegensatz zur weißlichen Oberfläche des Hirnstammes von der gelblichen, im fixierten Zustand grauen Kleinhirnrinde mit ihren schmalen Querfurchen bedeckt sind.

Die Betrachtung der *Oberseite* des Gehirns zeigt die mächtige Wölbung des Großhirns mit seinen beiden durch eine tiefe mittlere Furche getrennten Hemisphären. Deren Oberflächen sind durch zahlreiche Windungen und Furchen reich gegliedert und von der graugefärbten Großhirnrinde bedeckt. Dieser vorderste und jüngste Hirnanteil überwölbt die tieferen Anteile nahezu vollständig. Nur unter seinem Hinterkopfende sind Kleinhirnanteile sichtbar.

Auf *Gehirnschnitten* zeigt sich eine komplizierte Verteilung von grauer und weißer Substanz. In der grauen Substanz sind Nervenzellkörper mit ihren kurzen Fortsätzen in großer Zahl angehäuft: sie bilden die sog. *Rinden* auf der Oberfläche des Groß- und des Kleinhirns und die *grauen Kerne* oder

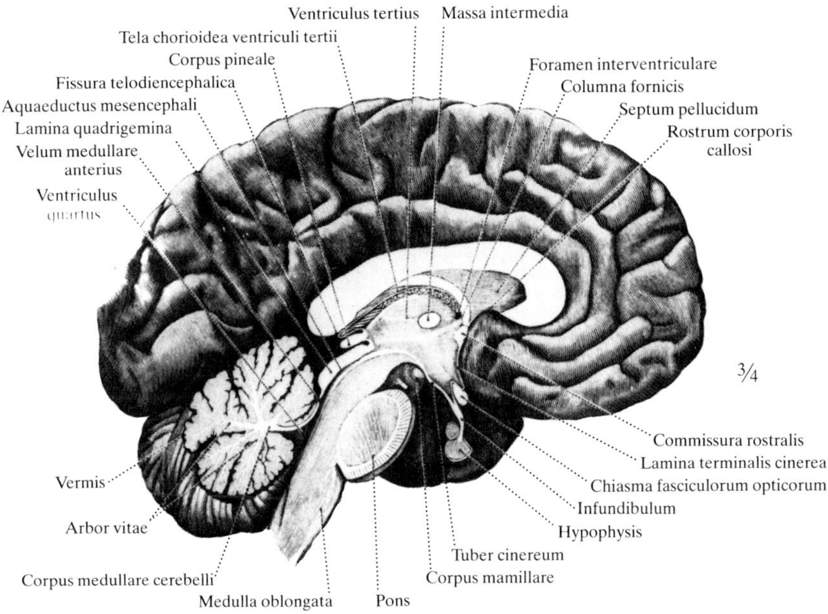

Abb. 9: Gehirn – Mittellinienschnitt, von rechts gesehen. Mediansagittaler Durchschnitt durch das Gehirn. Die mediale Fläche, Facies medialis, der linken Großhirnhemisphäre (Cerebrum, Großhirn) (nach Toldt–Hochstetter).

Ganglien in der Tiefe des Organs. Innerhalb der grauen Substanz bilden die überaus vielfältigen Verbindungen zwischen den Nervenzellen *neurale Netzwerke* verschiedenster Art. In der weißen Substanz verlaufen die von Fetthüllen umgebenen langen Nervenzellfortsätze, die *Nervenfasern*, zu anderen grauen Formationen. Nervenfaserbündel verbinden die einzelnen Kerngebiete zu mehrteiligen Subsystemen, die mehrere oder unter Umständen alle Hirnteile übergreifen können.

2.1.2.2 Funktionale Neuroanatomie

Die evolutive Differenzierung des ZNS führte zur Ausbildung etlicher Subsysteme für bestimmte Teilfunktionen, die in sich wieder meist sehr komplizierte Untergliederungen bis hinab zu den erwähnten neuralen Netzwerken bzw. zu den einzelnen Nervenzellen mit definierter Leistungscharakteristik aufweisen. Andererseits erforderte die notwendige Zusammenfassung der Einzelteile innerhalb der Subsysteme und dieser selbst zu einer zentralen Steuerungsinstanz eine Vielzahl vielgestalteter innerer Verbindungen. Der in der äußeren Form des Gehirns erscheinenden Staffelung von individuell gestalteten Bauteilen vom Rückenmark hinauf zum Großhirn entspricht im inneren Aufbau die hierarchische Gliederung einander überbauender Integrationsebenen von steigender Komplexität. Die jeweils höhere Ebene ist durch Leitungsbahnen mit den tieferen verbunden; in ihre spezifische Eigenleistung fließen daher die Referenzen von den tieferen Ebenen mit ein, wodurch eine Integration aller Teilergebnisse in Ausübung der Entscheidungskompetenz gewährleistet wird.

Eine systematische Schilderung dieser Strukturkomplexität ist im gegebenen Rahmen nicht vorgesehen, im folgenden sollen nur die *wichtigsten Teilsysteme des ZNS* skizziert werden.

1. Die aufsteigenden (afferenten) oder sensorischen Systeme: Sie werden von den aus dem Körper mit den hinteren Rückenmarkswurzeln und den Hirnnerven in das ZNS eintretenden Nervenfasern gebildet. Sie leiten die Informationen von den Rezeptoren der Hautsinne (Berührung, Druck, Temperatur, Schmerz), der Eigenwahrnehmung (Muskelspannung, Gliederstellung) sowie des Geschmacks-, Gehörs-, Gesichts- und Gleichgewichtssinnes nach Seitenkreuzung und Umschaltung zu den zentralen Bearbeitungsstätten in der gegenüberliegenden Großhirnhemisphäre. Nur die Geruchssignale erreichen direkt und ungekreuzt die phylogenetische alte (primitive) Riechrinde des Endhirns. Bei den übrigen Sinnen bestehen die Leitungsbahnen zur sensorischen Großhirnrinde aus drei seriell geschalteten Neuronen (Nervenzellen mit Nervenfasernfortsatz) mit Schaltstellen im Rückenmark oder verlängerten Mark sowie im Thalamus des Zwischenhirns. Dabei behalten die Nervenfasern die Nachbarschaftsbeziehungen der Sinnesperipherie, z.B. die Verteilung der Berührungspunkte in der Haut der Hand, auf ihrem gesamten Bahnverlauf bei, so daß das Muster ihrer Endigungen in der Großhirnrinde eine *Projektion* ihrer räumlichen Beziehungen im Herkunftsfeld darstellt. Durch die Sinnesmeldungen von der Haut sowie von Sehnen, Muskeln und Gelenken kommt insgesamt eine *Repräsentation* der Eigenwelt des Leibes zustande, die man nach ihrer Gestaltung in der Großhirnrinde als „kortikalen Homunculus“ und nach ihrer funktionalen Rolle als „Körperschema“ bezeichnet. Diese „somatotopische“ Organisation der Sinnesfelder liegt der Eigenwahrnehmung unseres Leibes zugrunde und steht in enger Verbindung mit der geordneten Führung unserer Körperbewegung.

Auf die Organisation der höheren Sinne wird später noch am Beispiel der Sehwahrnehmung eingegangen werden.

2. Die absteigenden (efferenten) oder motorischen Systeme: Sie bestehen aus mehreren, durch mehrfache Rückmeldeleitungen verbundenen Subsystemen in jedem Abschnitt des ZNS. In der motorischen Großhirnrinde, die unmittelbar vor der sensorischen liegt und die gleiche somatotopische Gliederung wie diese aufweist (motorischer Homunculus), nimmt die sog. Pyramidenbahn für schnelle und genaue willkürliche Bewegungen ihren Ausgang, um über die motorischen Hirnnerven bzw. die vorderen Rückenmarkswurzeln und peripheren Nerven die Körpermuskulatur zu erreichen. Erwähnenswert ist, daß im motorischen wie übrigens auch im sen-

sorischen Homunculus die funktionell wichtigen peripheren Gebiete, z. B. Gesicht und Hand, ein relativ größeres Projektionsgebiet beanspruchen als unwichtigere Bereiche, z. B. der Rumpf. Die komplizierten Rahmenbedingungen für aufrechte Körperhaltung und Gang sowie insbesondere für zielgerichtete willkürliche Handlungen werden in großen subkortikalen Kerngebieten (Stammganglien) verrechnet; Bewegungsmuster (motorisches Gedächtnis) werden eben dort verfügbar gehalten. Letzte Anpassungen an die aktuelle Situation werden noch im Rückenmark (motorisches Vorderhorn) vorgenommen. Für die raum-zeitliche Ordnung (Koordination) des Bewegungsablaufes besitzt die Kleinhirnrinde ingeniöse neurale Apparaturen.

3. Das Hypothalamus-Hypophysen-System: Im basalen Zwischenhirn, dem Hypothalamus, liegen die Regelstätten lebenswichtiger Funktionen des Organismus: Energie- und Flüssigkeitshaushalt, Fortpflanzungstätigkeiten. Die ausführenden Elemente sind die Nervenzellen des autonomen Nervensystems in den Eingeweiden bzw. deren Muskulatur und Drüsen. Dem Hypothalamus obliegt auch die Koordination von nervöser und humoraler Steuerung des Organismus durch die enge Verbindung mit der Hirnanhangdrüse, der Hypophyse, die ihrerseits alle innersekretorischen Drüsen des Körpers und damit den gesamten Stoffwechsel kontrolliert. Der Gesamtbefund der hypothalamischen Regelstationen kommt in den Qualitäten unserer allgemeinen Befindlichkeit und Stimmung sowie der Triebregungen auch ins Bewußtsein.

4. Das limbische System: Das vor dem Thalamus gelegene und mit ihm eng verbundene limbische System, bestehend aus Hippocampus, Gyrus cinguli und Amygdala, umfaßt die primitiven Rindengebiete des Endhirns, die ursprünglich für den Geruchssinn bestimmt waren (Riechhirn). Beim Menschen erscheint es aber als Sammelplatz von Daten über die Umwelt, die letztlich aus allen Sinnesgebieten herrühren und zum größten Teil aus den phylogenetisch jungen Großhirnrindengebieten insbesondere des Stirnlappens eingespeist werden. Seine Funktionen betreffen die Merkfähigkeit, d. h. die Zulassung von Erlebnisinhalten in das Langzeitgedächtnis, sowie das Primitivverhalten gegenüber der Umwelt in Affekt und Motivation, das in Form von Neugier, Angst, Flucht oder Aggression in Erscheinung tritt.

Die Dualität unseres Welterlebens mit Innenwelt und Außenwelt erscheint somit, was die Grundverhältnisse des Lebewesens anlangt, in Hypothalamus und limbischem System bereits subkognitiv organisch vorgebildet.

5. Die Großhirnrinde: Der Feinbau, die Arbeitsweise und die funktionale Gliederung dieser größten und für das menschliche Verhalten wichtigsten Integrationseinrichtung des ZNS werden an späterer Stelle behandelt werden.

Hier sei nur auf die äußere Gliederung hingewiesen, die gewisse Symmetrien des Windungsmusters in den beiden Hälften erkennen läßt: konstante Furchen trennen Stirn-, Schläfe-, Scheitel- und Hinterhauptlappen voneinander. In der Tiefe der sog. Sylvischen Furche an der Hemisphärenflanke liegt die von den benachbarten Anteilen des Stirn- und Scheitellappens überdeckte Rinden-Region der Insel. Von gefurchter Rinde bedeckt sind auch die einander zugekehrten Wände des medianen Hemisphärenspaltes, die in der Tiefe bis an den Hirnbalken heranreichen; dieser ist die mächtigste unter den Verbindungsstrukturen (Kommissuren) zwischen der rechten und linken Gehirnhälfte.

2.1.3 Neurophysiologie – Funktionale Neurochemie

Wie erwähnt, ist die Übertragung und Verarbeitung der Signale im Nervensystem von elektrischen und chemischen Vorgängen begleitet; die Untersuchung jener ist die Aufgabe der Neurophysiologie, dieser die der Neurotransmitterforschung im Rahmen der funktionalen Neurochemie.

Die *Neurophysiologie* ist die Wissenschaft von der Organtätigkeit des Nervensystems überhaupt. In engerer Bedeutung versteht man darunter das Studium der elektrischen Phänomene der nervösen Tätigkeit, des Erregungszustandes und -ablaufes über dem Großhirn mittels des EEG, aber auch die Registrierung der Erregungsleitung in den Nervenfasern und der Tätigkeit einzelner Nervenzellen mittels Mikroelektroden. Infolge der projektiven Gliederung der Großhirnrinde lassen sich auch Lokalisationskarten von Großhirnleistungen erstellen. Mit neuen Methoden (evozierte Potentiale) und Techniken der Registrierung in Verbindung mit verfeinerter mathematischer Auswertung des vielfältigen elektrischen Datenmaterials können wichtige Einblicke in ihre raumzeitliche Organisation gewonnen werden. Außer der Erregungsübertragung in Form von frequenzmodulierten Spannungspulsen sind auch Gleichspannungsphänomene und elektrische Feldwirkungen für die Funktion neuronaler Organisationen von Bedeutung: eine weitere Erschwernis ihrer exakten Funktionsbeschreibung. Die Ergebnisse neurophysiologischer Forschung werden im Zusammenhang der späteren Ausführungen entsprechende Berücksichtigung finden.

Die *Neurochemie* errang in letzter Zeit für die Neurobiologie eine maßgebende Bedeutung: Die lange vorherrschende Modellvorstellung von der Nervenzelle als einem Generator elektrischer Erregung wandelt sich immer mehr zum Modell einer chemischen Fabrik, deren zahlreiche molekulare Produkte in vielfältigen inneren und äußeren (Milieu) zellulären Interaktionen ihre neurale Funktion mit den elektrischen Epiphänomenen bestimmen. Die *Neurotransmitter* sind Stoffe, die von den Nervenzellen an den Kontaktstellen, den Synapsen, zwischen den Nervenzellen und zu den Erfolgsorganen bei der Erregungsübertragung freigesetzt und wirksam werden. Die Vielzahl verschiedener *Transmitter*, ihr spezieller Stoffwechsel und ihre Wirkungsweise in Zusammenarbeit mit der Stoffgruppe der *Neuropeptide* und mit sogenannten *Modulatoren* machen ein großes Sondergebiet der Neurochemie aus. Der Umstand, daß bestimmte Nervenzellpopulationen über bestimmte Transmitter verfügen, liegt dem Muster der topischen Verteilung der Transmitter im ZNS zugrunde, der sog. *chemischen Neuroanatomie*, die sich mit der topischen Neuroanatomie der Kerne und Leistungssysteme nicht deckt, sondern diese mit einem anderen Datenraster überlagert.

Die funktionale Dynamik der Hirnblutversorgung und bestimmter Stoffwechselvorgänge in den einzelnen Hirnregionen, über die Gewährleistung der globalen Energieversorgung mit Sauerstoff und Glukose hinaus, wurde in letzter Zeit mittels neuer ingeniöser, qualitativer und quantitativer, Methoden genauer erfaßbar: Bestimmte Leistungen, z. B. Rechnen oder Musikhören, gehen mit signifikanter Erhöhung der Durchblutung bestimmter Hirnregionen einher, die mittels Einbringung von radioaktiven Isotopen (Isotopen-Encephalographie) festgestellt wird. Mit anderen Methoden, dem PET ("positron emission tomography") und dem SPECT ("single proton emission computed tomography"), kann sogar die örtliche Stoffwechselintensität, z. B. des Glukoseumsatzes, in bestimmten Testsituationen genau bestimmt und gemessen werden. Aus diesen Befunden ergeben sich charakteristische topische Aktivitäts- und dynamische Ablaufmuster von Stoffwechselvorgängen, insbesondere bei bewußten Hirnleistungen.

Zusammen mit der verfeinerten Morphologie des Nervensystems, als genaue Gerätebeschreibung, erbringen diese neuen chemischen, physiologischen und funktionalen Abbildungsmethoden ("imaging") eine ungemeine Bereicherung des Wissens über Art und Ausmaß der verschiedenen Teilprozesse der Organtätigkeit, die dem Verhalten zugrunde liegen.

2.1.4 Ontogenese und Lebensstadien des Gehirns

Der unvorstellbar komplizierte Bau des ZNS, der nach ererbten Bauplänen erfolgt, ist wohl die unerläßliche, aber nicht die allein ausreichende Bedingung für die besondere Art und Vielfalt menschlichen Verhaltens. Wesentliche Umstände kommen nämlich in der Entwicklung und den lebenszeitabhängigen Veränderungen zum Tragen. Auf einige für unser Thema wichtige Merkmale dieser Vorgänge soll im folgenden hingewiesen werden.

In der Individualentwicklung des Gehirns, seiner *Ontogenese*, unterscheidet man die Morphogenese und die Histogenese. Die *Morphogenese* entspricht etwa der Embryonalphase. Sie beginnt mit der Einnistung des Keimes in die Gebärmutterwand und umfaßt die Formung und Gliederung des Organs in seine früher genannten Hauptteile, die mit dem dritten Tragemonat im wesentlichen zum Abschluß kommt. In der *Histogenese*, die der Fetalzeit entspricht, erfolgt die Differenzierung und Reifung der einzelnen Organabschnitte, die spezielle strukturell-chemische Ausstattung der verschiedenen Nervenzelltypen, die Ausbildung der Nervenzellfortsätze, die Fertigung des Verbindungsnetzes zwischen Nervenzellen, Rindengebieten, Kernen und der Peripherie, die Bildung der Lipidhüllen um die Nervenfasern (Bemarkung) usf.

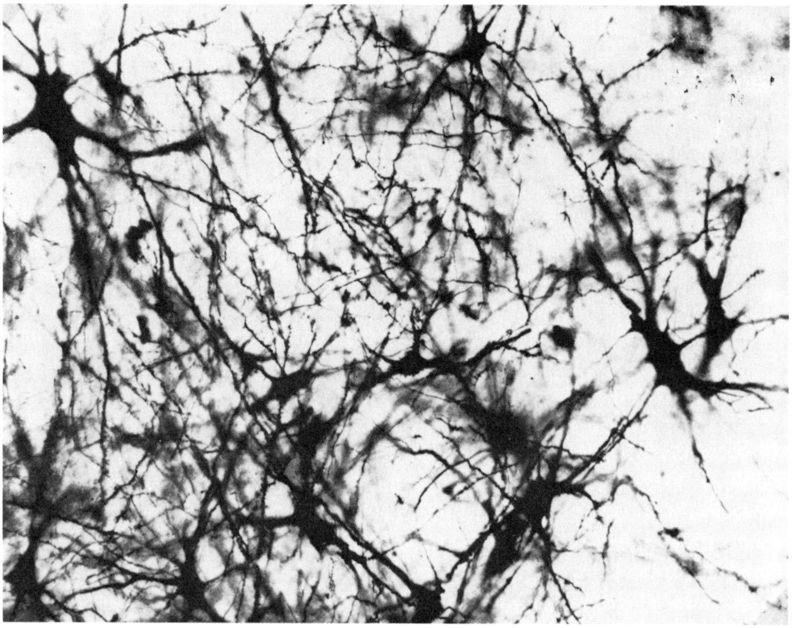

Abb. 10: Golgi-Präparat des Neuropils der Großhirnrinde (nur ein Bruchteil der vorhandenen Nervenzellfortsätze ist dargestellt!) (nach Eccles, 1979).

Diese Vorgänge sind zur Zeit der Geburt noch in vollem Gange, die Fetalzeit des Gehirns erstreckt sich somit über das erste Lebensjahr hinaus in die frühe Lebenszeit hinein, mit gewissen Teilen sogar bis ins dritte Lebensjahrzehnt: das Gehirn ist bei der Geburt funktionell und strukturell unreif und erreicht auch seine morphologische Reifung nur in der Wechselbeziehung mit den äußeren Einflüssen aus der Umwelt und Mitwelt. Im allgemeinen schreitet die Reifung des ZNS von kaudal nach kranial fort. Daher erscheint das Endhirn in seiner Entwicklung am meisten retardiert. Seine Embryonalzeit dauert fast bis zur Geburt, seine Ausreifungszeit, die Fetalperiode, beginnt erst um den siebten Gestationsmonat und wird größtenteils postnatal durchgemacht, wie besonders das Studium der Reifung der Großhirnrinde erkennen läßt.

Besonders wichtig ist die Ausbildung der kurzen Nervenzellfortsätze, der Dendriten, welche die Masse der synaptischen Kontakte mit anderen Nervenzellen tragen und in den grauen Gebieten, dicht verflochten den interzellulären Raum ausfüllend, das sog. *Neuropil* bilden. Das Volumenverhältnis zwischen Nervenzellkörpern und Neuropil ist das Maß für die Fortsatzdichte eines Kernes (oder eines Rindengebietes) und damit Indikator der neuronalen Interkonnektivität als Bedingung der Funktionshöhe einer Region in

Abb. 11: Ontogenese der Fortsätze (Dendriten, Terminalen) einer Pyramidenzelle. Die Fortsätze bilden insgesamt das Neuropil (interneuronales Grau).

der Informationsverarbeitung. Dieses Maß, der sog. Zell-Grau-Koeffizient, ist beim Menschen am höchsten unter allen Lebewesen. Während bei der Geburt das Volumen mancher grauer Gebiete fast zur Gänze von Nervenzelleibern gebildet wird, besteht es ein Jahr später zu 95 % aus Dendriten. Dieses Wachstum ist aber vielerorts von der Stimulation durch den Reizeinstrom in den frühen nachgeburtlichen Entwicklungsphasen abhängig. Besonders für Sinnesleistungen und die darauf ruhenden kognitiven Fähigkeiten ist das auch experimentell bewiesen. Falls in der bestimmten kritischen Entwicklungsphase der spezifische Input (z.B. optische Signale; akustische Reize: Sprache) nicht eintrifft, unterbleibt die histogenetische Reifung endgültig, das System degeneriert, die Funktion wird daher nicht voll entwickelt und bleibt für immer auf niedriger Stufe.

Die *genetische Entwicklung* stellt somit Strukturen von spezieller Lernbereitschaft zur Verfügung. Zu ihrer Entfaltung und funktionalen Optimierung sind aber *epigenetische Umweltfaktoren* erforderlich, die zunächst die strukturelle Reifung ermöglichen und weiterhin in langer Lernzeit die Komplexität der menschlichen Hirnleistungen hervorbringen. Eine derartige Verschränkung von Umwelt und Lebewesen existiert nur beim Menschen und hat ihren Sitz im Menschengehirn. Die positive Bedeutung der scheinbaren Benachteiligung des Menschen im Vergleich mit Tieren, die bei der Geburt bereits über ein kompetentes Verhalten verfügen, liegt darin, daß die Universalität des menschlichen Verhaltens, seine Freiheit hinsichtlich seiner Gestaltungsmöglichkeiten, zunächst eine sehr allgemeine, unspezifische Programmstruktur erfordert. Die zu erlernenden spezifischen, erst sekundär teilautomatisierten Unterprogramme, die in nahezu unbegrenzter Zahl denkbar und erwerbbar sind, ersetzen die begrenzten und genetisch fixierten, unflexiblen Verhaltensmuster der Tiere. Dabei bleibt die Flexibilität des Grundprogrammes voll erhalten. Weiters wird dadurch auch der evolutionäre Adaptationsprozeß der menschlichen Spezies in gewisser Hinsicht entlastet, indem große Anpassungsbereiche vom genetischen Pool abgezogen und auf das Individuum übertragen, somit quasi dezentralisiert werden: Jeder einzelne kann und muß im eigenen Adaptationsprozeß die jeweils gegebenen Umweltparameter in der verlängerten postnatalen Reifezeit des Gehirns mittels des Schnellverfahrens der Histogenese und der selektiven Lernprozesse ad hoc in seine Verhaltensstrukturen und Reaktionsprogramme einbauen, ohne dadurch die langfristige genetische Entwicklung der Spezies zu tangieren bzw. zu prädeterminieren. Der selektive Vorteil dieser beschleunigten adaptiven Informationsverwertung ist aber offenbar ein gewaltiger. Besonders wichtig ist dabei noch, daß unter die Umweltparameter auch die gespeicherten Erfahrungen der historischen menschlichen Gemeinschaft, also die Kulturprodukte, fallen, deren Traditionswerte das Leistungsprofil des Menschengehirns entscheidend mitformen. Im individuellen Leben erfolgt somit eine gewisse Rücknahme der Entspezialisierung durch die frühe Anpassung an das Ensemble der natürlichen und kulturellen Umweltgegebenheiten.

Im mittleren Lebensalter erfolgen vom Abschluß der Histogenese am Beginn des dritten Lebensjahrzehntes bis in das siebte Lebensjahrzehnt keine spektakulären gestaltlichen Vorgänge. Die Gesamtzahl und lokale Dichte der Nervenzellen und ihre Dendritifikation, die äußeren Maße und Formen des Gehirns bleiben im großen und ganzen etwa unverändert. Das morphologische Leben des Organs geht aber nichtsdestoweniger ununterbrochen im submikroskopischen Bereich weiter. Die Baumaterie wird ständig erneuert, Zellstrukturen werden laufend umgebaut und äußeren wie inneren Bedingungen angepaßt. Das betrifft besonders die Kontakteinrichtungen: die Verteilung der Synapsen an der Zelloberfläche und in den Terminalen, aber auch ihre Zahl unterliegt anforderungsentsprechenden Veränderungen. Jeder Lernvorgang kann in den befaßten Strukturen außer von molekularen Veränderungen, die selbst feinmorphologischer Natur sind, auch von feinhistologischen synaptalen Veränderungen, gegebenenfalls von Neubildungen von Synapsen, begleitet sein. Aktivitätseinschränkung und Informationsinputverlust können zu Synapsen- und Fortsatzreduktion, also zu sog. atrophisierenden Veränderungen führen. *Lernen und Informationsspeicherung* (Gedächtnis) besitzen feinstrukturelle Substrate und sind quasi *epigenetische Entwicklungsvorgänge*. Die Lernvorgänge und die übrige Alltagsarbeit des Gehirns erfordern auch eine neuronale Stoffwechselaktivität mit hoher Proteinsyntheserate zur Regeneration und Erhaltung des Zellskelettes und für den Transport von Wirk-, Nähr- und Signalstoffen im Zelleib und durch den Achsenzylinderfortsatz, der infolge großer Länge oft ein Vielfaches des Volumens des Zelleibes ausmacht, an die Stellen der Impulsübertragung, die Terminalen und mit gewissen Anteilen wieder zurück in den Zelleib (sog. axonaler Transport). In ihrer Summe sind das gewaltige energetische und formative Mikroprozesse, die das Gehirn in dieser im äußeren organischen Erscheinungsbild eher unauffälligen Zeit des Erwachsenenalters leistet. Den Informationsprozessen im Organ während der mittleren Lebensphase entspricht im Verhaltensprofil der Ausbau und die Vermehrung der kognitiven Strukturen, der Strategien dynamischer Lebensführung und des sozialen Verhaltens, Gewinn von Selbst- und Welterfahrung, Werthaltungen und Entscheidungskompetenz.

Im *Alter* gehen in den Nervenzellen die geschilderten Grundtätigkeiten unverändert weiter, jedoch stellen sich im Gesamtorgan Veränderungen ein, die unter den Begriff des Alterns zusammengefaßt werden. *Altern* bezeichnet die Gesamtheit und Folge der lebenszeitabhängigen Veränderungen im Organismus mehrzelliger Lebewesen. Es handelt sich um physikalische, chemische und funktionale Veränderungen, die von Organ zu Organ verschiedene Muster von Qualität, Intensität und zeitlicher Dynamik der Veränderungen aufweisen. Im Gehirn sind die physischen Alternsvorgänge entsprechend der Kompliziertheit des Organs besonders vielfältig. Hier können die Partialprozesse nicht in aller Vollständigkeit besprochen werden. Das Hauptmerkmal des Alterns im allgemeinen besteht in der sog. *Atrophie*, d.h. der langsam fortschreitenden Verringerung und dem schließlichen Verlust der funktionstragenden Parenchymelemente; auch im Gehirnaltern ist die Atrophie die führende Veränderung, die mit der Verringerung der Nervenzellzahl einhergeht. Dieser Befund hat im Nervensystem ein besonderes Gewicht, da die Gesamtzahl der Nervenzellen nach der Geburt nicht mehr durch Zellteilung erhöht wird und sozusagen eine einmalige Ausstattung darstellt. Die lebenslange morphische Identität der Nervenzellen und ihre Unaustauschbarkeit scheint für die funktionale Stabilität von Zellverbänden und neuralen Netzen sowie für die Kontinuität des Gedächtnisses und die individuelle Geschichtlichkeit des psychischen Erlebens von Bedeutung zu sein. Im Lebensverlauf gehen von Jugend an täglich bis zu mehreren tausend Nervenzellen verloren. Angesichts ihrer ungeheuren Zahl ergeben sich daraus aber bis zum 60. Lebensjahr keine Funktionseinbußen; auch das Gehirngewicht bleibt fast unverändert. In der folgenden Lebenszeit aber, im Alter, tritt die Atrophie des Organs äußerlich hervor und *Leistungsänderungen* werden erkennbar, sobald die Zellverluste bestimmte Grenzen überschreiten. Ein *Leistungsabbau* erfolgt erst in der letzten Lebensphase, im Greisenalter, jenseits des 80. Lebensjahres. Das gesunde Menschengehirn erscheint demnach für die reguläre und tätig erfüllte Lebensphase des Alters von gut zwei Dekaden Dauer eingerichtet.

Die Atrophie des Gehirns weist gegenüber anderen Organen Besonderheiten auf. Die Verringerung der lebendigen Substanz der Nervenzellen beginnt nämlich in den Fortsätzen und führt zur Verringerung ihrer Verzweigung und damit der daran sitzenden Synapsen. Erst zuletzt tritt der Verlust des Nervenzelleibes selbst ein. Die Atrophie zeigt sich daher zunächst in der Volumenabnahme des von den Nervenzellfortsätzen gebildeten Neuropils und später erst in der Verringerung der Nervenzellzahl. Der atrophische Parenchymverlust erfolgt im allgemeinen diffus, betrifft aber im quantitativen Ausmaß das Großhirn stärker als den Hirnstamm. Die atrophiebedingte Verringerung der Konnektivität des neuralen Systems durch Zell- und Synapsenverlust ruft bis zum Greisenalter hin keine beeinträchtigende Leistungsminderung hervor, wofür einerseits die vielfache Sicherung der Funktionskreise, auch kompensatorische Verstärkung gewisser Systemanteile sowie andererseits erworbene kompensationstüchtige Leistungskapazitäten und organisatorische Vorgänge beitragen. Besonders wichtig sind die strukturerhaltenden und aufbauenden Folgen des *Lernens* für die Bewahrung der Leistungshöhe des Gehirns unter den Bedingungen der physiologischen Altersatrophie. Lerngeübte Gehirne sind gestaltlich und funktionell gegen Alterseinbußen besser geschützt. Die Alternsvorgänge umfassen demnach nicht nur regressive, sondern auch adaptive und progressive Geschehnisse. Die Gleichsetzung von Altern mit Abbau, physischer und psychischer Regression, ist daher unzutreffend. Vielmehr ist Altern eine echte Entwicklungsphase des menschlichen Lebenszyklus mit positiven, kreativen und gestaltenden Aspekten, die nicht nur auf der hier berücksichtigten organischen Ebene, sondern im gesamten Verhaltensspektrum als *Leistungswandel* ihren Ausdruck finden. Während im Fall der Atrophie die Folgen in der Globalleistung der neuralen Informationsverarbeitung ihrer Wirkungsart nach als Komplexitäts- und Kapazitätsreduktion mit Flexibilitätsbeschränkung und Simplifizierung der Programme abgeschätzt werden können, ist das bei anderen Partialprozessen des Gehirnalterns weniger gut oder nicht möglich. So besteht kein genügendes Wissen darüber, wie sich die Erniedrigung der Konzentration bestimmter Transmitter oder wie sich Veränderungen des Nervenzellskelettes z. B. in Form der sog. Alzheimerschen Fibrillenveränderung auf die neuralen Systemfunktionen auswirken.

Im Altern wie in der Ontogenese überhaupt tritt das Widerspiel von genetisch gesteuerten und von epigenetischen Abläufen besonders deutlich hervor: Die organischen Alternsvorgänge interferieren mit dem kulturell geformten individualgeschichtlichen Leistungs- und Verhaltensbild der menschlichen Person. Die Einheit der Person bleibt auch im Alter in ihrer Erscheinung wie in ihrer Eigenerfahrung erhalten; sie erfährt im Normalfall, der Gesundheit, wohl Abwandlungen einzelner Wesenszüge innerhalb der integrierten Persönlichkeit, aber keine Wesenswandlung. Hingegen sind tiefgreifende Persönlichkeitsveränderungen Merkmale von sog. Alternskrankheiten, deren Substrat darin besteht, daß einzelne Alternsveränderungen, wie Atrophie oder Zellskelettstörungen, in genetisch bedingter exzessiver Stärke und Dynamik auftreten, dadurch zur Desorganisation der Gesamtleistung des Gehirns und zur Desintegration der Persönlichkeit führen.

Späteren Ausführungen vorgreifend, kann zur Altersphase, die als selbstwertiger Lebensabschnitt nur beim Menschen genetisch ermöglicht und geschichtlich ausgeformt in Erscheinung tritt, in allgemeiner Hinsicht gesagt werden, daß sich ihre Bedeutung allein aus dem Lebenswert der Gehirnfunktionen ableiten läßt. Nach der Erfüllung der Fortpflanzungsaufgaben kommt einer verlängerten Lebenszeit die Aufgabe der Weitergabe und Überprüfung der individuell erworbenen Erfahrung im Gesamtrahmen der evolutiven Anpassung zu. Diese vermittelnde Funktion ist aber effektiv nur im Besitz der menschlichen höheren Hirnleistungen, des Gedächtnisses und der kognitiven Abstraktionsfähigkeit, verbunden mit sprachlicher Symbolisierung, möglich. Unter diesen Bedingungen ist das durch das Alter ermöglichte Zusammenleben zwischen Individuen dreier Generationen von ungemeinem Lernwert und bietet die Möglichkeit, bewährte Verhaltensweisen auch zu lehren und in den Verhaltensoptimierungsprozeß der Tradition als Gemeinbesitz der Art einzubringen: ein tragendes Element der menschlichen Kulturschöpfung.

2.2 Die Funktionen des Gehirns

Als Aufgabe und Leistung des Zentralnervensystems wurde einleitend die Steuerung des Verhaltens genannt, wobei Verhalten die Gesamtheit und den Zusammenhang der Lebensäußerungen des Individuums in seiner Umwelt bedeutet. Aus der Skizze der Evolution des Gehirns ergab sich, daß die phylogenetischen Rangstufen des Verhaltens, d.h. die Fitness der jeweiligen Arten im Auskommen mit immer schwierigeren und wechselvolleren Umweltbedingungen, auf der steigenden Leistungshöhe ihrer Zentralnervensysteme beruhen. Die mit der wachsenden Größe und Komplexität des Organs verbesserten Gehirnleistungen vergegenwärtigen dem Lebewesen die gegebene Umwelt immer umfassender, gewährleisten ihm eine genaue und vielseitige eigene Beweglichkeit und ermöglichen ihm nicht zuletzt das Lernen, d.h. die an aktuelle Erfordernisse unmittelbar angepaßte Formbarkeit des Verhaltens. Beim Menschen erscheint der Leistungsumfang des Gehirns gegenüber seinen biologischen Ahnen sprunghaft erhöht, da die Verhaltensschicht der bewußten höheren Leistungen mit Gedächtnis, Sprache, Denken und Handeln hinzutritt.

Um zu verstehen, wie im Gehirn Verhaltenssteuerung überhaupt möglich ist und wie im Verlauf der Evolution dieses Organ ohne wesentliche innere Wandlungen allein durch Erweiterung und Gliederung seiner originären Anlage die ganze Fülle und Vielfalt von unterschiedlichen Verhaltensvorgängen unter seiner Lenkung zu vereinigen vermochte, ist es notwendig, den Blick auf die Funktionsart des Organs bzw. auf die in ihm vorliegende *Beziehung zwischen* seiner *Struktur* und seiner *Funktion* zu werfen, die offenbar von der aller anderen Körperteile grundverschieden ist. Bei allen übrigen Organen besteht eine unmittelbare, physikalisch-chemisch beschreibbare

Struktur-Funktions-Beziehung, wie kompliziert und feingeregelt im einzelnen sie immer sein möge: das gilt für das Herz als Kreislaufpumpe ebenso wie für die Leber als Fabrik und Umschlagstätte des Stoffwechsels. Ganz anders beim Gehirn. Worin besteht die Beziehung zwischen seiner Struktur sowie seinen physischen Organtätigkeiten (Durchblutung, Erregungstransmission, chemische und elektrische Phänomene) und seinen spezifischen Leistungen im Verhalten? Während bei allen anderen Organen die Struktur sowohl die Funktionsweise wie auch ein bestimmtes physikalisches Funktionsresultat definiert, sind die spezifischen Leistungen des Nervensystems wohl durch dessen Struktur ermöglicht und begrenzt, aber dadurch nicht in Form und Inhalt definiert. Seine physikalisch-chemische organische Tätigkeit ist nicht das endgültige Produkt seiner Leistung, sondern vermittelt lediglich seine eigentliche Aufgabe, eben die Instruktion des Verhaltens, während die Durchführung der einzelnen Verhaltensakte wieder den jeweiligen physiologischen Leistungen des Organismus obliegt. Wie bereits eingangs erwähnt, kann diese Struktur-Funktions-Beziehung am treffendsten mit dem Theorie-Modell eines *Systems zur Informationsverarbeitung* beschrieben werden. Es wurde weiters gesagt, daß „System" in dieser Aussage im technischen Sinne zu definieren ist als: eine geordnete Menge von Elementen und die zwischen ihnen bestehenden Relationen, aus denen sich die Gesamtfunktion ergibt, und daß *„Information"* Merkmale der Umwelt des Lebewesens betrifft, wozu vom Gehirn aus gesehen auch Merkmale des eigenen Organismus des Lebewesens wie nicht zuletzt solche des Gehirnsystems selbst gehören. Als Ergebnis der Informationsverarbeitung bezeichneten wir die Instruktionen an körperliche Einrichtungen, von denen Informationen an die Umwelt einschließlich der an den eigenen Körper, z. B. in Form von Bewegungen und Kommunikationsaktionen, ausgegeben sowie Veränderungen in den eigenen nicht-bewußten organischen Lebenstätigkeiten bewirkt werden, z. B. Blutdruck- und Stoffwechselregulation. Darüber hinaus liegt die neurale Zentralisation des Verhaltens nicht nur der äußeren Erscheinungsweise des Individuums zugrunde, sondern läßt auch schon bei einfachen Lebewesen eine *integrative Empfindung dieser Ganzheit* annehmen, die als Urform von Reflexivität in den höheren Lebewesen die Qualität der Bewußtheit annimmt.

2.2.1 Informationsverarbeitung im Gehirn

Die Umstände und Eigenheiten der *Informationsverarbeitung im Gehirn* müssen nun etwas genauer ins Auge gefaßt werden, wobei die eigentümliche Natur der Hirnleistungen zum Vorschein kommen wird.

Wie ist das *biologische System Gehirn* als *Gerät* zur Informationsverarbeitung beschaffen? Es besteht aus 15 Mia. miteinander dicht verbundener Nervenzellen. Die Nervenzelle, der elementare Bauteil des Systems, ist kein einfacher Schalter, sondern entspricht im technischen Vergleich einem aktiven Erregungsgenerator und komplizierten Analog-Computer. Im technischen Vergleich entspräche daher die Nervenzelle am ehesten einem Computer-Chip aus hunderten logisch-verschalteten Transistoren. Die Verbindungsdichte, die Interkonnektivität, der Nervenzellen ist enorm: Eine einzelne Nervenzelle kann bis zu mehreren 10000 signifikante Kontakte, sog. Synapsen, zu anderen Nervenzellen besitzen. Insgesamt dürfte es im Gehirn ca. 50000 Milliarden Synapsen geben. Daraus ergibt sich, daß eine exakte Beschreibung des Schaltplanes und eine vollständige Darstellung der Erregungsabläufe nicht möglich ist und daher auch keine genauen Voraussagen, etwa zu Manipulationszwecken, gemacht werden können. Der Informationstransport im Gehirn wird durch elektrochemische Vorgänge, die Informationsübertragung zwischen den Nervenzellen durch den eigenen Stoffwechselbereich der Transmitter und Modulatoren gewährleistet. Die Schaltgeometrie und die Elektrochemie der Nervenzelle sind aber nur die organischen *Träger* des Informationsgeschehens. Die Annahme, daß Information für die Informationstheorie letztendlich nur aus elektrochemischen Gehirnprozessen bestünde, ist daher unrichtig.

Was ist also die Information, mit der das Gehirn zu tun hat? Wir bezeichnen als *Information* eine Nachricht, die eine für den Empfänger belangvolle *Neuigkeit* enthält. Der *Informationsgehalt* einer Nachricht ist um so größer, je unwahrscheinlicher in statistischer Hinsicht der Eintritt neuerer Ereignisse in der Zeiteinheit war. Daher kann man Information auch quantitativ als Neuigkeitsmenge behandeln. In der Biologie, im *Verhalten*, bedeutet die Information die Verbindung zwischen Lebewesen und Umwelt bzw. das Vehikel dieser Verbindung in Form eines Austausches von *Wirklichkeitsmerkmalen* zwischen Umwelt und Organismus. Hier muß betont werden, daß zwischen der physikalisch-chemischen Wirklichkeit der Umwelt wie unseres Körpers und den durch sie in Gang gesetzten wirklichen Gehirnvorgängen keine Wesensgleichheit besteht: Sonnenstrahlung, Atemluft, Schallwellen und Gravitation sind völlig verschieden von den ihnen entsprechenden neurophysiologischen Prozessen. Das berechtigt aber nicht, das Gehirn bzw. den gehirntragenden Organismus als geschlossenes System zu bezeichnen (Maturana 1985; Maturana und Varela 1987). Diese Autoren propagieren die Meinung, daß das Modell des kommunikativen Informationssystems Individuum–Umwelt unzutreffend sei, weil zwischen beiden keine Informationsübertragung stattfinde und für das Individuum der Begriff der Autopoiese, d. h. einer unbedingten selbstgenügsamen Autonomie, gelte. Der Informationsbegriff und seine Geltung in der Biologie werden somit überhaupt geleugnet und verworfen. Die darin zutagetretende Willkür der Definition von Information und des Autonomiestatus von Lebewesen führt begreiflich bei der Erklärung des Verhaltens als Individuum-Umwelt-Beziehung in Sackgassen und zwingt zu konstruierten Argumentationen. Vom Standpunkt der wissenschaftlichen Biologie kann aber darüber kein Zweifel bestehen, daß Lebewesen offene, d. h. kommunikative informationsaustauschende Systeme sind und daß die Autonomie und

Selbstorganisation der Lebewesen sich auf die systemeigenen Formen und Verfahren des aktiven Umgangs mit Information von außen und von innen beziehen. Entscheidend ist die Tatsache, daß der Verkehr zwischen den zwei Wirklichkeitsprovinzen des Zentralnervensystems und seiner Umwelt faktisch vollzogen wird, wobei zwischen den ausgetauschten Merkmalen das Verhältnis der Repräsentanz besteht und sozusagen die harte Materialwährung der Umwelt in die bildliche Neuralwährung umgewechselt wird. Es werden uns auch nur schmale Ausschnitte aus der Gesamtwirklichkeit der materiellen Welt als Information zugänglich, indem nur bestimmte physikalisch-chemische Merkmale, z. B. elektromagnetische Wellen eines begrenzten Frequenzbereiches, von den Sinnesorganen als Nachricht aufgenommen, in den Rezeptoren zu nervösen *Signalen* bzw. zu Signalmustern umgewandelt und erst in dieser Form verarbeitet werden. Das heißt, das Nervensystem hat grundsätzlich nur mit Entsprechungen und Abstraktionen von Wirklichkeit und keineswegs mit dem Weltwirklichen selbst zu tun. Zur Umformung zwischen Nachricht und Signal dient ein Zeichenschlüssel, ein sog. *Code*. Man spricht von *Codierung* und *Decodierung* der Information. Im Nervensystem sind alle Informationen und ihre Verarbeitungsprodukte in Signale verschlüsselt, die wieder aus verschiedenen Folgen wechselnder Gruppierungen *einer* einfachen Elementarerregung, nämlich eines Spannungspulses bestehen, dem sog. *Aktionspotential*. Man spricht von einer Intervall- bzw. Frequenzmodulation der Aktionspotentiale. Das einzelne Aktionspotential ist ein „Ja-Nein“-Ereignis, also ein binäres oder *digitales Geschehen*. Es ist aber in das *Analogverfahren der Frequenzmodulation* aufgenommen, aus dem seine digitale Natur in den Verarbeitungsstätten erst wieder herausgesiebt werden muß. Die nervöse Information besitzt somit keine rein digitale Codierung, sondern eine gemischt analog-digitale. Diese Verbindung von Analog- und Digitaloperationen findet sich in allen Ebenen der Gehirnfunktion wieder. Die vielen kleinen Veränderungen der Zustandsbedingungen im multisynaptischen System der Nervenzelle rufen auf diese Weise keine „Alles oder Nichts“-Antworten hervor, sondern modifizieren die Wahrscheinlichkeit der Nervenzellentladungen in kontinuierlicher Weise. Das dürfte mit ein Grund für die geringe Störanfälligkeit des Gehirns und für die gleitende Anpassungsfähigkeit seiner Übergangswahrscheinlichkeiten sein. Ein weiterer Grund ist die „redundante“ Bestückung und damit Sicherung der wichtigen Informationskanäle, die so weit geht, daß zumeist erst nach einem Verlust von zwei Dritteln der Kanalkapazität eine Störung der betreffenden Funktion, z. B. in Form einer Gefühllosigkeit oder Lähmung, in Erscheinung tritt.

Der *Informationsdurchsatz* des menschlichen Nervensystems ist überaus groß: Man schätzt den Einstrom auf 10^9 bits/s (d. h. Elementarentscheidungen pro Sekunde) und den Ausstrom auf 10^7 bits/s. Der Großteil des Inputs geht in nicht-bewußte Steuerungsvorgänge ein und nur der Bruchteil von 10^2 bits/s gelangt zum Bewußtsein.

Die große einströmende Informationsmenge erfährt zum Bewußtsein hin somit eine extreme *Verdichtung*, deren Mechanismen mit dem technischen Modell der Konvergenzschaltung der Nervenzellen nur unzureichend erklärbar sind. Diese Informationsverdichtung erhöht die Wahrscheinlichkeit für treffsichere Input-Output-Beziehungen. Das Gehirnsystem handelt sich quasi für Vollständigkeit der Information, bzw. anstelle exakter Determination der Einzelsignale, mehr Sicherheit ein.

Informationsverdichtung steht offenbar auch in enger Beziehung zu den zentralnervösen Korrelaten der Lernvorgänge und des kognitiven Abstraktionsvermögens. Der hohe Informationsdurchfluß ermöglicht angesichts der geschilderten Komplexität des Organbaues eine unvorstellbare Vielfalt von möglichen verschiedenen örtlich-zeitlichen Erregungsmustern.

Information, so auch die im Gehirn behandelte, besitzt kein organisch-materielles Substrat, sondern besteht in den *Mustern der im Trägerorgan ablaufenden codierten dynamischen Erregungsprozesse*, also in räumlich-zeitlichen Signalkonfigurationen, die man im technischen Sprachgebrauch als *Programme* bezeichnet. Grundsätzlich sind die Programme hinsichtlich ihrer Form und ihres Inhalts vom benutzten Gerät unabhängig, da sie allein durch die Verknüpfungsregeln der Signale, ihre Anordnung und ihre Abfolge bestimmt werden. Je mehr Verknüpfungsmöglichkeiten aber das tragende Verarbeitungsgerät erlaubt, desto schwierigere Programme kann es durchführen. Auf das Gehirn bezogen bedeutet dies, daß wir angesichts seiner Komplexität eine unfaßbare Vielgestaltigkeit und Vielfalt der ihm möglichen Programme und damit eine enorme *Leistungskapazität* voraussetzen müssen, gerade auch für jene Leistungen, die dem spezifisch menschlichen Verhalten zugrunde liegen und deren exakte Beschreibung nur in höchst begrenztem Umfang möglich, in vollständiger Form aber offenbar unmöglich ist. Weiters folgt daraus, daß die menschlichen Verhaltensprogramme durch Untersuchungen des Trägerorgans Gehirn weder durch anatomische Zerlegung des Gehirns und Erstellung eines Schaltplans der Nervenzellen noch durch komplette Registrierung der neurophysiologischen Impulse voll erklärt werden können, weil alle diese Methoden nur das Gerät und seine apparative Tätigkeit beschreiben, nicht aber Einblick in seine eigentliche *Leistung* gewähren, die auf der dem Organischen enthobenen Ebene der *dynamischen Programmstrukturen der Informationsverarbeitung* gelegen ist. Schon die bloße Programmaufzeichnung in einfach gebauten Hirnregionen ist eine noch ungelöste Aufgabe; um so mehr erscheint die Aufdeckung von Programmkonzepten und ihrer Gestaltungsregeln schier unmöglich. Auch können die auf der holistischen Leistungsstufe dieses Supersystems hervortretenden neuen Eigenschaften (emergent qualities) aus der Kenntnis seiner Subsysteme allein nicht abgeleitet werden: Sie sind, wenn überhaupt, nur teilweise reduzierbar. Ein Vergleich möge das verdeutlichen:

Wenn man das Gehirn mit einem Orchester vergleicht und die *Programme* der Hirnforschung mit der Partitur eines Musikstückes, etwa einer Symphonie, so kann man den Hirnforscher mit einem Menschen ohne Musikwissen vergleichen, der – mit der Aufführung einer Symphonie konfrontiert – auf empirischem Weg durch die genaue Aufzeichnung der akustischen Vorgänge jedes einzelnen Instrumentes selbst eine Partitur als *Spielanweisung* der Symphonie erstellen möchte. Wenn ihm das gelingt, hätte er aber noch keineswegs die musikalische Architektur, das *Kompositionsgesetz*, einer Symphonie im allgemeinen und die Merkmale der betreffenden Symphonie im besonderen entziffert, und es könnte sein, daß ihm das auch niemals gelänge.

Die vollständige *Beschreibung* des Verhaltens eines komplexen programmierbaren Objektes, wie die des Symphonieorchesters, umfaßt demnach *zwei kategorial verschiedene Aspekte*: Der eine sieht nach den Regeln der mechanischen Betätigung der Instrumente, der andere nach dem Gestaltungsplan des Tätigkeitsproduktes, also des Musikstückes. Zwischen diesen beiden Aspekten besteht keine unmittelbare Beziehung oder Abhängigkeit, sie sind aber in einem miteinander gegeben. Man kann den einen Aspekt in die Kategorie der *Energie*, den anderen in die der *Ordnung* einreihen, oder den einen Aspekt zu dem sprachlichen Begriff der *Syntax*, den anderen zu dem der *Semantik* in Analogie setzen.

Die Anwendung dieses Vergleiches auf das Gehirn, wenn wir es nach dem Modell eines Informationsverarbeitungsgerätes betrachten, ist eindeutig: Die naturwissenschaftliche Hirnforschung ist erfolgreich dabei, die Instrumente und Partituren der Hirntätigkeit, das organische Gerät Gehirn und seine physikalisch-chemisch registrierbaren Tätigkeitsverläufe zu erforschen. Beim Erfassen und Verstehen der getätigten Programme des Verhaltens aber findet sie sich in einer höchst beschränkten Situation, da es keinen unmittelbaren Zugang zu den Plänen der Verhaltensprozesse gibt. Wir können mit objektivierenden Methoden das Gehirn untersuchen, auch das Verhalten anderer Menschen beobachten und gewisse Parameter ihrer Hirntätigkeit dabei registrieren, wobei wir auf die vorhin bezeichneten Grenzen stoßen. Wir können auch die leiblichen Äußerungen unseres eigenen Verhaltens einigermaßen beobachten, erfahren aber auch aus unserer Selbstbeobachtung im Bewußtsein nichts über die Vorgänge selbst und die Weise ihres Zustandekommens im Gehirn.

Wir können nunmehr die berührten Ebenen der Gehirntätigkeiten charakterisieren und sagen, daß im *Organ Gehirn* schlechthin und vor allem in seinem systemhaften *Aufbau* ein gewaltiges Maß an biologischer Information materiell als *strukturierte Information* vorhanden ist und daß die eigentliche *Leistung* des Systems im *Umgang mit aktueller, fluktuierender Information* in Form dynamischer Programme besteht. Wir konnten sehen, daß diese Programmebene keine substantielle, sondern eine *funktionale Realität* besitzt, die in der Ordnung des materiellen physikalisch-chemischen Organgeschehens repräsentiert ist. Was die *Form der Programme* anlangt, so sind sie in den Gehirnteilen mit strukturbedingt enger Erregungsführung eher einförmig und reflexhaft starr, in anderen Hirnbereichen aber eher vielfältig variier- und konditionierbar, somit innerhalb gewisser Rahmenbedingungen fast beliebig unbestimmt, so daß man von einer *Programmfreiheit als Funktionsmöglichkeit* sprechen kann.

Soweit die allgemeinen Merkmale der Informationsverarbeitung im Zentralnervensystem. Nunmehr ist auf jene *besonderen Bedingungen* in der natürlichen Beschaffenheit und Funktionsweise des Gehirns hinzuweisen, die als unverzichtbare Voraussetzungen seiner höheren menschlichen Leistungsstufe anzusprechen sind.

Das Gehirn läßt in seinem Aufbau und seinen Leistungen eine *hierarchische Organisation* zahlreicher Subsysteme in stufenförmiger Anordnung mehrerer Integrationsebenen erkennen.

Diese Bauweise ermöglicht neben der *sequentiellen Input-Bearbeitung* auch die *Parallelbearbeitung* der auf viele Subsysteme verteilten (sog. Degeneration) verschiedenen Eingaben wie auch die gleichzeitige Bearbeitung ein und derselben Eingabe nach alternativen Kriterien und die Zusammenführung aller verschiedenen Teilergebnisse auf der höchsten Organebene. Diese hocheffizienten Möglichkeiten stehen den heutigen technischen Datenverarbeitungssystemen, den Computern, nur in bescheidenen Ansätzen zur Verfügung, z. B. Parallellauf gleichartiger, einfach strukturierter Programme in Mikroprozessoren.

Eine weitere Fähigkeit des Gehirnsystems ist seine enorme *Lernfähigkeit*: die Aufnahme von Information in aktiver Auseinandersetzung mit der Umwelt im Sinne der Selbstorganisation mit Ausgestaltung des genetisch vorgelegten Strukturplanes und der vorhandenen Verhaltensprogramme zur Funktionsoptimierung. Die Offenheit des Gehirnsystems für Information ist somit Wesensmerkmal und Existenzbedingung. In diesem Zusammenhang ist es nicht möglich, die Einzelsysteme und die Pläne ihrer Vernetzung und Zentralisierung näher darzulegen.

2.2.2 Die funktionale Anatomie der Großhirnrinde

Es erscheint aber notwendig, auf die oberste und größte Integrationsebene, nämlich die *Großhirnrinde* (GHR) etwas genauer einzugehen, da sie ohne Zweifel im Sinne der zitierten Programmfreiheit für die sogenannten höheren bewußten menschlichen Hirnleistungen: Gedächtnis, Lernen, Denken, Sprache unentbehrlich ist und weil nur die Kenntnis ihrer Struktur, d. h. u. a. der Arten von Nervenzellen, ihrer Anordnung und Verbindungsweise einschließlich der chemischen Anatomie der Transmitter ein Verständnis ihrer Arbeitsweise ermöglicht. Wenn man von der Großhirnrinde spricht, denkt man gerne an eine Landkarte von genau lokalisierten Zentren für bestimmte Funktionen, quasi an ein Mosaik von Spezialapparaten, wobei die betreffenden Apparate morphologisch verschiedenen Rindenfeldern der re oder li Großhirnhemisphäre und die Funktionen den Sinnesmodalitäten, den Bewegungen sowie einzelnen höheren Hirnleistungen, z. B. Lesen, Rechnen etc. entsprechen. Tatsächlich konnte die Hirnforschung solche regional fixierten Struktur-Funktions-Beziehungen bestätigen und immer genauer analysieren.

Dem entspricht im Feinbau der Großhirnrinde, daß ihr *Sechs-Schichten-Bauprinzip* zwar allerorts erfüllt ist, aber von Region zu Region hinsichtlich der Nervenzell-, Dendriten-, Glia-, Vaso- und Chemoarchitektur modifiziert wird. Die Brodmansche Großhirnrindenkarte weist 52 histologisch deutlich unterschiedliche Rindenfelder auf – sie lassen sich auch noch weiter differenzieren –, denen auch eigene Muster der elektrischen Spontantätigkeit im Elektroencephalogramm entsprechen (Elektroarchitektur).

Die funktionale Bedeutung der Schichtstruktur dürfte darin gelegen sein, daß in der Senkrechten auf die oberflächenparallelen Schichten Informationen gleicher örtlicher Herkunft, aber verschiedener Art miteinander in nahen und daher raschen Kontakt gebracht bzw. verrechnet werden können und daß sich diese vertikalen Punktsonden – bei Wahrung der örtlichen Nachbarschaftsbeziehungen ihres Herkunftsfeldes – in der Horizontalen zu zweidimensionalen Landkarten (mapping) bestimmter Input-Bereiche anordnen lassen, wie es für die Körperoberfläche und die Willkürmuskulatur nachweisbar ist (sog. Repräsentationschemata).

Andererseits zeigte sich, daß auf dem Niveau der einzelnen Nervenzelle eine fixe Beziehung zwischen anatomischem Substrat und physiologischem Verhalten nicht besteht und keine anatomisch-somatotopische, sondern eine *funktionale*, in der Programmebene liegende *Lokalisation* von Hirnleistungen anzunehmen ist.

Das weist auf eine *Homogenität der allgemeinen Arbeitsweise der Großhirnrinde* hin, die u. a. auch die sog. Plastizität der Hirnleistungen und ihre Restitutionsfähigkeit nach schweren ausgedehnten Verletzungen erklären würde. Tatsächlich konnte in der GHR durch die Hirnforschung der letzten Jahrzehnte eine Struktur identifiziert werden, die den beiden anscheinend kontroversen Eigenschaften einer anatomischen und einer funktionalen Lokalisation als Träger dienen kann: der sog. *kortikale Modul*.

Man kann den Modul mit einem integrierten Schaltelement einer Datenverarbeitungsanlage oder einem Mikroprozessor vergleichen. Der Modul ist ein zylindrisches Gebilde, das senkrecht zur Rindenoberfläche angeordnet ist und bei bis zu 3 mm Höhe einen Durchmesser von 0,5 mm hat. Der Modul enthält bis zu mehreren Tausend Nervenzellen in einem bestimmten Schaltplan, gemäß dem der Input regelhaft verteilt und der Signaldurchsatz zum Output hin ebenso in bestimmter Form geordnet wird. Die menschliche Großhirnrinde, bestehend aus 2–4 Mio. solcher Module, stellt somit eine riesige Population von Mikroprozessoren dar. Jeder Modul ist mit denen seiner Umgebung sowie mit entfernteren Modulen der gleichen Hemisphäre und über den Hirnbalken auch der kontralateralen Großhirnhemisphäre verbunden. Von Rindenfeld zu Rindenfeld variieren, wie oben erwähnt, Feingestalt und Fortsatzarchitektur der beteiligten Nervenzellen. Der Grundplan des Moduls bleibt aber unverändert. Daraus geht hervor, daß die Arbeitsweise der Großhirnrinde an jeder Stelle prinzipiell die gleiche ist, daß aber die örtlich differenzierten Gruppen von Modulen für bestimmte Modifikationen der Bearbeitungsprogramme eingerichtet sind. Der für die lokalen Funktionen der Großhirnrinde wesentliche Umstand besteht aber in der Verschiedenheit des Inputs, den die Module aus den tieferen Hirnanteilen sowie zum größten Teil aus intrakortikalen Verbindungen, d. h. aus anderen Rindengebieten, erhalten. Für die Leistungshöhe der menschlichen Großhirnrinde ist die Zahl ihrer Module, somit ihre Größenausdehnung, die hohe Feindifferenzierung ihrer arealen, also gruppenweisen, Gliederung und das Maß ihrer Interkonnektivität, d. h. die Dichte und Vollständigkeit ihrer Verbindungen, von entscheidender Bedeutung.

Aus diesen Merkmalen der modularen Struktur der Großhirnrinde ist bereits zu entnehmen, daß in ihr nicht spezialisierte Funktionen wie in einem Mosaik angesiedelt sind, sondern daß es sich um eine Struktur handelt, die eine unglaublich *breite und dichte Verteilungsfunktion und eine Vielfalt von differenzierten Verarbeitungsweisen von Information* ermöglicht, und dies dadurch, daß der primäre Erregungszustand *eines* Moduls, also einer lokalen Nervenzellgruppe, in der vielfachen Verzweigung bzw. Degeneration (degeneracy) des Inputs an andere Gruppen weitergegeben wird, von denen er nach erfolgtem Arbeitsgang entsprechend modifiziert wieder vielfach weitergegeben und u. a. auch an die Primärgruppe selbst wieder zurückgespielt wird, um dort als Sekundärerregung neuerlich bearbeitet zu werden usw. Jede Information an die Großhirnrinde wird somit in gleichartiger, aber differenzierter Weise vielfältig, umfassend und repetitiv bearbeitet, wobei auch die im System selbst bereits vorhandene – strukturell fixierte – Information in die Bearbeitung eingebracht wird. Dadurch, daß in die menschliche Großhirnrinde alle Informationen, auch die aus der Sphäre der Vitalgefühle und Triebe, einfließen, ist die umfassende Auswertung allen Inputs und die weitestgehende Ausschöpfung seines Informationsgehalts gewährleistet. Da etwa 80% der Faserverbindungen der Großhirnrinde sog. intrakortikale, d. h. Verbindungen zwischen ihren Modulen, sind, stammt die in der Großhirnrinde bearbeitete Information zum größten Teil aus ihr selbst. Die *Funktion der Großhirnrinde* ist demnach als eine *Eigenschaft der dynamischen Tätigkeit innerhalb des Systems* gemäß den Verarbeitungsmustern, d. h. den Programmen der ablaufenden Informationen zu betrachten. Es gibt also kein konkretes finales Produkt der Großhirnrindenfunktion, die ihren Ausdruck vielmehr in einer optimalen Verhaltensbereitschaft bzw. im jeweiligen Verhalten des Individuums selbst findet. In der gesamten Informationsmasse ist – wie schon angedeutet – die *kontinuierliche fluktuierende Inputinformation* aus Körper und Umwelt von der *strukturierten*, im Gehirn selbst fixierten *Information* zu unterscheiden. Diese fixierte Information besteht einmal aus der *genetisch bedingten Information*, die im Organbau, etwa auch in der Individualstruktur des Großhirnmoduls, repräsentiert ist, und ferner aus den *individuell erworbenen Informationen* in Form der molekularen Erinnerungsspuren, auf denen auch das bewußte *Gedächtnis* beruht.

Zur genetischen Mitgift des Individuums, dem *Genom*, ist hier anzu-

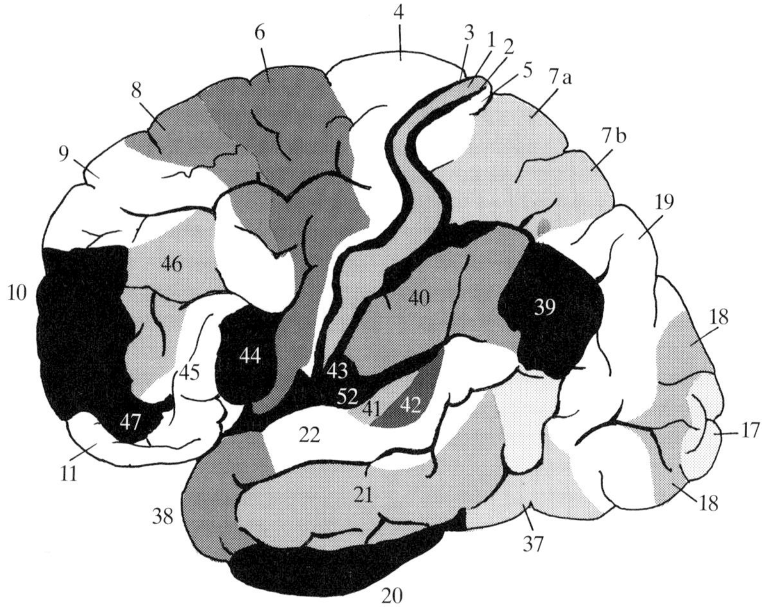

Abb. 12: Die Rindenregionen der linken Hemisphäre (nach Brodmann).

merken, daß in seinen molekularen Strukturen eine Repräsentation dessen enthalten ist, was in der Evolution der Lebewesen als Umwelt im weitesten Sinn erfahren wurde. Diese Repräsentation ist keine abbildhafte, sondern ein in Nukleotidsequenzen verschlüsseltes, sortiertes, abrufbares Herstellungsprogramm für die lebenstragenden Strukturen mit ihrer inneren systemhaften Ordnung und ihren äußeren Referenzen. Das Genom trägt also nicht nur Information, sondern es *ist* die im Leben des Organismus in zahllosen verschlungenen Prozeßlinien sich entfaltende *Information*.

Aus der modularen Organisation der Großhirnrinde wird auch die *Plastizität der Gehirnfunktionen*, d. h. die Fähigkeit, gestörte Funktionen zu kompensieren, leichter verständlich: Manche Programme oder Programmteile können, falls sie nicht an bestimmte Strukturen gebunden sind, auch auf andere Modulgruppen übertragen werden.

2.2.3 Die funktionale Gliederung der Großhirnrinde

Die Tatsache, daß in der Großhirnrinde gewisse Funktionen, wie man sagt, *lokalisiert* werden können, was für die Neurologie von größter Bedeutung ist, hat ihre Ursache nicht in der funktionellen Spezifität der betreffenden Hirnanteile, sondern in der lokalen Organisation einer bestimmten

Input- oder Outputkonzentration oder einer Schaltorganisation höherer Ordnung. Wir bezeichnen Rindenregionen, in denen bestimmte Teile des Informationsflusses ein- oder austreten und primär bzw. endgültig bearbeitet werden, als *modale Rindenfelder*, z. B. die Sehregion, die Hörregion oder die motorische Region.

2.2.3.1 Modale Rindenfelder

Zur Verdeutlichung der Arbeitsweise der Großhirnrinde soll nun die *Funktion eines Modalfeldes* etwas genauer betrachtet werden, nämlich des am besten untersuchten optischen Rindenfeldes, also der *Sehregion*. Es handelt sich also um die der *höheren Hirnleistung der optischen Wahrnehmung* zugrundeliegende Gehirntätigkeit. Wie kommen Gestalten, Bewegung, Helligkeit und Farben, als die wir die Welt sehen, zustande?

2.2.3.1.1 Die Sehwahrnehmung

Das Sehvermögen setzt voraus, daß die elektromagnetischen Lichtwellen das Sinnesnervensystem in bestimmter Weise als Reiz erregen und einen entsprechenden Informationsinput bilden können. Die Rezeptoren des Lichtes sind die lichtempfindlichen Zellen der Netzhaut des Auges, nämlich gegen 10 Mio. Zäpfchen- und über 100 Mio. Stäbchenzellen, die selektiv elektromagnetische Wellen in neurale Impulsfolgen umwandeln. Das von der Augenlinse auf die Netzhaut projizierte Bild der Umwelt wird zunächst zu dem punktförmigen Raster des Stäbchen- und Zäpfchenapparats fragmentiert und in ein kompliziertes Muster aus zahllosen Einzelerregungen transformiert. In der Netzhaut erfolgt aber nicht nur der Rezeptionsvorgang, sondern bereits die erste Stufe der nervösen Reizverarbeitung. Dafür maßgebend ist der Umstand, daß in der Netzhaut das Sinnesfeld mit einem ausgelagerten Teil des Gehirns zu einer komplexen Funktionseinheit verschmolzen ist. Der Sehnerv, der die Sinnesmeldungen zentral weiterleitet, ist also eigentlich schon eine Gehirnbahn.

Welcher Art sind nun die *Signale*, die von den Nervenzellen der Netzhaut über die 2 Mio. Fasern der Sehnerven in das Gehirn geschickt werden? Keineswegs handelt es sich um eine einfache Weitergabe der fraktionierten lokalen Helligkeitswerte, um sie etwa wie auf einem Fernsehschirm an einem anderen Ort, also im Gehirn, wieder zu einem Bild zu vereinigen. Die vorbereitende Auswertung durch das Nervensystem der Netzhaut ist vielmehr darauf gerichtet, die Helligkeit kleinster Bereiche mit der ihrer Umgebung zu vergleichen, also Helligkeitskontraste festzustellen. Das wird durch die antagonistische Schaltorganisation kreisförmiger Netzhautfelder, der sog. *rezeptiven Felder*, gewährleistet. Jedes umfaßt zahlreiche Rezeptoren, Zäpfchen und/oder Stäbchen, und ist einer einzelnen Nervenzelle der sog.

Ganglienzellschicht der Netzhaut zugeordnet. Die Zentren dieser Felder reagieren auf Lichtreiz entgegengesetzt zu ihrer Peripherie: Es gibt "On"-Zentrum- und "Off"-Zentrumfelder, also auf Licht oder Dunkelheit reagierende Netzhautstellen und dementsprechend B(bright)-Nervenzellen und D(dark)-Nervenzellen. Die Signale über die in den einzelnen Rezeptorenfeldern registrierten Helligkeitskontraste werden in der üblichen Form von Impulsfrequenzveränderungen der Entladungsaktivität von den Nervenzellfortsätzen im Sehnerv der zentralen Weiterverarbeitung zugeleitet.

Was geschieht nun mit den Signalen, in die die feine räumliche Verteilung von Helligkeitsunterschieden im punktförmig fragmentierten Gesichtsfeld sowie die Herkunft aus der li und re Gesichtshälfte verschlüsselt sind? Für den Anteil des Gehirns am optischen Wahrnehmungsgeschehen ist es bezeichnend, daß die Ausdehnung des zentralen Sehfelds nicht nur die Netzhautflächen beträchtlich übertrifft, was besonders den zentralen Gesichtsfeldanteilen zugute kommt, sondern vor allem, daß jede einzelne Faser der Sehstrahlung mit ca. 5000 Nervenzellen der Rinde in Kontakt tritt und daß beim Menschen die Signale aus den 2 Mio. Sehnervenfasern allein im primären optischen Rindenfeld von mehr als 500 Mio. Nervenzellen bearbeitet werden. Es kann sich daher auch aus diesem Grund nicht um eine einfache Übertragung des Netzhautbildes der Umwelt auf die Hirnrinde handeln, sondern um eine vielfältige und detaillierte Auswertung der in elektrischen Impulsfolgen verschlüsselten Meldungen, die, wie oben dargelegt, selbst bereits spezifische analytische Abstraktionen des Sehbildes beinhalten, nämlich im Sehfeld lokalisierte Helligkeitskontraste als Konturanzeiger.

In der Sehrinde wird nun eine weitere Aufbereitung dieser rezeptiven Informationen nach dem Kriterium der räumlichen Richtung von Konturen bzw. von Streifen vorgenommen, also nach der *Orientierungsspezifität* linearer Konfigurationen im Gesichtsfeld. Diese zweite Stufe der optischen Abstraktion betrifft eine recht einfache Eigenschaft von Teilbereichen der Sehdinge, nämlich die, irgendwo einen geraden Rand oder eine Kante zu besitzen. Wir sprechen hier von einem visuellen "feature" und im Rahmen der Analyse optischer Gestalten von *"feature extraction"*. Die dazu dienende Vorrichtung der Sehrinde ist grob geschildert die folgende:

Bei der Mehrzahl der vorhin genannten Nervenzellen der vierten Rindenschicht bzw. den sog. *einfachen Zellen* kann man feststellen, daß die ihnen zugeordneten rezeptiven Felder nicht mehr orientierungsneutral (kreisförmig) sind, sondern Helligkeitsstreifen verschiedener Orientierung entsprechen. Die in der betreffenden Zelle ausgelöste Erregung ist am stärksten bei einer bestimmten Richtung eines streifenförmigen Lichtreizes, in der Senkrechten darauf aber gleich null.

Neben diesen einfachen orientierungsspezifischen Zellen gibt es eine viel größere Anzahl von *komplexen Zellen*. Sie sind dadurch charakterisiert, daß sie durch streifenförmige Lichtreize von gleicher Orientierung, aber unterschiedlicher Position erregt werden, d. h. insbesondere durch das Gesichtsfeld durchquerende Lichtbalken bestimmter Neigung.

Die Zellen der vierten Schicht der Sehrinde und die *einfachen Zellen* überhaupt sind monokulär, reagieren daher nur auf Reize aus *einem* Auge. Erst von den *komplexen Zellen* ist etwa die Hälfte des Bestandes binokulär, d. h. spricht auf entsprechende Reize aus *beiden* Augen an. Erstmals hier kommt es also bei der Verarbeitung zur Kombination visueller Signale aus beiden Augen. Dabei tritt das Phänomen der *okulären Dominanz* auf, indem die Reizung *eines* Auges von der betreffenden komplexen Zelle stärker beantwortet wird als die des anderen. Die Dominanz dürfte genetisch verankert sein und könnte etwas mit dem räumlichen Sehen zu tun haben.

In welcher strukturellen Form werden nun die bisher genannten Leistungen des primären Sehfeldes, die Orientierungs- und Richtungsanalyse punkt- und streifenförmiger Kontraste sowie die Dominanzkartierung, ermöglicht? Die Antwort klingt aufs erste sehr einfach. Sie lautet nämlich: in der Form einer säulenartigen, senkrecht zur Rindenoberfläche orientierten Anordnung funktionell verbundener Elemente, eben des *Moduls*.

Zunächst ist festzustellen, daß die Zellen benachbarter rezeptiver Felder der Netzhaut in säulchenförmiger Anordnung gruppiert übereinander liegen. Jede solche Zellsäule bildet ein sog. *Aggregatfeld* von wechselnder Größe. Weiters ergibt die Analyse der orientierungsspezifischen Elemente und der Dominanzneurone, daß Zellen gleicher Orientierung bzw. Zellen gleicher Augendominanz in vertikalen Kolumnen angeordnet sind. Dabei sind die *orientierungsspezifischen Zellreihen* so geordnet, daß nebeneinanderliegende Einzelkolumnen jeweils um etwa 10° Orientierungseichung im Uhrzeigersinn voneinander differieren und daß in einem Oberflächenabstand von 1 mm nach ca. 20 Richtungsvariablen eine Säule mit einer um 180° gedrehten Orientierungsspezifität angetroffen wird. Von den *Dominanzzellen* wird im Verlauf eines Millimeters je eine li- und eine re-äugige dominante scheibenförmige Population angetroffen. Das Orientierungs- und das Dominanzsystem sind zueinander orthogonal angeordnet, sie sind voneinander relativ unabhängig und dürften sich raumgitterförmig durchdringen. Daraus ergibt sich eine *blockförmige Organisation* der Sehrinde mit den Blockmaßen 1 mm^2 Grundfläche: 2 mm Höhe, entsprechend der Rindenstärke. In jedem solchen Block ist ein komplettes 180°-Orientierungsspektrum und das Dominanzspektrum, bezogen auf *ein* rezeptives Aggregatfeld, verpackt. Unser Gesichtsfeld ist somit durch ein Mosaik homorpher, aber hochkomplexer Substrukturen mit prinzipiell gleicher Funktion, eben der Modulen, repräsentiert, deren jeder das vollständige geschilderte Analyseprogramm für das zugeordnete rezeptive Feld durchführt.

Wenn wir uns nach dieser Schilderung der Signalverarbeitung im *primären Sehfeld* fragen, was ihr in der *Wahrnehmung* entsprechen würde, so müssen wir feststellen, daß wir mit der Sehrinde, der sog. Area 17, allein nur ein Gewimmel von Lichtpunkten und Strichen sehen könnten, nichts von licht- und farbmodellierten Gestalten in verschiedener Entfernung und Bewegung, nichts von Raum. Die visuellen Prozesse konstituieren also auf dieser Verarbeitungsebene noch kein Objekt. Die uns interessierenden Vorgänge

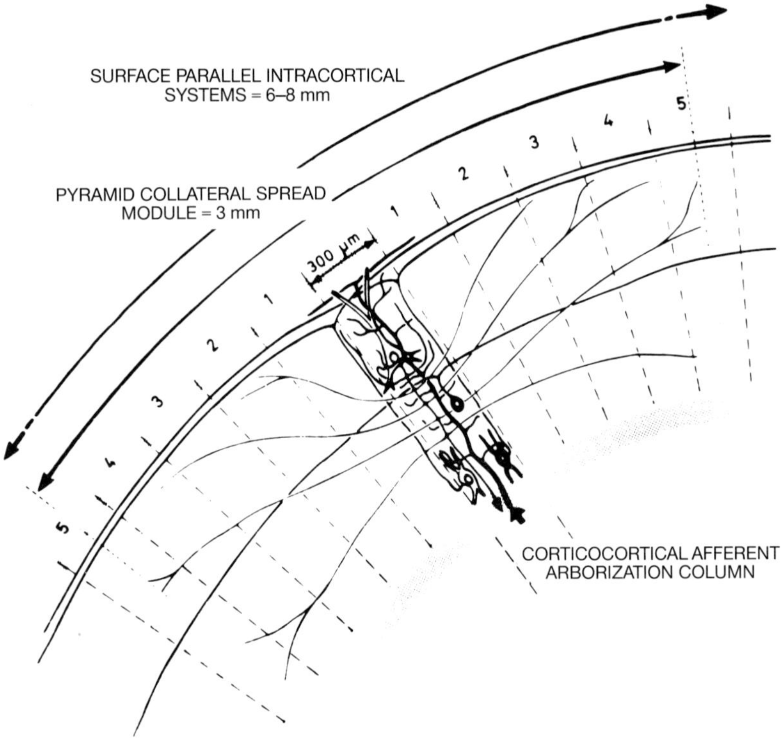

Abb. 13: Schema der intrakortikalen Verbindungen eines Rindenmoduls (nach Szentágothai).

müssen also auf anderen Verarbeitungsstufen in anderen Regionen vor sich gehen. Was wissen wir heute schon darüber? Seit langem weiß man, daß die sog. *parastriären* Rindenfelder der Area 18 und 19 in der Sehwahrnehmung eine wichtige Rolle spielen. Tatsächlich erfolgt eine topographisch genaue spiegelbildliche Projektion der Area 17 auf die Area 18, die sich dort auf die Area 19 und weiter auf die Area 20 und 21 in derselben Form wiederholt. Man kennt derzeit mehr als 12 visuelle Projektionsstufen und Felder; ab der sechsten geht die projektive topische Zuordnung der rezeptiven Felder verloren. In ihnen müssen die Signale auch so weit verarbeitet werden, daß sie mit denen aus anderen Sinnesorganen vergleichbar werden, daß also die modale Information in ein höheres *intermodales Programm* aufgenommen werden kann.

Über die spezifischen Leistungen der Projektionsfelder und ihrer Neurone wissen wir aber noch sehr wenig. In der Area 18 und 19 sind sog. *hyperkomplexe Zellen* vorherrschend, die nicht wie die hochkomplexen Zellen durch orientierte lineare Kontrastgrenzen, sondern durch orientierte Kon-

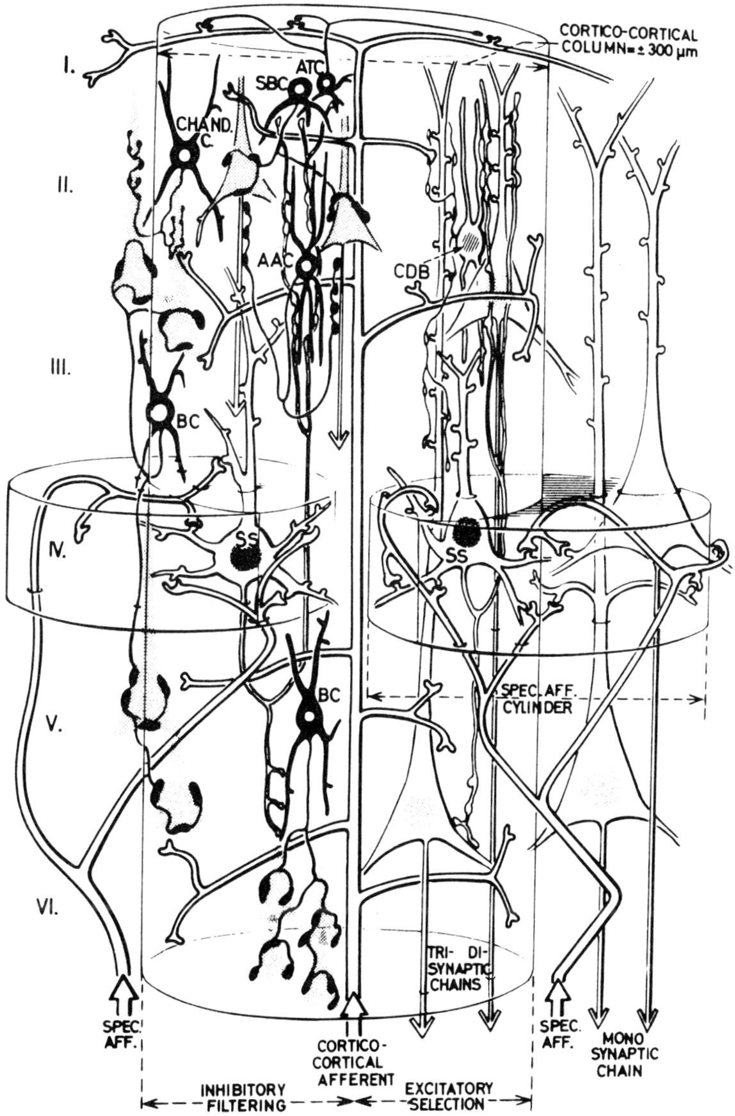

Abb. 14: Bau und Schaltschema des Rindenmoduls (nach Szentágothai).

traste bestimmter Größe und Form, z.B. durch Winkel, aktiviert werden: Ein weiteres und vielleicht das wichtigere “feature” der formalen Reizanalyse stellen orientierte Streifenmuster verschiedener Streifenbreite und Distanz dar, das sog. “spatial frequency”, das von einfachen Nervenzellen analysiert wird. Mit dem Erkennungsvermögen für höher-komplexe formale Eigenschaften, d.h. Gestaltqualitäten, deren Kriterien noch unbekannt sind, und mit visuellen Lernleistungen hat die untere Schläfenrinde zu tun. Wir haben aber noch kein exaktes Wissen über die Verarbeitung von Farbe, Bewegung und Aufbau von Räumlichkeit; wir kennen zwar einige Ausschnitte aus dem Spektrum der Reizanalyse, haben aber keinen Begriff von ihrem Gesamtplan. Somit wissen wir nicht, wie, wo und woraus das visuelle Wahrnehmungsbild, wie wir es bewußt erleben, in der Hirnrinde als Programmresultat synthetisiert wird, und auch nicht, was in der Gehirntätigkeit dem optischen Wahrnehmungserleben entspricht. Da beim Sehen in jedem Augenblick die Beziehung von Umwelt und Netzhaut verändert wird, könnte eine Bildsynthese jedenfalls nicht in der topischen Bindung der Rindenfelder erfolgen, sondern ist nur als ein flexibles und fluktuierendes vielzelliges Erregungsmuster eines höheren Verarbeitungsprogramms der Großhirnrinde vorstellbar. Das betrifft auch die für die Sehwahrnehmung wesentlichen *Konstanzmechanismen*, nämlich die unter wechselnden Wahrnehmungsbedingungen erhaltene Konstanz von Helligkeit und Farbe, sowie insbesondere die auf anderen Systemleistungen beruhende Konstanz von Form und Größe der Sehdinge, die den Veränderungen der Netzhautbilder entgegenwirken. Die Korrelate dieser Mechanismen sind noch ebenso unbekannt wie die der Integration von Raum, Zeit und Bewegung, auf der die als selbstverständliche Gegebenheit erlebte Stabilität der Umwelt beruht.

Aus der Erforschung der kortikalen Vorgänge bei der Sehwahrnehmung ergibt sich somit, daß die Rindentätigkeit primär auf die Feststellung von zeitlichen und räumlichen Kohärenzen kritischer Wahrnehmungsdetails, sog. features, gerichtet ist, aus deren noch undurchschauter Synthese das *modale Arbeitsprodukt*: der Sehgegenstand mit Form und Farbe in Entfernung und Bewegung, zustande kommt.

2.2.3.2 Intermodale Rindenfelder

In der menschlichen Großhirnrinde nehmen die modalen Felder einen recht geringen Raum ein. Weitaus größere Anteile beanspruchen die sich zwischen ihnen ausspannenden *intermodalen Rindenfelder*, die große Teile der Scheitel-, Schläfe-, vor allem aber der Stirnhirnrinde einnehmen. In der Gehirnevolution stellt ihr Auftreten in dieser prominenten Form eines der organischen Kriterien der Menschwerdung dar. Da man ihnen lange Zeit keine spezifische Funktion zuschreiben konnte, nannte man sie „stumme“ Rindenregionen. Nun ist die Funktion der Modulen dieser Region zweifellos die gleiche wie überall in der Großhirnrinde, ihr Input ist aber überwiegend kortikaler Herkunft, d. h. er besteht aus den in modalen Gebieten bereiteten Informationsanteilen, die nunmehr auf einer weiteren höheren Stufe miteinander verarbeitet, verglichen und mit Beiträgen jeweils angesprochener anderer Gehirnregionen angereichert werden. Der repetitive Durchsatz von parallel angebotenen, verschiedenartigen Informationsmustern, z. B. aus verschiedenen Sinnesmodalitäten, ermöglicht das Aussortieren von zwischen ihnen bestehenden statistisch belangvollen Koinzidenzen bzw. von festen Merkmalkonstellationen. Die Eigenleistung der Intermodalfelder ist demnach die Integration eines vielfältigen multimodalen Informationsangebotes.

Das große Rindenfeld zwischen primärer okzipitaler Sehrinde, der parietalen Körperfühlsphäre und der temporalen Hörrinde dient auf diese Weise dem Aufbau der Wahrnehmungswelt durch die Erfassung des einheitlichen Wahrnehmungsgegenstandes als multimodales Objekt (sog. multimodale Apperzeption). Vergleichbare integrative Leistungen liegen der Gestaltung des Bewegungsentwurfes und des zielvollen Bewegungsablaufes sowie eigentlich allen höheren Hirnleistungen zugrunde, die als komplexe dynamische Organisationen verschiedene, zunächst getrennte Arbeitsgänge in sich vereinigen. In Verbindung mit Gedächtnis und Erfahrung, d. h. der erworbenen Fähigkeit der Ereignisbewertung mit Verlaufsabschätzung, darf schließlich die Auswertungstätigkeit dieser Art, mit besonderer Richtung auf „verdächtige" Koinzidenzen – also auch auf unerwartete neue Ereignisverknüpfungen, die nicht als zufällig, sondern als kausal verknüpft imponieren –, als Grundelement intelligenten Verhaltens überhaupt angesehen werden. Als definierbare neurophysiologische Funktionen sind die Programmkonfigurationen dieser Informationsverarbeitung höherer Stufe noch völlig unbekannt.

Nun machen aber diese multimodalen Komputationen etwa der sensorischen Informationsmenge nicht die letzte Bearbeitungsstufe aus, da auch die dabei gewonnenen Informationsresultate einer noch weiter differenzierenden und konstruierenden Auswertung unterworfen werden, um schließlich aus der gesamten vorliegenden und aktuell aufgerufenen Informationsmasse eine umfassende Wirklichkeitserfassung im Sinne der *Kognition* und entsprechende Verhaltensinstruktionen zu gewinnen. Man bezeichnet diese höheren Stufen der Informationsbearbeitung als *supramodale Funktionen* und kann bestimmte Rindengebiete als ihre Werkstätten identifizieren.

2.2.3.3 Supramodale Rindenfelder

Unter diesen kommt den mit den *Sprachfunktionen* verbundenen Rindenregionen vorrangige Bedeutung zu: Sprachvermögen und Sprachgebrauch sind die dem Menschen unter allen Lebewesen allein verfügbaren und seine Kulturfähigkeit begründenden natürlichen Leistungen. Im Rahmen der Modellvorstellung der neuralen Informationsverarbeitung stellt die Sprachfähigkeit eine neuartige Stufe dieser Prozesse dar, die später noch näher charakterisiert werden soll.

Die Identifizierung von Stellen der Großhirnrinde in der li Hemisphäre vom re-händigen Menschen, die zur Sprachausübung, d. h. für Sprachverständnis und Sprachformung, unentbehrlich sind, bedeutete einen Durchbruch in der Geschichte der Hirnforschung. Man spricht vom *motorischen und sensorischen Sprachzentrum* und im Störungsfall von einer motorischen bzw. einer sensorischen Aphasie. Eine eingehendere Darstellung dieser Störungen hätte nicht nur medizinisches, sondern vor allem großes allgemeines Interesse für unseren Gegenstand, ist aber im gegebenen Rahmen nicht durchführbar. Festgehalten muß aber werden, daß die genannten Regionen zwar die unbedingt erforderlichen, aber nicht allein ausreichenden Rindengebiete sind, da die hochkomplexe Sprachfunktion zu ihrer angemessenen Betätigung viele andere Teilfunktionen nicht nur der Großhirnrinde, sondern auch subkortikaler Strukturen, wenn nicht praktisch das ganze Gehirn erfordert.

Andere supramodale Funktionen, die in ihrer vollen Ausprägung allerdings die Sprachfunktionen bereits voraussetzen, sind die sog. *Gnosien* (im Störungsfall Agnosien), d. h. kognitive Leistungen im Wahrnehmungsbereich: Erkennen und Benennen von gesehenen Gegenständen; Erkennen getasteter Objekte; Erkennen akustischer Gestalten (Melodien, Rhythmen); sowie auch die Konzeption planvoller komplizierter Leistungen im Bewegungsverhalten: die sog. *Praxien* (im Störungsfall Apraxien). Somit ist die motorische Aphasie die Apraxie der Sprachmotorik. Diese Leistungen lassen zumeist keine gleich-strikte lokale Beziehung erkennen, wie sie in den Aphasien zum Ausdruck kommt, was auf die verteilte räumliche Organisation der betreffenden Programme zurückzuführen sein dürfte, über deren konkrete neurophysiologische Form es noch kein Wissen gibt.

Während bei der Schilderung der Großhirnfunktion im allgemeinen von einer Parallelität der Tätigkeiten in beiden Hemisphären auszugehen ist, die sich in der ungefähren Symmetrie ihres anatomischen Baus und der spiegelbildlichen Lokalisation der Sinneseingänge und Bewegungskontrollstellen ausdrückt, erscheint auf der Supramodalebene eine Seitenasymmetrie der Funktionslokalisation. Man kann dazu allgemein feststellen, daß jede der beiden Großhirnhälften gleiches seitenbezogenes Informationsmaterial, jedoch in qualitativ modifizierter Weise bearbeitet und daß dadurch und durch den Austausch bestimmter Ergebnisse mittels der leistungsfähigen Verbindungsstruktur des Hirnbalkens die Vollständigkeit der Auswertung und die Möglichkeit der Ergebnisverwendung erheblich gesteigert werden. Die *funktionale* Spezialisierung erstreckt sich somit nicht nur auf die spiegelbildliche Funktionswidmung innerhalb jeder der beiden Großhirnhemisphären, sondern auch auf die Funktionsverteilung zwischen beiden Hemisphären: die sog. *Lateralisation* oder *Hemisphärenspezialisierung*.

2.2.3.4 Die Hemisphärenspezialisierung

Sie ist seit langem in Form der Dominanz der li Hemisphäre des Rechtshänders für den Gebrauch der Hand und für die Sprachfähigkeit bekannt. Untersuchungen der letzten Jahrzehnte, insbesondere an sog. "split brain"-Patienten, deren Gehirnen die Verbindung zwischen den beiden Großhirnhemisphären, der Hirnbalken, durch einen Entwicklungsdefekt oder infolge von operativen Eingriffen mangelt, ermöglichten die Identifizierung der Eigenleistungen der li und re Großhirnhemisphäre. Es ergab sich, daß bestimmte Leistungskomplexe, wie eben vor allem Sprache, Händigkeit und Gestalterfassung, lateralisiert, d.h. auf die Tätigkeit jeweils *einer* Hemisphäre entscheidend angewiesen sind. Das bedeutet nicht, daß etwa die Sprache in der li Hemisphäre oder die räumliche Ordnung der Umwelt in der re Hemisphäre als solche lokalisiert oder zentralisiert wären; es ist vielmehr so, daß die für die Sprache benötigte Informationsverarbeitung in jeder der beiden Hemisphären parallel, aber in verschiedener Art und nach verschiedenen Kriterien stattfindet, die Sprache z.B. aber in der li Hemisphäre für die manifeste Ausführung bereitgestellt wird. Die Tatsache, daß diese Vermögen – genetisch bedingt – jeweils an eine bestimmte Hemisphäre gebunden sind, spricht dafür, daß sie auf kollateralisierten Strukturmerkmalen beruhen dürften, die uns derzeit noch unbekannt sind. Gleiches gilt für die gestaltbezogenen Leistungen der re Hemisphäre. Für diese und die übrigen höheren Hirnleistungen gilt also allgemein, daß sie auf dem Zusammenwirken beider Hemisphären beruhen und diese zu ihrer normalen Ausführung benötigen. So ist für die Sprache nicht nur die Abstraktionsleistung der li Hemisphäre, sondern auch die Erkennung der sprachlichen Gestalten akustischer wie optischer Natur (Lesen) durch die re Hemisphäre erforderlich. Daher sind Simplifizierungen von Ergebnissen der "split brain"-Forschung, wie z.B. die „Sprachlosigkeit" der re Hemisphäre oder die „Blindheit" der li Hemisphäre, falsch und unbedingt zu vermeiden. Wenn man die besonderen Leistungsweisen der beiden Hemisphären charakterisieren möchte, muß man sich bewußt sein, daß zur Zeit nur vage deutende Hinweise, aber keine Erklärungen der höchst komplizierten wesentlichen Umstände möglich sind. In diesem Sinn muß die Aussage verstanden werden, daß die li Hemisphäre des Rechtshänders eine analytisch-logische Funktion über der Zeitachse und die re eine synthetisch-perzeptive Funktion über den Raumkoordinaten ausübe, oder daß es sich um den Gegensatz zwischen rational und intuitiv, verbal und visuell, sequentiell und parallel, digital und analog etc. handle. Die *Hemisphärenspezialisierung* bedeutet also keine Arbeitsteilung, sondern eine potenzierende qualitative Erweiterung des Bearbeitungsspektrums der Großhirnrinde, der offenbar vom Standpunkt des evolutiven Fortschrittes solche Wichtigkeit zukommt, daß dafür die mit ihr verbundene Einbuße an Betriebssicherheit in Kauf genommen werden konnte.

Die supramodale Leistungsstufe wird im Menschengehirn aber noch überstiegen: Ausgedehnte Gebiete in der Rinde des *Stirn- und Schläfelappens* erscheinen ausschließlich dafür bestimmt, die Informationsverarbeitungsresultate der gesamten übrigen Großhirnrinde einschließlich der intermodalen und supramodalen Bearbeitungsprodukte einer total-integrativen modularen Neubearbeitung zu unterziehen, um damit offenbar dem Einzelereignis die passende Stelle und Gewichtung im Gesamtbeziehungsgefüge zuzuweisen und ihm – in übertragener Redeweise – Bedeutung und Sinn zu verleihen. Der Verlust dieser Rindengebiete des Stirn- und Schläfelappens durch Verletzung oder Erkrankung bewirkt dementsprechend, daß den Betroffenen der Selbstbezug des Erlebten verlorengeht, daß z. B. einem erlittenen Schmerz der Charakter des persönlichen Erleidens fehlt, und daß eine allgemeine Bedeutungsentleerung, also ein Verlust der Sinnstiftung und der ethischen Dimension im Verhalten, zutage tritt. Man bezeichnet dieses höchste Niveau der objektiven Selbstbestimmung des Individuums innerhalb der durch Informationsprozesse vermittelten Erfahrungswelt und Verhaltensordnung als die *metamodale Stufe* der Informationsverarbeitung. Darauf wird an anderen Stellen noch näher einzugehen sein.

2.3 Die höheren Hirnleistungen

Der bisher gegebene Überblick der Funktion des menschlichen Großhirns ergibt, daß die einzelnen Leistungsbereiche des Verhaltens, die zwischen dem Informationseingang (Wahrnehmung) und der Informationsausgabe (Bewegung) angesiedelt sind, eine breite Entfaltung und hohe Differenzierung aufweisen, die in den Lokalisations- und Lateralisationsbezügen der Großhirnrinde ihren strukturellen Niederschlag besitzen. In funktionaler Hinsicht bilden diese Leistungen aber eine Einheit über gestuften Informationsverarbeitungsprozessen steigender Komplexität. Sie gipfelt in dem Vermögen der *Kognition*, d. h. Erkennen und Denken, die in der gegebenen Form und Bedeutung für das Verhalten zweifellos allein dem Menschen zukommt. Während sich das Verhalten primitiver Lebewesen zu ihrer Umwelt auf der Ebene von Reiz und Reaktion bewegt und beschreiben läßt, erhebt es sich bei den gehirntragenden höheren Tieren auf eine Ebene von Wahrnehmung und Wahl, beim Menschen aber auf die von Wissen und Wollen. Die besondere Ausgestaltung der kognitiven Ebene zusammen mit Sprache und Bewußtsein läßt aber das Prozeßkontinuum der Individuum-Umwelt-Beziehung, dem in struktureller Hinsicht insbesondere die Homogenität der Modul-Organisation der Großhirnrinde entspricht, unangetastet: Wahrnehmung, Denken und Handeln sind untrennbar verzahnte, nur analytisch trennbare Leistungsbereiche innerhalb der Gesamtfunktion des Gehirnsystems.

Zu einem besseren Verständnis der kognitiven Leistungsvermögen sind noch einige wichtige *Besonderheiten der zentralnervösen Organisation* anzumerken.

2.3.1 Repräsentationen

Ein entscheidendes Moment liegt in der *Repräsentation des eigenen Leibes* in der Großhirnrinde als Voraussetzung der Orientierung von Wahrnehmen und Handeln in der Umwelt. Die überragende Bedeutung des Gesichtssinnes zeigt sich in der Ausdehnung der Projektion der *Netzhaut des Auges* und der Verarbeitungsstätten der Seheindrücke auf mehr als die Hälfte der Gesamtfläche der Großhirnrinde. Auf die subtile topische Projektion der Netzhautpunkte, und damit definierter Stellen des Gesichtsfeldes, auf die Großhirnrinde sowie auf die relative Übergröße des zentralen Sehbereiches wurde bereits früher hingewiesen. Erwähnt sei auch, daß nur ein Teil des optischen Inputs als Sehwahrnehmung zum Bewußtsein kommt, während der größere Teil in nichtbewußte Steuerungsprozesse zahlreicher Organfunktionen eingeht.

Auch die *Repräsentation der Körperoberfläche* mittels der Hautsinne, des *Bewegungsapparates* mittels der sog. *propriozeptiven Sinne* (Lage, Gliederstellung, Muskelspannung) ist in der hinteren Zentralwindung der Großhirnrinde des Menschen besonders ausgeformt; dabei fällt die relative Übergröße der Hand- und der Gesichtsregion mit Mund, Zunge und Kehlkopf besonders auf. Die gleichen Verhältnisse finden sich in paralleler Anordnung in der davorliegenden vorderen Zentralwindung, von der aus die willkürlichen Bewegungen instruiert werden. Diese Merkmale des „kortikalen" Körperschemas rechnen zu den Grundlagen des menschlichen Vermögens der bis in die Erkenntnisstufe reichenden Handfertigkeiten: Kant bezeichnet die Menschenhand sinnreich als das „äußere Denken". Für diese Leistungsstufe der Händigkeit wird das bilateral-symmetrische Körperschema allerdings noch von einer lateralisierenden Spezialisierung überbaut (Rechts- oder Linkshändigkeit); gleich wie im Falle der kompliziertesten feinmotorischen Leistung überhaupt, nämlich des Sprechens (motorisches Sprachzentrum der li Hemisphäre).

2.3.2 Der Zeitsinn

Eine weitere wichtige Bedeutung kommt dem *Zeitsinn* zu, dem man aber bemerkenswerterweise keine eindeutigen lokalen Beziehungen im Großhirnbereich zuschreiben kann. Dieser Sinn, oder besser dieses Leistungselement, scheint in Rücksicht auf seine generelle Bedeutung mit der insgesamt erreichten Höhe der Systemkomplexität und Interkonnektivitätsdichte des Gehirns verbunden zu sein, wobei aber eine engere Beziehung zum Gehörsinn und zu den höheren akustischen Leistungen, des Erfassens von lautlichen Gestalten, wie Worten und Melodien, unleugbar anzunehmen ist. Der Zeitsinn hat nichts mit Wahrnehmungsgegenständen zu tun, sondern mit dem inneren Erleben des Nacheinander, der Folge von Ereignissen, deren Verhältnis zueinander als früher oder später, das erst sekundär die

Zeit als Koordinate der Wirklichkeit entstehen läßt. Zum Unterschied vom optisch bedingten Raum hat die Zeit nur *eine* Dimension mit der Vorzugsrichtung aus der Vergangenheit in die Zukunft sowie das Merkmal der Irreversibilität. Die inneren Erlebnisse besitzen zeitliche Ausdehnung. Mit der Zeit empfinden wir uns mehr verhaftet als mit dem Raum: wir stehen gewissermaßen in der Zeit. Räumlichkeit kann im Erleben mitunter verlorengehen, nicht aber Zeitlichkeit. Der innere Zeitsinn besitzt nicht die Exaktheit der äußeren Sinne; zeitliche Orientierung ist schwerer erlernbar als räumliche; für die Beschreibung zeitlicher Erfahrungen müssen räumliche Begriffe zu Hilfe genommen werden. Sowohl in der Evolution als auch in der Individualentwicklung bilden sich die Einrichtungen und die Funktion der zeitlichen Orientierung spät aus; in der Evolution erst bei den höheren Säugetieren, beim Menschen zur vollen Reife erst gegen das 10. Lebensjahr. Der Zeitsinn ist also eine Orientierungsdisposition, die in der Auseinandersetzung mit der Umwelt erst entwickelt und kulturell erfahren werden muß. Daraus erklären sich auch die unterschiedlichen Einstellungen zur Zeit, die verschiedene Menschen, Völker und Kulturepochen erkennen lassen. Diese Merkmale des subjektiven Zeiterlebens deuten darauf hin, daß der Zeitsinn zu seiner Aktualisierung großer Hirngebiete bedarf bzw. daß in so gut wie allen höheren Hirnfunktionen zeitliche Momente enthalten sind, deren Prozeßbedingungen im Gehirnbau präformiert sind und durch individuelle Lernprozesse ausgeformt werden müssen. In allen Wahrnehmungsformen, nicht nur in den akustischen, sind zeitliche Momente enthalten; ebenso sind im Bewegungsverhalten Raum und Zeit nicht voneinander trennbar, so daß von der Raum-Zeit der Sensomotorik gesprochen werden kann.

Zur zeitlichen Strukturierung der Wahrnehmung durch den Gehörsinn sei noch bemerkt, daß auch das räumliche Richtungshören über die Verrechnung von Zeitverschiebung zwischen li und re Ohr zustande kommt. Die nervöse Erregung stellt sich in einer Zeitfolge von Aktionspotentialen dar und die Art ihres zeitlichen Musters ist der Informationsträger. Die auf den extrapersonalen Raum, also die auf Umgebung bezogene neuronale Abbildung der Sinnesempfindungen als akustische Wahrnehmung erfolgt nicht direkt projektiv, sondern in einer sekundären Verarbeitung. In der Sprach- und Musikwahrnehmung zeigen die zugrundeliegenden Empfindungen sehr markantes Zeitverhalten: nicht nur Melodie und Rhythmus, auch Harmonie und Klangcharakter sind Zeitfolgen von akustischen Ereignissen. In den weiteren Stufen der *akustischen Informationsverarbeitung* lassen sich mehrere Zeitkonstanten feststellen: für die Gleichzeitigkeit eine von 1–2 msec, für die Wahrnehmung einer Ereignisfolge 30–40 msec, für eine Pause 30–60 msec, für eine punktuelle kognitive Erfassung 30–40 msec. Alle Konstanten scheinen zu einem generellen Zeitwert von etwa 20–40 msec in Beziehung zu stehen, der in allen Verarbeitungsschritten in Form ganzzahliger Vielfacher enthalten ist und der als *„subjektives Zeitquantum"* das Einheitsmaß der zeitlichen Verrechnung im ZNS darstellt. Schon das Erleben der Folge und der Zeitdauer unterschiedlicher Ereignisse weist einen Komplexitätsgrad nervöser Systemleistungen auf, der bisher exakten Beschreibungen nicht zugänglich ist. Das Erlebnis der *Gegenwart*, das Jetzt, ist nicht punktueller Natur, sondern besitzt selbst eine zeitliche Ausdehnung, die mit einer Dauer von durchschnittlich 4 Sekunden experimentell zu bestimmen ist, was mit Bedingungen der menschlichen Sprachproduktion in gutem Einklang steht. Für diese zuletzt genannte komplexe Zeitfunktion müssen vor allem auch Gedächtnisleistungen hinzutreten, da die sich stetig verändernden Eindrücke für bestimmte Zeit festgehalten werden müssen, um mit den ankommenden neuen laufend verbunden zu werden. Nur auf diese Weise können zeitlich entfaltete Gestalten, wie Worte oder Melodien, integriert und identifiziert, d. h. wahrgenommen und erkannt werden. Es ist also ein Vorgang anzunehmen, der die unmittelbare Bearbeitung des sensorischen akustischen Inputs begleitet, nach Signifikanzmerkmalen verteilt und klassifikatorisch ordnet. Erst in dieser Form ist die Integration mit Resultaten anderer Sinnesleistungen, also die intermodale Verarbeitung mit dem Gesichts- und Tastsinn, möglich, die an der Erstellung des einheitlichen intermodalen Wahrnehmungsgegenstandes mitwirkt. Da die Sinne in ihrer Informationsverarbeitung unterschiedliche Zeitkonstanten aufweisen, muß dabei eine harmonisierende Verrechnung, vermutlich wieder über das genannte Zeitquantum von 20–40 msec, erfolgen, deren Ergebnis das fundamentale Phänomen der *intermodalen Gleichzeitigkeit* des Wahrnehmungsgegenstandes ist.

2.3.3 Lernen, Gedächtnis, Erinnerung

Lernfähigkeit ist eine Eigenschaft der lebendigen Substanz, für die aber, wie früher schon erwähnt, das Nervensystem spezialisiert erscheint. Insbesondere besitzt das ZNS Einrichtungen zur Einprägung von Wirklichkeitsstrukturen; d.h. es kann Instruktionen aus der Umwelt empfangen, als codierte Informationen speichern und zur Modifikation seines Aktualverhaltens verwenden. Die biologische Bedeutung des Lernvermögens besteht in einer immensen Beschleunigung von Anpassungsleistungen gegenüber dem Zeitbedarf genetischer Anpassungsvorgänge. Ein lernfähiger Organismus vermag sich an die herrschenden Umweltbedingungen prompt anzupassen, indem er durch entsprechende Abwandlungen (Regelung) seiner Vitalfunktionen die Störgrößen der Umgebung derart kompensiert, daß er seine Soll-Werte aufrechterhält. Bei diesem Vorgang handelt es sich nicht um eine Angleichung der eigenen vererbten Reaktionsweisen an die Umwelt, sondern um die disponierende und modifizierende Einpassung des eigenen Verhaltensmusters in die Umweltgegebenheiten. Zum Lernen dieser Art sind keine bewußten kognitiven Tätigkeiten erfordert; es handelt sich um verhaltensgestaltende Formen von *Gewöhnung*. Erst bei höheren Organismen tritt die Fähigkeit auf, die gegebene Umwelt zu einem für das betreffende Lebewesen günstigen Lebensraum aktiv umzuformen. Das setzt höhere bewußte Stufen von Informationsauswertung und Aneignung voraus: man spricht dann vom *„kognitiven Lernen"*. Dadurch gewinnt das Lebewesen Freiheitsgrade gegenüber seiner Umwelt sowie eine höhere Chance, in neuen Umweltsituationen zu überleben und sie für seine Bedürfnisse zu nutzen.

Das Lernvermögen des Gehirns beruht nach heutiger Annahme auf Veränderungen der Erregungsübertragung zwischen Nervenzellen im Sinne einer erhöhten Evozierbarkeit der dem Lerninhalt entsprechenden Erregungsmuster, an denen jeweils eine Vielzahl von Nervenzellen beteiligt ist. Unter besonderen Umständen, z. B. im reifenden Gehirn, können Lernvorgänge auch zur Neubildung von Nervenzellfortsätzen (Axonterminalen; Dendriten) und vor allem von Synapsen führen, was experimentell an Ratten und Katzen gezeigt werden konnte. Lernen ist also ein organischer Vorgang, und zwar eine Manifestation der neuralen Plastizität, der stabile molekulare oder morphologische Veränderungen als materielle Substrate neuer Verhaltensmöglichkeiten bildet.

Beim Menschen ist die Lernfähigkeit enorm gesteigert und steht in enger Verbindung mit den kognitiven Phänomenen der *Merkfähigkeit*, des *Gedächtnisses* und der *Erinnerung*.

Unter *Gedächtnis* versteht man die Fähigkeit zur codierten Fixierung von bewußten Erlebnis- und Erfahrungsinhalten in gehöriger raumzeitlicher Ordnung, also die neurale Speicherung von komplexer Information im allgemeinen, sowie ihr Ergebnis, den Bestand an verfügbarer Information. Die zugrundeliegenden Hirnvorgänge sind noch keineswegs geklärt. Für das sog. Langzeitgedächnis müssen andere Bedingungen angenommen werden als für das Kurzzeitgedächtnis, etwa die Überführung des betreffenden Informationsinhaltes aus einem transienten Erregungszustand eines Neuronennetzes in eine molekulare oder mikromorphologische Veränderung. Die *neurochemischen Vorgänge* des Gedächtnisses sind trotz intensiver experimenteller Bemühungen noch nicht aufgeklärt: Es gibt Hinweise auf die Beteiligung der mRNA (Botenribonukleinsäure), auf eine Steigerung der Eiweißsynthese und für Veränderungen der synaptischen Membranen der am Erregungsmuster beteiligten Nervenzellen. Wenn die molekularen Erregungsspuren, das Engramm, stabilisiert vorhanden ist, kann dieses auf bestimmte Schlüsselreize aus mehreren Sinnesbereichen und von vielen Stellen des Netzwerkes her evoziert werden und dabei dasselbe Erregungsmuster entstehen lassen, durch das es früher gebildet worden war: das würde der zeitversetzenden *Erinnerung* entsprechen. Da jede Nervenzelle infolge der Vielzahl ihrer Synapsen an sehr vielen solcher Erregungsmuster teilhaben kann, könnte man sich auch Aktivierungskoppelungen bestimmter Muster als Korrelate von Assoziationsvorgängen vorstellen.

Lernen und Gedächtnis haben verschiedene neurophysiologische Mechanismen und können daher auch isoliert gestört werden: z. B. Merkfähigkeitsverlust mit erhaltener Lernfähigkeit bei Alzheimerscher Krankheit. Was den *Ort des Gedächtnisses* im Gehirn anlangt, so erfordert die Komplexität der beteiligten Vorgänge große zellreiche Anteile des Gehirns, insbesondere der Großhirnrinde und – für Bewegungsprogramme – der Kleinhirnrinde. Für die Aufnahme in den „Speicher" kommt dem *limbischen System,* vor allem Hippocampus und Amygdala, hervorragende Bedeutung zu, der Gegend, in der sich die Informationen über die sinnlich erfahrende Umwelt mit denen über den Binnenzustand des Organismus begegnen und hinsichtlich der Bedürfnisse der Gesamtsituation des Individuums in Form von Befindlichkeit und Emotion bewertet werden. Nach einer neueren Hypothese kommt im Hippocampus eine Repräsentation der Umwelt in einem Raum-Zeit-Kontinuum zustande, und zwar als ein Muster von Merkmalsverbindungen mit vitaler Relevanz von Objekten (z. B. eßbar, ungenießbar, sich nähernd und gefährlich etc.) und von Situationen im Sinne einer „kognitiven Karte" (cognitive mapping) der Umwelt. Es erscheint auch denkbar, daß das gesamte menschliche Gedächtnissystem als eine große Generalkarte über einer Mehrzahl verschiedener Koordinaten organisiert ist. Damit würde sich auch der Befund vertragen, daß einigen modalbedingten Gedächtnisinhalten eigene Referenzlokalisationen zukommen: z. B. mediobasale Anteile beider Schläfelappen für das Wiedererkennen von Gesichtern.

Die Fähigkeit der Informationsbewahrung dürfte als wesentliche Voraussetzung die lebenslange *Identität* der Informationsverarbeitungs- und Speicherelemente, also der *Nervenzellen,* erfordern. Diese Spezialzelle des Organismus verliert im Gegensatz zu den meisten anderen Zellen des Körpers beim Menschen etwa um die Zeit der Geburt ihre Teilungsfähigkeit und damit die Möglichkeit, idente Nachkommen herzustellen. Die Nervenzelle ist eine fixiert postmitotische Zelle, die ihre hochdifferenzierten Funktionen mit dem Verlust der Reproduktionsfähigkeit erkauft. Die Nervenzellen des Gehirns sind so alt wie das Individuum selbst. Als Informationsträger der beschriebenen Art kann man sie in ihrer Gesamtheit als Repräsentanz der Geschichtlichkeit der Individualexistenz und unserer personalen Identität betrachten. Sie bewahren in ihrer Gesamtheit alles Erfahrene und Gelernte, die Spuren individueller Erlebnisse und des Gedachten. Über diesen Bestand an individueller Geschichte und eigenem Erwerb verfügen auch die höheren Tiere in gewissem Grad als Träger ihrer Art von erworbener Individualität. Beim Menschen tritt mit der Ausbildung des Gedächtnisses als Hauptinformationsquelle neben der Umwelt die durch Hirntätigkeit selbst erzeugte Information hervor. Diese eigenmächtige innere Information wird in gleicher Weise wie die äußere bearbeitet, sie erhöht die Zahl der zur Auswahl stehenden Verhaltensalternativen, wird gegebenenfalls zu Instruktionen für künftiges Verhalten geformt und in einer von der Vererbung unabhängigen neuen Weise weitergegeben, nämlich mittels der Sprache und ihrer Sekundärformen.

Die schier unbegrenzte Lernfähigkeit in Verbindung mit Gedächtnis, verknüpft mit der Verfügbarkeit der *Erinnerung*, d. h. ihrer getreuen Reproduzierbarkeit im Bewußtsein, erscheint unentbehrlich für alle eigentlich menschlichen Leistungen, von Gegenstandserkenntnis über Sprache zu Vorstellungskraft. Durch Lernen werden vom Beginn des Individuallebens an die strukturgegebenen Funktionsmöglichkeiten bzw. Begabungen verwirklicht. Die menschlichen Hirntätigkeiten sind nämlich auch offen in dem Sinn, daß ihre Programme erst durch den individuellen Input aktualisiert und gemäß seiner Konstellation strukturiert werden. Das Gedächtnis bildet, wie erwähnt, auch das Skelett des Zeitsinns mit seiner invarianten Richtung und ist offenbar unentbehrlich für die Kontinuität des bewußten Erlebens, das wieder wesentlich mit dem Phänomen der personalen Identität, der individuellen Geschichtlichkeit des Menschen verknüpft erscheint. Wenn es das Merkmal des Lebendigen ist, daß es sich in der individuellen Existenz erhält, weil und indem sie sich in ständiger physischer Veränderung befindet und ihr Wesensmerkmal, die bleibende Gestalt, durch die Konstanz der Veränderungsprozesse gewährleistet ist, so wird dieser generelle organische Ereignisfluß, dem auch das Gehirn unterworfen ist, in diesem Organ in besonderer Eigenart bestanden: Die Zustandsveränderungen im spezifischen Funktionsniveau des Gehirns, nämlich die von außen oder spontan von innen bewirkten Vorgänge der Informationsverarbeitung, erleiden hier nicht das Schicksal akzidenteller Störungen, die alsbald kybernetisch ausreguliert werden und spurenlos vergehen; sondern sie werden vielmehr bewahrt, strukturell fixiert und gespeichert und gewinnen die Bedeutung konkreter Essentiale. Gerade das Flüchtige gewinnt hier Dauer; mittels der spezialisierten zellulären Reaktionen, der Lernprozesse des Gehirns, wird die zeitliche Dimension der Existenz strukturiert. Das Gehirn fungiert gleichsam als Lebensschreiber und Archivar des Individuums, aber nicht im Sinn einer toten Ablage oder eines starren technischen Informationsspeichers, sondern im Sinn einer dynamischen Funktionspotenz, die an jeder Organbetätigung beteiligt ist, da sie selbst die anpassende Veränderung dieser Tätigkeiten repräsentiert und ihrerseits wieder rückläufig umgestaltet wird: Im Hirngeschehen werden Wirkendes und Bewirktes eins. Man kann daher die *Gehirnfunktion* auch als eine spezielle Bestätigung der allgemeinen Kantschen Feststellung nehmen, daß „im Organismus alles wechselseitig Mittel und Zweck“ sei.

Die Informationsspeicherung im Gehirn ist somit eigentlich ein die Verhaltensleistung in anpassender Weise modifizierender Selbstorganisationsprozeß der neuralen Organisation.

2.3.4 Gegenständliches Erkennen

Wenn im gegebenen Zusammenhang von *Erkenntnis* (Kognition) gehandelt wird, so ist das nicht als Vorgriff auf den erkenntnistheoretischen Teil dieses Buches zu verstehen. Hier wird der Erkenntnisbegriff in seiner engeren Bedeutung als Erkennen, nämlich als Leistungs- und Produktentfaltung perzeptiver Identifikationsvorgänge verstanden, die – was die methodische Basis anlangt – nicht wahrnehmungspsychologisch, sondern leistungsanalytisch behandelt werden soll, um der Frage Genüge zu tun: „Wie kann man etwas als Etwas erkennen?" Die philosophische Wurzel dieser Fragestellung steht hier nicht zur Erörterung, da sie im erkenntnistheoretischen Teil dieses Buches behandelt wird. Jedoch kann ihre Herkunft aus der Kantischen Erkenntniskritik und ihrer phänomenologischen Weiterentwicklung zur intentionalen Deutung der Subjekt-Objekt-Beziehung, die dem Erkenntnisproblem immanent ist, festgestellt werden. Die Frage: „Wie kam es dazu, etwas als Etwas erkennen zu können?", also das Problem der sog. evolutionären Erkenntnistheorie, erscheint in dieser Sicht als die stammesgeschichtliche Erweiterung der leistungsanalytischen Erkenntnisforschung, aber nicht als eine grundsätzlich neue Position der Erkenntnistheorie.

Die folgenden Ausführungen ergeben sich auch zwanglos aus der dieses Buch motivierenden Überzeugung, daß erkenntnistheoretische Konzepte bzw. eine philosophische Erkenntnistheorie, die diesen Namen verdient, nicht in naturwissenschaftlicher Abstinenz, sondern nur unter Berücksichtigung der Ergebnisse der wissenschaftlichen Erforschung der Erkenntnisbedingungen in den Gehirnvorgängen erstellt werden können.

Wie vorhin bereits angemerkt, wird der Begriff der *Erkenntnis* hier in der Bedeutung von „Bedingungen und Weisen des Gewinnes und der Gestaltung der Erfahrung von Wirklichkeit" verwendet. Im bisherigen wurden mehrere Eigenheiten und Vermögen der Informationsverarbeitung im Gehirn geschildert, die als Voraussetzungen und als konstitutive Teilbereiche jener Leistungsspitze des Gehirnsystems gelten dürfen und die man als Erkenntnisvermögen bezeichnet. Die zentrale Rolle in diesem Leistungskomplex kommt aber den in der Charakteristik der Informationsverarbeitung im Gehirn bereits herausgestellten Abstraktionsvorgängen in ihren verschiedenen Stufen zu.

Abstraktion (Auszug) ist ein Grundzug der neuralen Informationsverarbeitung überhaupt. Am Wahrnehmungsvorgang wurde gezeigt, daß die Sinnesorgane nur schmale Banden von Umweltgegebenheiten als Sinnesreize zulassen, die nach Transduktion in elektrochemische Impulse Signalfolgen bilden, in denen Übersetzungen von Merkmalsauszügen der physikalisch-chemischen Wirklichkeit in den neuralen Code zu erblicken sind. Ferner ergab sich, daß die zentrale Verarbeitung dieser Botschaften mit ihrer weiteren starken Verkürzung und Vereinfachung nach noch nicht durchschauten Kriterien einhergeht, was man als *Verdichtung* bezeichnet. Mit diesem Wort bleibt aber unausgesprochen, daß diese quantitative Reduktion die wesentlichen Merkmalszüge erhält (feature extraction) und daher die weitere intermodale Verarbeitung erleichtert oder in gewisser Hinsicht erst ermöglicht. Auf der multimodalen Stufe ist der Wahrnehmungsgegenstand somit ein aus selektierten Bestandteilen synthetisch erzeugtes abstraktes Leistungsprodukt der neuronalen Informationsverarbeitung, ein *Modell*, aber *kein Abbild* der Wirklichkeit. Man bezeichnet daher die invarianten Abstraktionsgebilde der Wahrnehmung, die Gegenstände und Situationen mit der

Orts- und Zeitcharakteristik des Wahrnehmungsraumes, als Real-Modelle. Ihre Gestaltungsregeln sind in der neuralen Organisation der Sinnesorgane und des Gehirns festgeschrieben und bestimmen unumstößlich die Ordnung des subjektiven Wahrnehmungsfeldes mit ihren nützlichen Vorgaben (z.B. Größen- und Farbkonstanz der Sehdinge) wie auch störenden Nötigungen (Sinnestäuschungen). Die Real-Modelle kennzeichnen die *Elementarstufe der Kognition*. Als unmittelbar gegebene invariante Erfahrungsinhalte repräsentieren sie in vergleichbarer Form auch den höheren Tieren eine differenzierte Umwelt, ermöglichen ihre Art von Orientierung und Verhaltensspielraum. Die Wahrnehmung ermöglicht den Tieren aber eher nur eine mehr oder minder exakte *Diskrimination* globaler Kategorien von relevanten Umweltgegebenheiten als ihre begriffliche *Kogniton*. Mit Bewußtsein ist aber auch die Elementarstufe der Wirklichkeitserfahrung bereits verbunden.

Für die *gegenständliche Wahrnehmung des Menschen* ist aber zweierlei hervorzuheben. Einmal, daß der Tätigkeitscharakter der Wahrnehmung als *aktives Verhalten* zur Umwelt besonders ausgeprägt ist. Sehen z.B. (der „ruhende" Blick) ist mit ständigen präzisen Suchbewegungen der Augen gemäß bestimmten, das „erfaßte" Objekt quasi abtastenden Suchplänen (scanning) verbunden. So ist Wahrnehmung kein passives Erleiden, sondern ein auf die Umwelt gerichteter *intentionaler Akt*, der abstrakte Wirklichkeitsäquivalente eigenständig hervor- und in das Verhalten einbringt. Eigenständig meint, daß die Gestaltungsregeln der Abstraktionsprozesse im genetisch bedingten Gehirnbau und in seiner Betriebsweise zwar vorgegeben sind, aber durch individuelle Erfahrung und Lernen laufend angepaßt und modifiziert werden.

Vor allem muß aber festgehalten werden, daß im menschlichen Erkennen des gesehenen Objektes mehr enthalten ist als die durch vorprogrammierte Hirntätigkeit vermittelte Perzeption einer invarianten Merkmalseinheit, also mehr als jene Stufe von Wahrnehmung, wie sie auch von den höheren Tierarten erreicht wird, nämlich die *Identifikation* des einzelnen Objektes als Exemplar einer Gegenstandsklasse, z.B. einer Eiche als eines Vertreters der Gegenstandsgruppe Baum. Mit dieser höheren Stufe von Abstraktion erscheint die Wahrnehmung im engeren Sinn durch einen reflexiven Erkenntnisakt definitiv überschritten, und zwar durch die Konstituierung des Modells eines in der Wirklichkeit als solchen nicht vorhandenen Objektes, nämlich des Begriffes „Baum", erweitert und überbaut. Begriffe dieser Art reduzieren eine enorme Informationsmasse und Vielfalt (alle Bäume) auf das Minimum von relevanten Merkmalen, das aber das Ganze bedeutet und – dafür gesetzt – in weitere Erkenntnisschritte eintreten kann, die sich dadurch sehr vereinfachen lassen. Auf der klassifizierenden Begriffsbildung ruht auch die Bedeutungsgebung, die Semantik.

2.3.5 Sprache, Denken

Welche *Form* besitzt nun diese vereinfachende Abstraktion, die einer Neucodierung entsprechen muß, im Gehirn? Die neurophysiologische Prozeßkomplexität, die zur Konzeption des Begriffes „Baum“ führt, ist als solche nicht simplifizierbar; das belegt die Ausdehnung der intermodalen supramodalen Gehirnregionen, die den menschlichen Standard der synthetischen Wahrnehmung ermöglicht. Es ist also eine eigene andere Codierung für die Erleichterung, Beschleunigung und Optimierung des Umgangs mit Resultatkomplexen der Gehirntätigkeit vonnöten. Diese Funktion erfüllt die *Sprache*. Bemerkenswerterweise liegt in der Sprache kein neurophysiologischer Code vor, sondern ein funktionales symbolisches Code-System. Menschliche Gehirne verfügen über *Sprachvermögen*, d. h. über die Fähigkeit, die oben geschilderten synthetischen Abstraktionsgebilde nicht nur als Einheiten mit Realitätsgeltung zu identifizieren, sondern sie mit Symbolen zu bezeichnen und mit diesen, nach Regeln geordnet, informationstragende Strukturen zu bilden. Der sprachliche Begriff ist also der Kategorisierungsprozeß und sein Resultat in einem. Die Symbole sind zunächst lautlicher Natur; der Spracherwerb ist aber nicht auf die neuroakustischen Strukturen angewiesen, sondern kann auch über andere Sinneskanäle initiiert werden. Auf die funktionelle Neuroanatomie und Pathologie der Sprachleistungen kann in dieser Darstellung nicht näher eingegangen werden. Entscheidende strukturelle Voraussetzungen der menschlichen Sprachfähigkeit liegen jedenfalls vor: in der insgesamt gesteigerten Verarbeitungskapazität des Gehirns, vor allem der enorm vergrößerten Großhirnrinde und ferner im forcierten Ausbau der Lateralisation bestimmter höherer Funktionen. Hier erhebt sich die Frage, welche Rolle der Hemisphärenspezialisierung in den höheren perzeptiven Prozessen zuzuschreiben ist: die früher angeführten Lateralisierungskriterien einer holistischen re-hirnigen versus einer analytischen li-hirnigen Arbeitsweise erscheinen auch in diesem supramodalen Leistungsbereich gültig, indem die re Hemisphäre kategoriale Einheiten eher im Sinne eines *Ikon* zum unmittelbaren Gebrauch auffaßt, während in der li Hemisphäre eine auf zukünftige Verwendung zielende symbolische Formung stattfindet.

Der *Name* eines Dinges, das *Wort* überhaupt, steht für einen an sich unzugänglichen, unhandlichen neuralen Erregungskomplex und alle seine inhaltlichen (Referenz) und interkategorialen Bezüge (Transformation). Es ist evident, daß hinsichtlich der Inhaltsbestimmung von Begriffen große individuelle und kulturelle Unterschiede bestehen müssen. Die Realisierung der Sprachfähigkeit ist der neurophysiologischen Organebene enthoben und erfolgte daher in der Menschheitsgeschichte als schöpferisches Lernen von Sprache in fortgesetzt reflektierender Selbstinstruktion mit dem Ergebnis einer Vielzahl von lebenden Sprachen, die aber auf ein gemeinsames Lautreservoir zurückgehen und gemeinsame innere Strukturmerkmale aufweisen. Sprache ist also die im geschichtlichen kulturellen Lernprozeß erstellte Ausformung der anlagemäßigen Sprachfähigkeit. Die lautlichen Symbole für Real-Modelle und begriffliche Wirklichkeitskonstrukte ermöglichten auch ihre Mitteilung an die Artgenossen und ihre kommunikative Behandlung, ihre Anwendung in allen Situationen des Gemeinschaftslebens, ihre Überprüfung hinsichtlich der realen Geltung und Bewährung im Rahmen des individuellen und allgemeinen Verhaltens. Damit beginnt die Weitergabe komplexer, reflektierter und sozial bewerteter Erfahrung, die *kulturelle Tradition* als erkenntniskumulierender Prozeß. Es ist offenbar, daß die Erwerbung der Sprache als Geburtsstunde des Menschen und ihr Besitz als das entscheidende menschliche Vermögen schlechthin angesehen werden kann.

Die symbolische Markierung verleiht nun dem weiteren Umgang mit dem und der Manipulation des Bezeichneten in der Informationsverarbeitung eine neue Dimension. Das Wort „Baum“ stellt nämlich einen ganz einfachen, akustisch angebotenen Input für die Auswertungskaskade der modularen Informationsbearbeitung dar und potenziert infolge seiner Beziehungsbeladung das Bearbeitungsresultat. Der gleiche Vorteil besteht für das *Gedächtnis*, dessen beim Menschen erreichte Kapazität nur aus dem Umstand des sparsamen Speichermechanismus für Symbole anstatt für ausgebreitete und vielzellig verteilte neurale Aktivitätsmuster erklärbar ist. Man beachte, daß sich diese Vorgänge auf einer Funktionsebene abspielen, die, von der unmittelbaren Auseinandersetzung mit der Umwelt bereits weit abgerückt, mit der Weltwirklichkeit nur in einem durch die Gehirntätigkeit gegebenen bzw. vermittelten Zusammenhang steht. Diese Art von *metaneuraler Symbolbildung* ist in allen höheren menschlichen Hirnleistungen enthalten. Sie erscheint gebunden an die menschliche Sprache, die sich als völlig verschieden von allen tierischen Kommunikationssystemen, den sog. Tiersprachen, erweist und ein evolutionäres Novum darstellt: Bei keinem Tier gibt es eine „namensspezifische Stimulusgeneration“ als pragmatisches Indiz für Symbolvermögen.

Diese neue Fähigkeit führt aber auch über die Konstruktion abstrakter Modelle von realer Wirklichkeit noch hinaus: In Verbindung mit Lernfähigkeit, Gedächtnis und Entwicklung des Zeitsinnes gewinnt die konstruktive Hirntätigkeit Unabhängigkeit von aktuellen Situationen des Verhaltens und von konkreter Erfahrung, indem sie selbsttätig realitätskompatible Objekte und Situationen hervorbringt, die sog. *Modell-Objekte*. Auf dieser Stufe werden die abstrakten Leistungsprodukte des Gehirns, die Begriffe, in denen Wirkliches und seine Beziehungen kristallisiert erscheinen, nunmehr für die aktive *Modellierung von möglicher Wirklichkeit* disponibel. Aus dem nach den oben geschilderten Prinzipien aufbereiteten, in den Gehirnstrukturen durch Arbeitsprogramme verfügbaren Erfahrungsmaterial können nicht nur Objekte beliebiger Art entworfen, d.h. innerlich vorgestellt, sondern auch in retrospektive und imaginierte prospektive Zeitfolgen eingebracht und nach möglichen Verlaufsrichtungen hin verfolgt werden. Die Projektionen von zukünftig möglichen Geschehnisverläufen und Ereignisfolgen erweitern die Modellierung der Wirklichkeit um die Dimension der Zukunft und ermöglichen abstrakten Vergleich, Kombination und Konsequenzabschätzung verschiedener möglicher Ereignisfolgen, wodurch der Orientierungshorizont ungemein erweitert und die Verhaltensdispositionen vervielfacht werden. Man bezeichnet den Umgang mit der von der Vorstellungskraft erzeugten Modell-Wirklichkeit von funktionaler Realität als *„Denken“* und die symbolgetragene, aber realitätsbezogene Verhaltenskompetenz, in der sich aktuelle Wahrnehmung, Erfahrung, Erlerntes aus der Vergangenheit und Vorausschau in die Zukunft zu einer für die individuelle Existenz optimalen Verhaltenssteuerung verbinden bzw. diese gewährleisten, als *„Intelligenz“*. Obwohl es sprachfreie (nonverbale) Anteile von Kognition sowie sprachfreie Vorstufen von Intelligenz gibt und solche des Denkens geben dürfte, erscheinen Sprache und Intelligenz in ihrer menschlichen Form als sich wechselseitig bedingend und miteinander unlösbar verbunden. Man kann behaupten, daß die sprachgebundenen Abstraktionstätigkeiten die für den kognitiven Umgang des Menschen mit seiner Umwelt spezifischen Prozeßformen sind und daß seine intensive soziale Interaktion auf die interindividuelle Angleichung der abstrakten Begriffsbildung hinzielt.

Mitunter werden die synthetischen Produkte der höheren Perzeptionsvorgänge, der Wahrnehmungsgegenstand, lokalisiert in Raum und Zeit, und die Ordnungsprodukte des vorstellenden Denkens als kategoriale Rangstufen der kognitiven Prozesse verstanden und unterschieden. Das ist nicht überzeugend wegen ihrer engen Wechselbeziehung und wegen der gemeinsamen Basis in der Symbolfunktion der Sprache. Die klassifizierende Wahrnehmung, d.h. das Erkennen von Objekten, ist ohne Sprache ebensowenig durchführbar wie die modellhafte Repräsentation von Welt und ihre Manipulation im Denken. Beide Teilleistungen erscheinen als Ausfaltungen der zentralen Symbolisierungsfähigkeit in der Anwendung einerseits auf statische Abstraktionsgebilde und andererseits auf solche dynamischer Natur.

Während Sprachsymbole zunächst auf Gegenständlichkeit hinweisen, besitzt die *Zahl* keinerlei qualitativen Realitätsbezug: Ihre Erfindung dürfte auch erst in die geschichtliche Zeit fallen. Mit ihr wurde die mathematische Symbolwelt als höchst abstrakte Form der Wirklichkeitsbeschreibung errichtet. Hier sei auch noch ein Hinweis auf die Rolle der kognitiven Leistungen in der *Gesamtfunktion des Gehirns* als verhaltenssteuernden Organs getan, die darin besteht, alle denkbaren und zu bedenkenden äußeren und inneren Umstände des Individuums zu umfassend informierter und abgestimmter Verhaltensbereitschaft zu organisieren, von der aus eine optimale Planung und Durchführung von Handlungen erfolgen kann. Die zugrundeliegenden skizzierten Hirnprozesse, die vor allem im modularen System der Großhirnrinde vor sich gehen, kann man als konditionale Programmstrukturen auffassen, die in gleitender Anpassung an die eintreffenden Signale optimal passende Antworten des Gesamtsystems formieren. Es ist die Einheit des organisierenden Hirnsystems, das der Einheit der erlebten Welt entspricht und den durch die Sinnesmannigfaltigkeit gestalteten Erfolgsraum der individuellen Aktionen darstellt.

2.3.6 Emotion

Während die Kognition sich vor allem auf die Erfassung der äußeren Welt des Individuums und den objektiven Befund seiner Leiblichkeit richtet und dabei im Verlaufe des historischen Prozesses der Erfahrungssammlung, Überprüfung und ihrer abstrakten Formulierung zu sehr verläßlichen Modellstrukturen, wie den Naturgesetzen und den rationalen Erfahrungsmethoden der Wissenschaft, gelangte, ist der Zugang zu den inneren Befunden der Individualexistenz (interoception) vorwiegend subjektiv: die im Bewußtsein erfahrenen Empfindungen aus dieser Sphäre: Befinden, Stimmung, Gefühl, Emotion als lustvolle oder unlustbetonte Erregung, Triebe etc., die man gerne als irrationalen Bereich dem rationalen Denken gegenüberstellt. Die geringe Formalisierbarkeit des *Emotionalen* galt und gilt auch noch als Indiz eines untergeordneten Ranges für kompetente Verhaltensleitung. Auf diesen auch geistesgeschichtlich wichtigen Umstand ist hier nicht einzugehen. Es sei aber festgestellt, daß in der Emotion ein nicht gegenständliches Erkenntnisprodukt von höchster Informationsdichte vorliegt, in dem die Gesamtheit unserer ungemein komplexen und beziehungsreichen vegetativen Natur und vieler Anteile körperlicher Funktionen nach Zustand, Verlaufsrichtung und Soll-Bedürfnissen integriert ist und – einzig nur beim Menschen – mit einer Bewertungssignatur der bewußten Verhaltenssteuerung zur Disposition angeboten wird. Alle Tiere müssen den Signalen ihrer sexuellen, Nahrungs- und sonstigen Bedürfnisse unbedingt folgen; der Mensch kann im Rahmen seiner Verhaltensgestaltung auch darüber disponieren.

Die für den Binnenbereich der Verhaltensbereitschaft zuständige Gehirnregion ist das schon mehrfach erwähnte *limbische System*, ein in der Hemisphärentiefe gelegener, phylogenetisch alter Endhirnanteil, dessen ursprüngliche Funktion als Rinde des Riechsystems von jüngeren strukturbedürftigen Leistungen überlagert wurde. Im Zusammenhang mit der Gedächtnisfunktion wurde darauf hingewiesen, daß im Hippocampus auf einer kartenartigen Repräsentationsmatrix Informationen aus der äußeren und inneren Umwelt mit Rücksicht auf vitale Erfordernisse des individuellen Organismus integriert werden, was für Lernvorgänge und primitive Verhaltensmuster von Bedeutung ist. Die *Neurochemie des emotionalen Geschehens* ist mit der subjektiven Erfahrung viel enger korrelierbar als die der Perzeption mit dem Wahrnehmungserlebnis. Sie besitzt größte Bedeutung nicht nur für das Verständnis eines essentiellen Lebensphänomens, sondern auch eines Herdes häufiger krankhafter Störungen und daher eines Zielorts therapeutisch-medizinischer, aber auch manipulatorischer (Drogen) Eingriffe. Der Umfang des Themas würde jedoch eine eigene Darstellung erfordern.

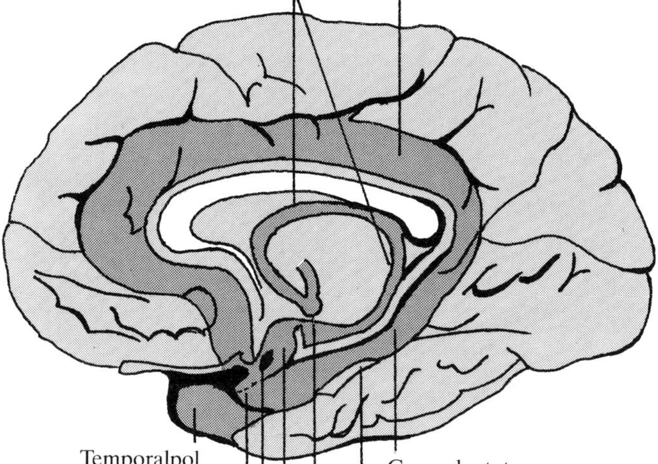

Abb. 15: Übersicht über die Strukturen des limbischen Cortex.

Die Befunde der afferenten Information aus dem autonomen Nervensystem erfahren nicht wie die der Umweltinformation eine weitere abstrahierende Verdichtung zu begrifflichen Modellstrukturen, sondern werden bei den Tieren mehr oder minder unmittelbar in das aktuelle Verhalten eingebracht. Beim Menschen gewinnen die Befunde des vegetativen Gehirns durch die Verbindungen mit der Großhirnrinde, insbesondere des Stirnlappens, Zugang zum Bewußtsein, bleiben aber – wohl wegen ihrer nicht reduzierbaren Komplexität – im Bereich der subjektiven *Empfindung*. Die Zustände und Vorgänge des Leibesinnern erreichen nicht die Objektivierungsstufe der Wahrnehmung. Daher können sie auch in der sprachlichen Symbolebene nicht exakt beschrieben, sondern nur bildhaft umschrieben werden, wofür das reichhaltige Vokabular der Sinneserfahrung herangezogen werden muß. Die im Menschengehirn durch die Kortikalisation intrumentierte Verknüpfung der vegetativen mit der animalen Sphäre ermöglicht und bewirkt, daß alle bewußten höheren Hirnleistungen, auch wenn diese nicht mit der kognitiven Bearbeitung von vitalen Situationen befaßt sind, eine „Gefühlstönung" aufweisen, so daß die Stimme der Leiblichkeit auch in die höchsten Ebenen von Abstraktion Eingang findet.

2.3.7 Intelligenz

Im bisherigen wurden die wichtigsten strukturellen (neuromorphologischen) und funktionalen (neuropsychologischen) Voraussetzungen und Komponenten der Intelligenz dargelegt. Die allgemeinen neurobiologischen Bedingungen bestehen in einem Ensemble von Genwirkungen auf Nervenzelldifferenzierung, Fortsatzsprossung, Ausbildung synaptischer Verbindungen und neuronaler Netzwerke. Intelligenz, das vornehmlichste unterscheidende Wesensmerkmal des Menschen, wurde vorher als umfassende symbol- bzw. sprachgetragene Verhaltenskompetenz definiert. Man kann ergänzen, daß Intelligenz einen Komplex von relativ selbständigen Einzelvermögen deckt, daher nicht nur einer großen individuellen Variabilität, sondern ebensolcher begrifflicher Vieldeutigkeit ausgesetzt ist. Übereinstimmung besteht in der allgemeinen Aussage, daß Intelligenz zur Optimierung der individuellen Anpassung, insbesondere zur Erfassung und Bewältigung unvorhergesehener neuer Situationen und Umweltänderungen sowie zur Problemlösung überhaupt, verhilft. Alle wichtigen Teilleistungen beruhen auf Abstraktionsprozessen, vor allem auf Erkennen gemeinsamer Eigenschaften in an sich verschiedenen Erfahrungsbereichen, z. B. in der Wissenschaft im Entdecken überdisziplinärer Zusammenhänge. Die Ausbildung der Intelligenz im Individualleben erfolgt in Wechselwirkung von Anlagefaktoren (nature) und Umweltbedingungen (nurture). Im Wahrnehmungsbereich wird mit dieser Selbstorganisation auch der eigene Leib als ein Objekt der Gegenstandswelt identifiziert und aus dem subjektiven Erlebnisraum ausgegrenzt. Damit konturiert sich die Subjekt-Objekt-Dualität des Bewußtseins. In diesem Prozeß der Gegenstands- und Selbstobjektivierung spielen die Bewegungsleistungen von Hand und Sprache eine entscheidende Rolle. Einen Gegenstand wahrzunehmen bedeutet, ihn über die multimodale Konstruktion sensomotorischer Elemente hinaus auch in seiner Invarianz als Vertreter einer Objektklasse aufzufassen, also zu klassifizieren. Sprache ist wesentlich Symbolisches in sinnlicher Gestalt und Benutzung. Handeln heißt, Vorstellungen, d. h. Modellobjekte und Ensembles, in intendierten Ereignisketten realisieren. Herder bezeichnet die Hände treffend als „Werkzeuge ... eines immerwährenden Tastens nach neuen Ideen“. Die Abstraktionskompetenz ist somit als *Generalfaktor* der Intelligenz anzusehen, der aber in den einzelnen individuell wählbaren und anlagemäßig begünstigten Bereichen einen scheinbar unterschiedlichen Ausdruck finden kann. Die weitgehende prozeßhafte Integration aller Sinnesgebiete und, verbunden mit Lernen und Gedächtnis, der verfügbaren Handelnsdispositionen läßt insgesamt einen einheitlichen kognitiven Gesamtraum, ein *Sensorium commune,* entstehen, in dem auf einer erhöhten, überformenden Funktionsebene sozusagen Information über Information verarbeitet wird und Objekte und Ereignisse in Form von Vorstellungen simuliert und mit realitätsfreien Denkbewegungen begriffen und behandelt werden können. Die Sinne erscheinen gleichsam entspezialisiert zu einem

Universalsinn verschmolzen, der seine Objekte auch selbst hervorbringt. Auf dieser synthetisch-experimentellen Weltschau orientiert sich menschliches Verhalten, das daher zu Recht als *theoretisches Verhalten* zu charakterisieren ist. Die in der Evolution zum Menschen hervortretende somatische Entspezialisierung, auch Neotenie genannt, die keineswegs als Entwicklungsdefekt mißdeutet werden darf, hat in dem Gehirnvermögen der Intelligenz ihren subtilsten funktionalen Ausdruck gefunden. Sie ermöglicht die unbegrenzte Anpassungsfähigkeit des Menschen an alle auf der Erde vorhandenen Lebensräume, vor allem durch die kognitiv geleitete Tätigkeit der Hände, die Technik. Mit ihr können alle in der Evolution verwirklichten Spezialisierungen und noch viel mehr erzeugt werden. Intelligenz ist der Ausgang, durch den der geschichtliche Mensch die Sphäre des zufallsdeterminierten Evolutionsgeschehens zu verlassen und als „Freigelassener der Natur" seinen eigenen Weg zu finden unternimmt.

Denken, die Tätigkeit des Intellektes, organisiert die als Informationsverarbeitungsprozeß charakterisierten Gehirnleistungen zu den Abstraktionshandlungen der Begriffsbildung, des Urteilens und Schließens. Die Ergebnisse dieses „verinnerlichten Handelns" bilden als *Wissen* in verfügbarer Ordnung, leicht zugänglich repräsentiert, den wichtigen Bereich des *semantischen Gedächtnisses*. Die Speicherprinzipien und Zugriffsmechanismen, wie der Index des semantischen Lexikons der Sprache, sind noch ungeklärt. Außer auf informationstheoretische und kognitionspsychologische Modelle kann man lediglich auf gewisse lokalisatorische Beziehungen verweisen: z. B. dürften propositionelle (abstrakte) Denk- und Repräsentationsfaktoren mit der li Hemisphäre, hingegen solche analoger (bildhafter) Art mit der re Hemisphäre verbunden sein; eine Beziehung, deren Kriterium sich auch in der Lateralisation der Sprachfunktionen erkennen läßt. Jedoch erscheinen Denken und Sprache als nicht deckungsgleiche, sondern eigenwertige Leistungskomplexe, zwischen denen enge prozeßhafte Verbindungen, aber keine Dominanzen bestehen.

Der Umstand, daß Stufen und Resultate serieller Denkprozesse, Urteile und Schlußfolgerungen, logisch-mathematisch formulierbar sind, nährt seit langem die Vorstellung der exakt-mechanischen Natur des Denkens und förderte Versuche, die maschinelle *Simulation* von Denkvorgängen zu bewerkstelligen. Diese Tendenz verstärkte sich unter dem Einfluß von Ergebnissen der Hirnforschung über Art und Weise der nervösen Erregung sowie über Muster neuraler Schaltpläne, Erregungsstrecken und Netze und der darauf fußenden erfolgreichen Modellvorstellung des Gehirns als Informationsverarbeitungsgerät, gleichsam eines biologischen Computers. *Computer* sind Universalmaschinen, d. h. sie führen mit codierten Signalfolgen, also Symbolen, gemäß Programmen zielgerecht spezifizierte Operationen verschiedensten Inhaltes mit großer Präzision und Schnelligkeit durch und liefern auf diese Weise „intelligente" Arbeitsprodukte. Daran knüpfte sich vielfach die Hoffnung, menschliches Problemlösen und Verhalten überhaupt technisch simulieren und auf diesem Weg erklären zu können. Das hat sich inzwischen als trügerisch erwiesen, ganz einfach auch aus dem Grund, daß – selbst unter der Annahme, daß rationales Denken computerprogramm-analog verliefe – der gesamte, undurchblickbar komplexe Unter- und Hintergrund, dessen letzte, simplifizierte und oberflächlichste Manifestation das Denken darstellt, dabei unberücksichtigt bliebe.

Außer den schon früher angeführten *Unterschieden zwischen Gehirn und Computer* soll zusammenfassend noch auf folgende Merkmale hingewiesen werden: Das Gehirn ist ein Organ, das sich in den Bahnen der Instruktionen des genetischen Codes in Selbstorganisationsprozessen erbaut, erhält und anpassend umbaut. Seine Bauelemente, lebende Zellen, wären im technischen Modell nur mit großen Analogcomputern vergleichbar. Ihre Zahl, ihre Interkonnektivität und daher ihre Leistungskapazität übertrifft um Größenordnungen die von technischen Geräten. Zwischen den Elementen findet nicht nur die lineare Weitergabe diskreter Impulse statt, sondern auch eine langsame diffuse Ausbreitung von elektrischen Potentialen und chemischen erregungsmodifizierenden Agentien. Das Gehirn besitzt kein zentrales Rechenwerk und keinen separaten Speicher: seine Arbeitsweise ist mehrfach und etwa mit: parallel, koordinatentransformierend, kovariierend und koinzidenzfindend zu umschreiben. Die laufenden Eingaben modifizieren unmittelbar die Funktionselemente bzw. die Subsysteme und damit die Arbeitsergebnisse: Handelnsdispositionen oder Instruktionen. *Das Gehirnorgan selbst ist daher der seine Form bildende Prozeß*, der sich in seinem abstrakten Resultataspekt als Denken, Wissen, Sprache und Intelligenz darstellt. Der Computer ist eine aus totem Material nach einem erdachten Bauplan hergestellte Maschine, die mit einem Programm, einer codierten Eingabe für eine spezifizierte Sequenz von logischen Schritten in Tätigkeit gesetzt wird. Eine solche Trennung von hardware (Gerät) und software (Programm) ist im Gehirn nicht möglich. Die Programme des Gehirns sind auf Lebenstätigkeiten bezogen, d. h. intentional, und umfassen alle existentiellen Erfordernisse und die – beim Menschen überwiegend selbst gesteckten – Ziele und zugleich die zu ihrer künftigen Erfüllung dienlichen Verrichtungen. Somit bedarf lebendiges Verhalten einer gewaltigen Fülle von wählbaren Möglichkeiten verfügbarer Programme, mittels deren ein neuer Zustand prompt und angemessen erreicht werden kann. Solche Programme müssen zwar hardwareartig im Gehirn internalisiert (enkodiert) sein, aber die Kondition einer fast beliebigen Breite zweckmäßiger Handlungen zur Beherrschung unvorhersehbarer Situationen und Ereignisse garantieren. Dies wieder setzt ein Ordnungsschema voraus, in dem sinnvolle, praktikable Beziehungen zwischen bekannten Umweltparametern und Verhaltensmustern funktional tabuliert sind und um neuerkannte erweitert werden können, mit anderen Worten eine Repräsentation der Wirklichkeit der Umwelt (mit eigenem Leib), die beim Menschen die Dimension der Welt annimmt, als potentieller Handlungsraum. Dazu gibt es kein technisch realisierbares Gegenstück. Der Computer besitzt auch nicht wie jedes Gehirn einen *eigenen Leib* als Quelle unabschätzbarer Erfahrung (Weisheit des

Leibes) und konkreten Inbegriff seiner Lebensaufgabe. Die lebenslang ununterbrochene Einverleibungs-, d. h. Informationsarbeit im buchstäblichen Sinn, aller Teile des Gehirnsystems im Schlaf-, Traum- und Wachzustand ist Fundament der Einzigartigkeit und umfassenden kosmomorphen Einheit der Individualexistenz.

Unleugbar haben aber die Computerwissenschaften (Informatik) auch für die Hirnforschung theoretisch wichtige Beiträge geliefert, wie andererseits neurobiologische Einsichten in die Technik des Computerbaus Eingang fanden. Die *Grenzen der Simulationsstudien* liegen von vornherein einmal darin, daß die Objektivierung der menschlichen Denkvorgänge dadurch ungemein erschwert ist, daß die Selbsterfahrung, von der man dabei ausgehen muß, über sie keine Auskunft gibt, sondern nur ausgewählte Resultate in simplifizierter Form vorstellt. Es ist, wie sich aus den obigen Bemerkungen ergibt, offensichtlich unmöglich, dem Computer das menschliche Hintergrundwissen auch für höchst einfach anmutende Aufgaben, einschließlich des aus dem Leiblichen stammenden Intentionalitätsfermentes der Gefühltönung, zu vermitteln. Die Spezifikation dessen, was das Gehirn wirklich tut, ist eben unerreichbar. Daher erreichen ehrgeizige Computerprogramme bald einen Kompliziertheitsgrad, der sie (derzeit noch?) für den praktischen Gebrauch untauglich macht. Zweifellos werden die zu erwartenden Fortschritte dieser Bemühungen, einschließlich der des technischen Wissenschaftszweiges der sog. "artificial intelligence", wertvolle Einsichten in die Formalstruktur der menschlichen Denkleistungen erbringen und die Erkenntnis ihres wunderbaren Wesens entscheidend fördern. Aber auch ein dem menschlichen Gehirn gleicher Computer wäre nicht intelligent, sondern dumm: hardware denkt nicht, sondern arbeitet nur den Denkoperationen analog. Er wäre sprach- wie bewußtlos, und niemals eine menschliche Person.

2.3.8 Motorik

In den letzten Abschnitten dieser Darlegung ergaben sich wiederholte Hinweise auf das Handeln als Richtung und Zweck der Hirntätigkeit. Denken, als deren höchste Form, kann als Ersatz- und Probehandeln oder als „stummes Sprechen“ charakterisiert werden. Handeln geschieht durch Bewegung. Bewegung meint raumzeitliche Veränderung realer Objekte in der Raumzeit oder imaginärer Objekte im Repräsentationsraum. Im Verhalten der höheren Lebewesen zur Umwelt sind muskuläre Bewegungen (Motorik) die wichtigste Form der Informationsabgabe. Daher sind dazu einige Bemerkungen zu machen.

Die motorischen Programme für den aufrecht gehenden Menschen, der auch Hände hat, die Bewegungen aller Freiheitsgrade erlauben, setzen zweifellos eine hohe strukturelle Präformation der befaßten Gehirnstrukturen, vor allem großer subkortikaler Systeme, voraus. Bewegungen müssen aber nichtsdestoweniger bis auf einige wenige angeborene erlernt werden, wobei die Lernvorgänge den Ausbau und die volle Verschaltung der betreffenden Nervennetze innerhalb terminisierter Zeitspannen der Entwicklung bewerkstelligen. Das ist besonders für die komplizierte Sprechmotorik wichtig, deren Erlernen jenseits der sensitiven Termine nicht mehr oder nur mehr unvollständig erfolgen kann. Andererseits besteht lebenslang die Möglichkeit, in bewußter Intention vermittels der Großhirnrinde neue Bewegungen zu erlernen und ihre Muster gegebenenfalls als automatisierte, anpassungsfähige und nach Bedarf abrufbare Programme in die Speicher des *motorischen (Geschicklichkeits-) Gedächtnisses* einzubringen. Man kann von einem *sprachfreien kognitiven Bereich* sprechen, der isoliert störbar ist, dessen Hirnorte aber nur unvollständig bekannt sind. Z. B. können manche Patienten Geschicklichkeitsprobleme nicht sprachlich und konstruktiv lösen, wohl aber praktisch mit zweckvollen Handlungen. Die früher erwähnten *Apraxien* hingegen, d. h. Verlust des Handlungsprogrammes für bewußt intendierte Bewegungsfolgen, sind als Störungen der Übersetzung einer Handlungsabsicht in den entsprechenden Bewegungsentwurf der prämotorischen Rinde des Stirnlappens und/oder der zeitlich/örtlich geordneten Auslösung der erforderlichen einzelnen Muskelkontraktionen von der motorischen Rinde aus zu kennzeichnen. Über die neurophysiologischen Teilvorgänge der willkürlichen Körperbewegungen liegen wesentliche Erkenntnisse vor. Wie aber die Elementareinheiten des Systems, die zahllosen im gesamten Gehirn auch bei der kleinsten Bewegung aktivierten Nervennetze, zur raschen, gezielten, genauen und dosierten Bewegung zweckvoll zusammenwirken, kann nur vermutet werden. Die bestehende Komplexität soll das Beispiel einer gewollten Bewegung des Zeigefingers auf einen Punkt hin verdeutlichen (modifiziert nach Young). Die betreffende neurophysiologische Ereignisfolge würde umfassen:

1. Ein negatives *motorisches Bereitschaftspotential*, das ungefähr 1 Sekunde vor der wirklichen Bewegung auftritt.
2. Als erste Aktion eine sakkadische Augenbewegung auf das Bewegungsziel hin.
3. Gesamtbewegung des stehenden Körpers zur vorbereitenden Schwerkraftbalance. Sie erfolgt nicht-bewußt vor der Gliedbewegung und ist offensichtlich sehr komplexer Natur.
4. Haltungseinstellende Bewegungen in den Muskeln des Rumpfes und der Hüften.
5. Bereitschaftsstellung der Beine.
6. Die Schultermuskeln beginnen den Arm zu heben.
7. Ein schnelles negatives Potential überlagert das Bereitschaftspotential als Hinweis auf noch nicht bekannte komplizierte Verrechnungsereignisse.
8. Der Körper als ganzer wird rotiert.
9. Schließlich wird der Arm auf das Ziel hin eine halbe Sekunde vor dem Zielkontakt ausgestreckt.

10. Das Ziel wird ungefähr 2 Sekunden nach dem frühesten Bereitschaftspotential erreicht. Im Augenblick des Kontaktes tritt ein scharf positives Erfolgspotential auf. Nur die Zielsuchbewegung der Augen und die Armbewegungen werden willkürlich angesteuert.

Diese grobe Analyse eines winzigen Ausschnitts aus der Motorik, die wieder in das Gesamtverhalten des Organismus eingebettet ist, läßt die Komplexität des Aktualverhaltens ermessen. In dem Geschehen der willkürlichen Bewegung kommt dem erwähnten motorischen Bereitschaftspotential, ca. 1 Sekunde vor der bewußten Bewegungsintention, besondere Bedeutung in zweierlei Hinsicht zu:

(1) Betreffend seiner Rolle in den einer Bewegung vorausgehenden bzw. diese vorbereitenden Hirnvorgängen.

(2) Hinsichtlich des Wesens der im Bewußtsein als willkürlicher, freiwilliger individueller Akt erlebten Handlung.

Zu (1): Vom neurophysiologischen Standpunkt ist es nicht überraschend, sondern erscheint dem Wissensstand entsprechend, daß die Organisation einer gezielten Bewegung trotz der früher dargelegten Bedingungen der Handelnsbereitschaft die Zeitspanne von 1–2 Sekunden vom Auftreten des motorischen Bereitschaftspotentiales an beansprucht. Die Arbeitsgeschwindigkeit im Nervensystem ist relativ gering, die Zahl und Vielfalt der viele Gehirnteile miteinbeziehenden Arbeitsgänge aber ungemein groß. U. a. muß die Ausgangslage der Bewegung unter Berücksichtigung des jeweiligen Verhältnisses des Körpers zur Schwerkraft mit Hilfe des Gleichgewichtssinnes, die begleitende Stellung der Glieder im Verhältnis zum Körper mittels der propriozeptiven Afferenzen und müssen die etwaigen vor sich gehenden Bewegungen des Körpers und des Zielobjektes extrapolierend verrechnet werden, um die erforderlichen zahlreichen Teilbewegungen zu einer harmonischen, zielgerechten Bewegungsfolge zu organisieren, wozu das Kleinhirn benötigt wird. Die Teilbewegungspläne wieder müssen aus ihren subkortikalen Repräsentationen in den Bewegungsentwurf, der in der prämotorischen Stirnrinde zustande kommt, eingebracht werden; dies alles, nachdem überhaupt die Intention auf ein Umweltobjekt generiert wurde.

Der Befund des Bereitschaftspotentials weist nun darauf hin, daß der Ursprungszeitpunkt einer gewollten Bewegung mit der subjektiven Erfahrung des Bewegungsentschlusses nicht zusammenfällt, sondern deutlich zeitverschoben vor diesem anzusetzen ist. Aber auch dieser Umstand von subjektiver Umdatierung eines neuralen Ereignisses enthält nichts Ungewöhnliches, da, wie früher erwähnt, z. B. die verschiedenen Afferenzen von ein- und demselben Umweltereignis zu verschiedenen Zeiten in der Großhirnrinde eintreffen, aber als intermodal gleichzeitig erfahren werden. Die Zeitharmonisierung scheint zur klaren Konturierung der subjektiven Wahrnehmung beizutragen. Es gibt also obligate zeitliche Datierungskorrekturen, die man für Fehler halten könnte, so wie man die zwanghaften Rükkungen in den äußeren Sinnen als Sinnestäuschungen bezeichnet.

Diese Feststellung leitet aber schon zur (2) Frage über, wie dieser Befund als Paragon der bisher geschilderten prozeßhaften Einheit und kausalen Geschlossenheit der Gehirntätigkeit angesichts des subjektiven Erlebens der Autonomie des Handelns (sogenannte Willensfreiheit) zu interpretieren ist. Eine Antwort, die an die Beantwortung der ersten Frage anknüpft, könnte sein: Die unerschütterliche Gewißheit, Herr von Entschlüssen zu sein, die unser inneres Erleben beherrscht, trifft zu. Wir sind Urheber unserer Handlungen, auch wenn wir uns der Autorschaft erst später bewußt werden. Es wird sich zeigen, daß einiges zugunsten einer solchen Antwort ins Treffen geführt werden kann, daß dann aber die Frage nach der Natur dieser Autorschaft hinsichtlich ihrer Beziehung zum Bewußtsein ebenso dringend nach einer Antwort verlangt.

Unsere Darstellung der Hirnleistungen hat damit den Punkt erreicht, wo einer Erörterung des Bewußtseinsphänomens, dem auch das Wollen zugehört und das in vorangehenden Abschnitten zunehmend häufig erwähnt, aber nicht weiter berücksichtigt wurde, nicht mehr ausgewichen werden kann.

2.3.9 Bewußtsein

2.3.9.1 Definition, Problemexposition

Bewußtsein ist ein Wort, das erst seit dem 18. Jahrhundert in Gebrauch ist und seither für einen äußerst vielfältigen begrifflichen Inhalt verwendet wird. Im gegebenen Zusammenhang wird unter *Bewußtsein* die Weise der inneren, dem Individuum privaten Erfahrung des eigenen Verhaltens in Form einer begleitenden Empfindung (auch als Mitwissen bezeichnet) verstanden, die an allem, was bewußt wird, mehr oder minder Anteil hat und es verbindend umgreift. Als unmittelbares Selbstgefühl bedarf Bewußtsein keines weiteren Zeugnisses und als Zentralphänomen der Daseinsgewißheit keiner Rechtfertigung. Keine Art von Beschreibung ist imstande, die damit bezeichnete Erlebnisart zu erklären und an seine Stelle zu treten. Bewußtsein der Art, wie hier von ihm geredet wird, ist also eine Eigenschaft von biologischen Organismen als Subjekten des Bewußtseins. Die Gesamtheit der vom lebenden Subjekt „mitgewußten" Erfahrungen, sowohl aus der sinnlich vermittelten äußeren als auch der inneren (Gefühls- und Gedanken-)Welt, bildet den *Bewußtseinsinhalt*, der in eindimensionaler zeitlicher Abfolge als *Bewußtseinsstrom* erlebt wird. Im Bewußtsein verbinden sich Selbstempfinden und Empfundenes, mit anderen Worten Erleben und Vorstellungen zu subjektiver Erfahrungseinheit. Das involviert ein *Selbstbewußtsein* seiner Träger, in welch dumpfer Form auch immer es vorhanden sein mag, und liegt der Scheidung einer nur vom Subjekt erlebbaren Innenwelt und der allen Individuen als Bewußtseinsinhalt erfahrbaren Außenwelt zugrunde. Darüber soll aber erst später mehr gesagt werden. Bewußtsein erscheint somit als Merkmal des Verhaltens von Individuen zur Umwelt und zu sich selbst. *Bewußtes Verhalten* ist als eine in der Evolution hervortretende Eigenschaft gehirnbegabter Lebewesen anzusehen, die einem Teilbereich des Verhaltens zukommt, der beim Menschen aber bestimmenden Rang für das Gesamtverhalten einnimmt.

Dem Grundsatz der vorliegenden Ausführungen entsprechend sollen auch die an das Bewußtsein geknüpften Fragen vom Standpunkt der naturwissenschaftlichen Hirnforschung behandelt werden, um unverzichtbare Grundlagen für den erkenntnistheoretischen Teil des Buches bereitzustellen.

Ausgangspunkt der Überlegungen ist die unbestreitbare Tatsache, daß Bewußtsein an die Tätigkeit des lebenden Gehirns gebunden ist. Es gibt nichtbewußte Hirntätigkeit, aber kein Bewußtsein ohne Hirntätigkeit. Die Erkenntnis der *zentralen Rolle des Gehirns* für die menschliche Seinsweise ist ebenso alt wie die abendländische Wissenschaft. Die Wesensart der Beziehung zwischen Gehirn und Verhalten, vor allem dem *bewußten Verhalten*, wurde aber erst in der späteren Neuzeit klar thematisiert. Den menschlichen Grunderfahrungen des inneren Erlebens sowie einer den eigenen Leib einbegreifenden materiellen äußeren Welt hatte Descartes die scharfe und folgenschwere philosophische Fassung des *Leib-Seele-Dualismus* gegeben. Von ihm leitet sich das der wissenschaftlichen Behandlung zugängliche *Gehirn-Bewußtsein-Problem* her. Es ist bemerkenswert, daß Kant, der für die philosophische Seite des Dualismus-Problems die grundlegende Lösung vorlegte, auch für seine wissenschaftliche Behandlung den gemäßen Weg wies. Er sagte nämlich: „... so ist es doch gewiß, daß der Mensch, der alle seine Begriffe und Vorstellungen von den Eindrücken her hat, die das Universum mittels des Körpers in ihm erregt, von der Beschaffenheit dieser Materie“, das heißt also von der Struktur und Funktion des Gehirns, „völlig abhängig ... [ist]“. Die Hirnforschung betrachtet es als ihre Aufgabe, die Wesensart dieser „völligen Abhängigkeit“ durch die Untersuchung der „Beschaffenheit“ des besonderen Organs Gehirn hinsichtlich seines Leistungsbildes aufzuklären. Ihre zentrale Hypothese ist die Demonstrierbarkeit der psychischen Phänomene als Hirnleistungen. Dabei handelt es sich nicht darum, das Subjektiv-Psychische zu definieren oder auf materielle Hirnvorgänge zu reduzieren, da es, wie gesagt, als unmittelbares Erlebnis in einzigartiger Weise gewiß und als solches nicht weiter ableitbar oder begründbar ist. Das Subjektiv-Psychische ist kein Gegenstand des vorstellenden Bewußtseins und damit möglichen wissenschaftlichen Untersuchungen entzogen. Bei solchen handelt es sich nicht um den Erlebnischarakter des Bewußtseins, sondern vielmehr um das Bemühen, zwischen den wahrnehmbaren Lebensäußerungen bewußten Verhaltens und den – zum großen Teil nicht wahrnehmbaren – neurophysiologischen Vorgängen im Gehirn gültige funktionale Zuordnungen zu treffen. Die Hirnforschung läßt also die Integrität und Autonomie des Psychischen als phänomenalen Eigenbereichs völlig unangetastet, unternimmt es aber, die besondere Art von Beziehung der Bewußtseinsobjektivationen zum Hirngeschehen offenzulegen und diesen Aspekt von Eigenständigkeit zu erfassen. Genaugenommen hat es die Hirnforschung hier nicht mit dem (ontologischen) psychophysischen Problem, sondern mit einem (funktionalen) psychoneurophysiologischen Problem zu tun, worin das Psychische nur in objektivierter Form auftritt.

Zum Ausgangspunkt der Erörterung zurückgewendet ist festzuhalten: Bewußtsein ist die Bezeichnung einer Tätigkeitsweise des Gehirns, ähnlich wie das Wort Bewegung die Art des Gebrauchs von bestimmten körperlichen Einrichtungen meint. Der Zugang zur wissenschaftlichen Erforschung des Bewußtseinsphänomens erfolgt daher nicht über die Frage „Was ist Bewußtsein?“, in der Bewußtsein substantivisch als ein eigenes Etwas, ein Objekt, eingeführt ist, sondern über die Frage „Wie sind bewußte Hirnleistungen beschaffen und wie kommen sie zustande?“, also über die Frage nach den *Bedingungen des Bewußtseins im Gehirn*. Die Ausführungen in den vorangehenden Kapiteln unternahmen die Beantwortung dieser Frage durch die Kennzeichnung der Tätigkeitsweise des Gehirns im allgemeinen und in den für das Bewußtsein relevanten Bereichen im besonderen.

2.3.9.2 Neurobiologische Bedingungen und Korrelate

Die Abhängigkeit des Bewußtseins vom Gehirn als dem tragenden Organ kommt am offenkundigsten in den bewußtseinsverändernden oder -zerstörenden Wirkungen von physikalischen und chemischen Einwirkungen zum Ausdruck: Verletzungen, Erkrankungen, Vergiftungen, Drogenwirkungen, und nicht zuletzt im physiologischen Altern des Gehirns. Nicht alle Gehirnanteile sind aber für Bewußtsein gleich wichtig, was nicht überrascht, wenn man an die unüberblickbare nicht-bewußte Hirntätigkeit denkt, die unser vegetatives Leben als Fundament höherer Manifestationen trägt. Auch während des bewußten Zustandes werden episodisch beträchtliche Anteile von Verhaltensaktivitäten, wie z. B. beim Autofahren, aber auch im Zuge wissenschaftlicher oder künstlerischer Betätigung, ohne bewußte Kontrolle verrichtet. Für die bewußten Leistungen kommt der Großhirnrinde zweifellos die Hauptrolle zu. Aber auch da bestehen Unterschiede zwischen ihren einzelnen Regionen und besonders deutlich zwischen den beiden Hemisphären, da die li mit verbalen und logisch-strukturierten Inhalten aufmerksam befaßt ist, während die gestalterfassende Tätigkeit der re Hemisphäre mit einem Eigenbewußtsein von geringerer Transparenz und Sprachtauglichkeit einhergeht. Patienten mit durchtrenntem oder fehlendem Hirnbalken können aber auch mit der isoliert arbeitenden re Hemisphäre korrekt erkennen und mittels der von ihr gesteuerten li Hand entsprechend agieren, so daß man von einem *Partialbewußtsein* der re Hemisphäre sprechen kann. Es gibt somit unter der Einheit des Bewußtseins regionale Bewußtseinsformen und die bewußtseinslosen Hirngebiete, die aber für die bewußten Funktionen als Zubringer erforderlich sind. Fragen nach dem Sitz oder dem morphologischen Substrat des Bewußtseins sind daher falsch gestellt: Es gibt keine bestimmte Gehirnstelle oder neuroanatomische Struktur, der man die Bewußtseinsfunktion als solche zuschreiben könnte. Wohl sind aber Systeme bekannt, die mit der Schlaf-/Wach-Regulation, der Steuerung der Aufmerksamkeit und Bewußtseinshelligkeit nachweisbar in Beziehung stehen. So insbesondere das sog. „retikuläre aufsteigende Aktivierungssystem des Hirnstamms". Es gibt aber kein Zentrum *des* Bewußtseins und auch nicht etwa eigene Bewußtseinsmodule. Ähnliches gilt für die *neurochemische Organisation*: Zahlreiche Transmitter und Modulatoren haben mit bewußtseinsbegleiteten neuronalen Erregungsabläufen zu tun. Auch sie stehen nicht für *das* Bewußtsein.

Bewußtsein ist kein „Alles oder nichts"-Phänomen, sondern umfaßt mehrere verschiedene, sich gegenseitig ausschließende *Bewußtseinszustände*: den Wach-, Dämmer- sowie den Traumzustand als besondere Form, und verschiedene Grade von *Bewußtheit*, d. h. der Bewußtseinshelligkeit und des Bewußtseinsumfanges von vollwacher Aufmerksamkeit bis zum Tiefschlaf und zur Bewußtlosigkeit in Ohnmacht und Koma.

Die *neurophysiologischen Korrelate* dieser verschiedenen Bewußtseinsmodalitäten sind mit dem EEG und anderen Methoden der physiologischen Registrierung sehr genau beschreib- und charakterisierbar. An früherer Stelle wurden auch neurophysiologische Befunde erwähnt, die mit bewußten Leistungen enger korreliert erscheinen. Diese *ereignisbezogenen Potentiale* werden mit Hilfe des Computers aus dem EEG herausgefiltert. Dazu gehören u. a. das motorische Bereitschaftspotential, das N 100-, P 300- und das mit semantischen Leistungen verbundene N 400-Potential. Jedoch liefert auch diese Objektivierungsmethode kein signifikantes Korrelat von vor sich gehender bewußter Hirntätigkeit im Sinne eines neurophysiologischen Befundes *des* Bewußtseins, wohl aber Kriterien bestimmter bewußter Vorgänge, die selbst aber wieder auch in nicht-bewußten Abläufen auftreten können, also nicht bewußtseinsspezifisch sind. Da aber die spezifischen Hirnleistungen, wie ausgeführt, in der Ebene der unberechenbar variablen prozeßverwobenen Programme und deren Produkte erfolgen, ist das Fehlen eines spezifischen organisch-apparativen Korrelates des Bewußtseins im Grunde nicht überraschend. Jedoch dürften wichtige kritische Parameter bewußter Leistungen noch unbekannt sein, so daß von der neurophysiologischen Forschung auf diesem noch weithin unerschlossenen Gebiet in Zukunft wichtige Ergebnisse erwartet werden.

2.3.9.3 Merkmale

Die bei der Gegenüberstellung von Gehirntätigkeit und Bewußtsein hervortretenden *Diskrepanzen* sind beliebig vermehrbar: *In quantitativer Hinsicht* sei nochmals betont, daß der Umfang der einströmenden und verarbeiteten, aber nicht-bewußt bleibenden Information ein gewaltiges Übergewicht besitzt und daß der bewußtseinspflichtige Anteil sich als ungemein hohe, gefilterte Informationsverdichtung darstellt. Es ist daher wichtig, den Stellenwert der nicht-bewußten Hirnarbeit für das Verhalten hoch genug einzuschätzen. Sie gewährt uns jene Kompetenz, die auch unsere phylogenetischen Vorfahren unter den Säugetieren besitzen und die jedem Individuum in der Erbsubstanz anvertraut wird. Für menschliches Verhalten ist aber die schmale Verhaltensetage der bewußten rationalen Ebene bestimmend, die sich zusammen mit einer Erweiterung der genetischen Information um nur ca. 2% einstellte. Dieser kritische Anteil ermöglicht aber nicht nur eine Kontrolle des nicht-bewußt organisierten Verhaltens, sondern auch die Kreation von Verhaltensneuheiten. Die nichtbewußten Hirnvorgänge darf man als „irrational" bezeichnen, wenn man damit nur die Selbstverständlichkeit meint, daß sie nicht mit dem kognitiven Bewußtsein hervorgebracht sind. Wenn man aber damit eine negative Wertung verbindet, wie sie im Begriff des *Unbewußten* in verschiedener Hinsicht mitschwingt, so ist dies allein vom Blickpunkt der Hirnforschung unrichtig und unberechtigt. Die Unterscheidung von rational und irrational macht überhaupt nur im sprachlich bewußten Rahmen Sinn. Hirntätigkeit beruht immer und überall auf physikalisch-chemischer Gesetzmäßigkeit in systemischer Ordnung. Sie ist an sich weder rational noch irrational und auch nicht „ratiomorph". Die im Bewußtsein erscheinende Dualität auf die neurophysiologischen Abläufe zu projizieren und womöglich in Gehirnteilen zu lokalisieren, ist nicht nur naiv, sondern als primitiv mechanistische Vorstellung falsch.

Auf die zeitlichen *Asymmetrien* zwischen neuralen Ereignissen und Bewußtseinserlebnissen wurde bereits hingewiesen. Sie erklären sich daraus, daß das subjektive Erlebnis überhaupt nicht registrierbar, also kein wissenschaftliches Beobachtungsobjekt ist und nur im Kontinuum des inneren Erlebens mit anderen Empfindungen in dynamischen Zusammenhang gebracht werden kann, was man als „Motivation" bezeichnet; während hingegen die äußeren Vorgänge, bei einer willkürlichen Bewegung etwa, als Bewußtseinsinhalte hohen kognitiven Objektivierungsgrades aufscheinen, die miteinander in lückenlosem Zusammenhang stehen. Somit überschneiden sich innerhalb des Bewußtseins zwei verschiedenartige Beziehungsbereiche, der subjektiv-motivische und der objektiv-kausale, in ständig wechselndem Verhältnis, so daß auch Ereignisse von identer objektiver Beschaffenheit durchaus verschiedene subjektive Wirkungen hervorbringen können. In diesem Zusammenhang sei auch an die Eigenart des *subjektiven Zeitsinnes* erinnert, die durch das Erleben permanenter, d.h. zeitloser Gegenwart auf Zukunft hin ausgerichtet ist und in die Vergangenes wie Zukünftiges nur als gegenwärtige Vorstellungen, also objektiviert, Eingang finden. Die diskrete, meßbare Zeit hingegen ist ein Abstraktionsprodukt, das mit räumlichen Symbolen verbalisiert werden muß.

In *qualitativer Hinsicht* gewährt also das Bewußtsein keinen Einblick in die organische Gehirntätigkeit, also in die Prozesse der Informationsverarbeitung, sondern offeriert das Lebensphänomen des Subjektiv-Psychischen sozusagen als seine Eigenmelodie, in der das objekthafte Bewußtseinspflichtige erklingt.

In dieser Sicht ist Bewußtsein kein *Epi-Phänomen* der menschlichen Verhaltensweise, sondern das Hyperphänomen, die Zitadelle des Gefüges. Vom Standpunkt der Hirnforschung hat Epi-Phänomen keinen Belang: ein Auf(ἐπί)satz worauf? Wenn doch das strukturelle wie funktionale Komplexitätsausmaß keineswegs Bewußtsein verursachen kann.

Auf die Frage nach der *Evolution des Bewußtseins*, die hier anklingt, soll nicht weiter eingegangen werden. Offensichtlich wäre vorher klarzulegen, von welchem Bewußtsein dabei gehandelt wird, ob von der Empfindung individuellen Seins (Gestus der Einheit), die wohl sehr tief in die Hierarchie der Lebewesen hinabreicht; oder von einer Wahrnehmung der Umwelt, die Verhaltensmöglichkeiten anbietet, die wohl weniger tief reicht, aber große Unterschiede in Auswahl, Klarheit und Umfang aufweist; oder von der kognitiv-begabten über abstrakt-symbolische Operationsmittel verfügenden Bewußtseinsform, die man als die typisch menschliche ansprechen darf. Hinsichtlich der jeweiligen Bedingungen dieser grobskizzierten Stufen und ihrer Erreichung kommt den Befunden der Hirnforschung natürlich größte Wichtigkeit zu. Man muß aber betonen, daß man von einer erklärenden theoretischen Darstellung dieses Kernbereichs der somatischen Evolution noch weit entfernt ist und bestenfalls beschreibende Zuordnungen und Entsprechungen treffen kann. Der Begriff der Anpassung u.a. gibt nur den Rahmen an, der mit Befunden und Datenketten erfüllt zu werden wartet.

Die manchmal gestellte Frage, ob *Bewußtsein überhaupt notwendig* wäre, kann auf zweierlei zielen: einmal, ob im Rückblick auf die Evolution Bewußtsein als eine logische Stufe, ein quasi programmierter Evolutionsschritt, oder als ein Zufallsprodukt anzusehen ist. Die häufigste Antwort wird wohl sein, daß in dem zum Menschen führenden Evolutionszweig das Auftreten des erkennenden Bewußtseins keinen Bruch und keine Fulguration, sondern die Fortsetzung eines bestimmten Trends darzustellen scheint. Der Blitz flammte erst mit dem Erreichen der Bewußtseinsstufe auf; er war nicht ihre Ursache. Bewußtsein notwendig, kann als Frage aber auch meinen, ob ein Gehirn von menschlicher Komplexität Bewußtsein haben muß. Darüber kann keine kausale Aussage getroffen werden; weder ein positiver noch ein falsifizierender Beweis läßt sich führen. Nichts spricht prinzipiell dagegen, daß ein menschenentsprechendes Verhalten nicht auch ohne Bewußtsein als möglich denkbar wäre. Insofern die bewußte Hirntätigkeit formale Informationsverarbeitung ist und gemäß organtauglichen Programmen erfolgt, ist Bewußtsein keine Conditio sine qua non für die Durchführung auch beliebig schwieriger Programme. Nach dem Theorem von Turing kann jede Denkaufgabe, also jedes logische Problem, soweit es genau spezifiziert ist, auch von einem Automaten gelöst werden. Die heutigen kybernetischen Maschinen können, mit Computern ausgestattet, nicht nur Rechenaufgaben lösen, sondern auch ihre Programme selbst modifizieren, Fehler korrigieren, Voraussagen überprüfen etc., vollbringen also, wie schon erwähnt, intelligente Leistungen. Moderne Computer können sogar Arbeitsresultate in Form von Symbolen zum Gegenstand weiterer Operationen machen, also quasi sprachlich verfahren und reflektieren. Man muß sich aber darüber im klaren sein, daß die Maschine weder denkt noch kognitives Bewußtsein hat, sondern daß sie analog den Denkoperationen arbeitet. Dasselbe gilt in gewissem Bezug auch für das Gehirn und seine Denkleistungen: Nicht das Gehirn ist es, das denkt, sondern der Mensch denkt mittels seines Gehirns, dessen neurophysiologische Randbedingungen auch den logischen Regeln entsprechen. Die betreffenden Vorgänge im Organgerät kommen selbst nicht zum Bewußtsein, sondern nur ihr Reflex auf das Individuum. Intelligentes Verhalten allein, sofern darunter die korrekte Ausführung eines formalen Programmes gemeint ist, stellt also keinen ausreichenden Grund für das Auftreten von Bewußtsein dar. Das gilt aber nur für unser technomorphes Modell des Gehirns als Informationsverarbeitungsgerät, doch offenbar nicht für das Organ im lebenden Menschen, dem nicht nur die formale Syntax, sondern auch die inhaltliche Semantik zu Gebote steht.

Die hiermit genannte *Beziehung zur Sprache* ist keineswegs eine metaphorisch-oberflächliche: Wie schon früher bemerkt, erscheint die Sprachfähigkeit mit den kognitiven Bewußtseinsleistungen in innigster Verbindung. Die Entsprechungen betreffen nicht nur den formalen Aufbau und das funktionale Repertoire, sondern auch das gemeinsame Wesensmerkmal der *Intentionalität*. Sprache ist ein auf etwas gerichtetes Handeln, auf den Angesprochenen hin, auf den mitzuteilenden Sachverhalt, auf einen besprochenen abstrakten Gehalt, ein eingewortetes Ziel usw. hin. Ebenso ist Bewußtsein nicht stationär, sondern als zeitläufige Empfindung der Zukunft zugewandt und in seinen geformten Inhalten auf die Umwelt, ihre Gegenstände, Orte und Ereignisse gerichtet. Das schließt eine individuelle Einstellung, eine aktive Stellung-nahme zum Vor-gestellten mit ein, eine distanzierende Auseinandersetzung zwischen Bewußtseinsträger und Bewußtseinsgegenstand, die der Bezugstiftung zwischen Sprecher und Angesprochenem entspricht. Intentionalität ist ein den lebenden Organismen inhärentes Merkmal, das in der als Sprache und Bewußtsein angetroffenen differenzierten Form für die menschliche Verhaltensweise par excellence charakteristisch ist. Für Intentionalität in dieser Form ist das Gerichtetsein auf nicht-real Vorhandenes, d. h. auf Modellobjekte der kreativen Vorstellungskraft, bezeichnend. Das bedeutet im Hinblick auf die zugrundeliegenden neuralen Leistungen der prospektiven Simulation von Ereignisfolgen, daß im Gehirn *Repräsentationen* ihrer möglichen natürlichen Umstände wie ihrer denkbaren Relationen und kausalen Verknüpfungen vorhanden sein müssen, sozusagen als der Sandkasten für die Planspiele des strategischen Verhaltens. Die betreffenden Gehirneinrichtungen wurden früherenorts behandelt, wobei die Rolle der Emotion als Zielgeber des vitalen Bedarfes und als Indikator der primären individuellen Verhaltensbereitschaft und Kompetenz hervorgehoben wurde. Die Rolle der Sprache im Kontext der Konzeption und Exekution intendierten Verhaltens sei hier nochmals betont.

2.3.9.4 Selbstbewußtsein

In dem vorstehenden Rundblick über das Ensemble und die Konstellationen der Bewußtseinsbedingungen legte die Intentionalität nachdrücklich die Tatsache des sich als tätige und erlebende Einheit auf etwas richtenden Lebewesens nahe. Damit führt die Betrachtung zum Ausgangspunkt zurück, an dem ein *Selbstbewußtsein* als Grundelement des Bewußtseins von Lebewesen behauptet wurde. Selbstbewußtsein sagt aus, daß im Bewußtsein nicht nur ein Gewahrwerden von Empfindung und Inhalten umweltlichen und leiblichen Geschehens als unbestimmtes inneres Erleben vor sich geht und/oder daß in einer *ersten kognitiven Reflexion* (Perzeption) gegenständliche Außenwelt und erlebende Innenwelt klarer gesondert einander gegenübertreten, sondern daß – ermöglicht durch geschärfte reflektive äußere Erfahrung des eigenen Leibes als Naturobjekt und reflektive Erfassung des Zusammenhanges zwischen innerer Erfahrung und erlebendem Subjekt (empirisches Bewußtsein) – in einer *doppelten Reflexion* der Leib als Objekt der äußeren Erfahrung *und* das Subjekt der inneren Erfahrung der Objekte und seiner selbst intentional auf den gemeinsamen einen Träger, das *Ich*, bezogen werden. Das Individuum als erlebendes Subjekt begreift sich als eigene Existenz, als objektives Selbst, das die Welt und sich selbst in seinem Bewußtsein erfährt und bewußt über sein Bewußtsein reflektiert. Selbstbewußtsein ist daher sowohl objektbezogen reflexiv als auch objektbezogen intentional. Wie am Beginn dieses Kapitels festgestellt, ist der Selbstbezug des Individuallebens dem biologischen Bewußtseinsbegriff inhärent; seine Ausprägung und Klarheit ist jedoch nicht nur in der Phylo-, sondern auch innerhalb der Ontogenese eine verschiedene. Das undeutliche Selbstgefühl wird zum Selbstbewußtsein. Das Menschenkind erreicht erst gegen Ende des ersten Lebensjahrzehnts die Stufe der Ich-Behauptung. Diese besteht nach Kant in der „Bezeichnung des Gegenstandes des inneren Sinnes“, in der „Beziehung der inneren Erscheinungen auf das unbekannte Subjekt derselben“. Im Erleben des Selbst als das eigene Ich deckt sich die Ich-Vorstellung als Bewußtseinsinhalt weitgehend mit der Anschauung des eigenen Leibes. Im Selbstbewußtsein verbindet sich somit elementar Psychisches mit der kognitiv-transformierten Leiblichkeit (sog. Leib-Apriori). Die einheitstiftende Funktion des Bewußtseins begründet damit in objektiver Hinsicht die Konstitution der Gegenstandswelt wie in subjektiver Hinsicht die des Ichs. Die Aufrichtung des Ichs gegenüber der Welt bringt einerseits die Unterscheidung von Subjekt der Erfahrung und Objekt der Wahrnehmung auf die genaueste Form, sie überwindet sie aber zugleich durch die Bestimmung der Weltbeziehungsstätte im selbstbewußten Ich, was anderenorts als die *integrierte Dualität von Subjekt und Objekt* der Erfahrung bezeichnet wurde.

Die *neurophysiologischen Bedingungen des Selbstbewußtseins* umfassen alle die, welche für das Bewußtsein überhaupt in Anspruch zu nehmen sind und oben dargelegt wurden. Die mittels ihrer erreichte Perfektionsstufe der Datenanalyse und der produktiven Abstraktion bedarf offenbar in stark erhöhtem Maße der modularen Bearbeitung der zusammenströmenden Information mit den selbsterzeugten Informationsverarbeitungsprodukten. Wie früher erwähnt, erscheinen die großen, phylogenetisch jungen Rindengebiete des Stirn- und Schläfelappens mit der umfassenden Wieder- und Neubearbeitung der gesamten verfügbaren Information für den Bedarf des aktuellen wie des prospektiven Verhaltens befaßt. Die Programmstruktur dieser Leistungen ist freilich nicht als solche zugänglich. Noch lassen die zahlreichen fragmentarischen Daten kein verbindendes Muster erkennen. *Neuroanatomisch* ist die gewaltige Ausdehnung der Großhirnrinde von einer Verdichtung und Vermehrung ihrer Verbindungen zu den anderen Gehirnanteilen, darunter vor allem auch zum emotionalen Gehirn, begleitet. Man dürfte aber das Auftreten von Selbstbewußtsein nicht auf den Befund zusätzlicher nervöser Fasersysteme als „reflektive Schleifen" stützen. Hirnorganische Parameter sind niemals Substrate spezifischer Funktionen, sondern im gegebenen Fall als potentielle Träger der Operationalisierung von Programmen der Autoanalyse eigener Zustände und Tätigkeiten im Sinne der *Selbstreferenz* zu verstehen. Auf das Vorliegen struktureller Bedingungen von selbstbewußten Verhaltensformen weist aber die Tatsache hin, daß die Verbindung zwischen Wahrnehmung und ihrem Selbstbezug durch Erkrankungen oder Verletzungen des Stirnlappens gestört werden kann. Solche Patienten nehmen z. B. schmerzhafte Reize zwar wahr und verhalten sich entsprechend, ihrem Erleben geht aber der Charakter eigener Schmerzen und des persönlichen Erleidens verloren.

Das Resultat der Prozesse des *Selbstbewußtseins* kann man als eine *Meta-Struktur* bezeichnen, welche die für menschliches Verhalten relevanten Repräsentationen kognitiver und emotionaler Bedingungskonstellationen mit ihren Beziehungsmustern kategorial ordnend umfaßt und damit dem potentiellen Handelns- und Erfolgsraum des Verhaltens zur Aktualisierung im intentionalen Lebensprozeß zur Verfügung stellt. Der individuelle Lebensprozeß, der sich auf der somatischen Ebene als formbildend und in der Tätigkeit des Nervensystems als informationsverwandelnd manifestiert, erscheint im Selbstbewußtsein in seiner Ganzheit: Das handelnde Ich *ist* der individuelle Lernprozeß: „Es kann kein stehendes oder bleibendes Selbst in diesem Flusse innerer Erscheinungen geben" (Kant).

2.3.9.5 Personalität, Willensfreiheit, Erkenntnis

Zum Begriff der dem Ich-Bewußtsein nahestehenden *Personalität* sei in diesem Zusammenhang lediglich gesagt, daß sich in ihm der Zusammenschluß aller Vorgänge des bewußten Lebens zu einem Ganzen kundtut, und zwar in dreifacher Hinsicht. Einmal durch Vereinigung der Mannigfaltigkeit in der Subjektivität, d. h. bezogen auf das besondere geschichtliche

Ich, dann auch durch Setzung der „Intersubjektivität", also bezogen auf die Kommunikationsgemeinschaft menschlicher Individuen, sowie schließlich durch Gegenüberstellung zur Objektivität, somit in Bezogenheit auf die Gegenstände und auf die Welt als Ganzes. In der Person erkennt sich der einzelne als ein Gegebenes, nimmt dieses als sein Selbst gegenüber anderen an und verfügt im Handeln selbst über seine Sich-Gegebenheit. In der Person werden also das Ich, die Gemeinschaft und die Welt als innere Einheit konstituiert. Während sich Ich-Bewußtsein auf die Formalstruktur bezieht, bedeutet Persönlichkeitsbewußtsein die Selbstidentifikation verbunden mit Selbstwertgefühl und Selbsterstellung. Personalität ist in diesem Sinn der Inbegriff der spezifischen Seinsweise des Menschen und die reale Mitte seiner Lebensform. Aus dieser Sicht könnte man dem Ich, welches sich nur seiner Einzigartigkeit gegenüber der Mit- und Umwelt bewußt ist, die Person gegenüberstellen, also jenen Menschen, der sich seines Selbst in umfassender Beziehung und objektiver Auffassung wie in intersubjektiver Anschauung bewußt ist, und könnte die *Person* als „entspezialisiertes Individuum" oder als *das über transindividuelle Intentionalität verfügende Wesen* bezeichnen.

Die Intentionalität des Selbstbewußtseins findet ihren schärfsten Ausdruck im Phänomen der *Willensfreiheit*. Dieses Erlebnis hat zwingende subjektive Gewißheit: In ihr rechnet sich der Mensch Wahl- und Handlungsfreiheit zu, womit er zugleich die Folgen im Guten oder Schlechten als Verantwortung übernimmt. Die Person setzt sich somit an den Ursprung einer neuen Ereignislinie, sie erfährt sich als eine Ursache in der Welt. Die Frage, was Willensfreiheit in Wirklichkeit sei, erweist sich ebenso wie die nach der Realität des Bewußtseins als falsch gestellt. Willensfreiheit ist ein subjektives Bewußtseinsphänomen und erscheint als solches nur im hirnbegabten Individuum, das zweifellos ein Bestandteil der empirischen Welt und daher einschließlich seiner Gehirnvorgänge restlos kausal determiniert ist. Auf der Ebene der modularen Informationsverarbeitung nach strukturbedingten und erworbenen Programmen besteht jedoch Freiheit im Sinne der Möglichkeit von realitätsenthobenen Modellen und damit der Wahl zwischen mehrfachen Alternativen. Die Freiheit liegt aber dabei eigentlich nicht sosehr in der letztlichen Wahl einer von mehreren Möglichkeiten in der betreffenden Entscheidungslage, sondern in der Kreation der zur Wahl stehenden Alternativen für ein selbstgewähltes Handlungsziel. Freiheit ist demnach nicht gleich A-Kausalität, sondern vielmehr die vergleichende und optimierende Bewertung auf höchster Informationsstufe, also Determination nach dem unserer Erkenntnis zugänglichen Wertmaßstab. Wert bedeutet in diesem Zusammenhang die umfassende mehrschichtige Anpassungstauglichkeit bezogen auf die handelnde Person. In diese Bewertung fließen außer den kognitiven Elementen auch Bestrebungen aus der emotionalen Sphäre ein. Das wird durch die früher erwähnte Kortikalisation der vitalen Triebinstanzen im Zwischenhirn ermöglicht. Wie festgestellt, gewährt unser Bewußtsein keinen Einblick in die Realität seines physischen Trägers und seiner physiologischen Prozesse. Die Bedingungen einer Wahlentscheidung können zum größten Teil nicht und müssen notwendigerweise nicht ins Bewußtsein treten. So sagt Schopenhauer zu Recht: „Der Mensch kann zwar tun, was er will, er kann aber nicht wollen, was er will.“ Die subjektiv angenommene Kausalität psychischer Phänomene ist daher keinesfalls die Kausalität der sie tragenden Lebens- und Gehirnvorgänge. Es ist eine vom Gehirn erstellte Quasi-Kausalität eigener Struktur, für die man besser die Bezeichnung *Motivation* gebraucht. Das Problem der Willensfreiheit liegt in der Tatsache des Bestehens zweier verschiedener Zusammenhangsreihen: der subjektiv-motivischen und der objektiv-kausalen, zwischen denen kein unmittelbarer Übergang, keine Identität und Parallelität besteht, sondern die nur zeitlich alternativ ins Bewußtsein treten können, was zur Annahme einer wechselweisen Einwirkung führt, wobei das empfundene Motiv in der Vorstellung als Ursache interpretiert wird; z. B. einer Bewegung der Hand auf den Willensentschluß hin. Am selben Beispiel wurden bereits im Abschnitt über *Bewegung* die Übergänge zwischen zwei Koordinatensystemen im Bewußtsein aufgezeigt. Daher sagt Kant, daß der Willensfreiheit ein „Vernunftursprung“, aber nicht ein „Zeitursprung“ zugeschrieben werden kann, d. h., daß sie „nicht von irgendeinem vorhergehenden Zustand (kausal) abgeleitet werden“ kann, wohingegen eine aus freier Entscheidung begangene Handlung als Gegebenheit in der Welt auf eine Naturursache bezogen werden muß. Der „Grund des Gebäudes der Freiheit“ muß somit „lediglich in Vernunftsvorstellungen gesucht werden“. An dieser Stelle sei auch an das früher am Beispiel einer musikalischen Partitur Ausgeführte über die zweifache Determination von Informationsverarbeitungsprogrammen als Arbeitsvorschrift und als idente Struktur erinnert. Das intentionale Selbstbewußtsein fungiert gleichsam als Dirigent der kausal determinierten Programme des Verhaltens.

Ebenso wie uns in der bewußten Wahrnehmung die Gegenstände in der Gewißheit ihrer Realität gegeben sind, erfahren wir in unseren Überlegungen und Entschlüssen unerschütterlich die Realität der Willensmächtigkeit. In diesen beiden subjektiven Wahrheiten des individuellen Sensoriums kommt das ganze Ausmaß der menschlichen perspektivischen Objektivierung der Welt und des Ichs, verbunden mit der Bejahung seiner selbst, zum Ausdruck. Das Verfügen über den Willen fällt daher mit der Annahme des eigenen Wesens in der Person zusammen. Im Handeln schließlich wird die eigene in der Entscheidung stehende Existenz aktiv in die Welt hinein verwirklicht und damit der Kreisprozeß zwischen Individuum und Welt geschlossen. Erst im Handeln aus Freiheit wird das Verhalten personalisiert und gewinnt Bedeutung und Sinn. Sinn meint hier soviel wie das Muster aller Beziehungen zwischen dem Gefüge der Wirklichkeit und dem Etwas der Tat. Sinn impliziert Verantwortung, verstanden als Verwirklichung einer existentiell relevanten Bezugsfigur in der Entscheidung. Die Weite und Vielfalt des menschlichen Weltbildes macht dabei das Gewicht der subjektiven Entscheidungssituation als *Gewissen* besonders deutlich spürbar. Gleichwie man Tieren Bewußtsein zusprechen muß, kann man auch annehmen, daß Tiere in der Innerlichkeit ihres Verhaltens ein ursprüngliches Freiheitsgefühl oder Vorstufen eines solchen besitzen. Was den Menschen betrifft, kann man sagen, daß er als Subjekt des Bewußtseins naiv willensfrei, aber als Objekt des Bewußtseins determiniert erscheint und daß sich im personalen Selbstbewußtsein die Einheit der Bedingtheit von außen und der Begrenzung von innen als freie Notwendigkeit herstellt. In der Willensfreiheit kommt somit offenbar die hohe Adäquatheit der menschlichen Wirklichkeitserkenntnis, ihre Wahrheit also, zum Ausdruck, die den Menschen ermächtigt und nötigt, wirklichkeitskonforme, richtige und verantwortungsvolle Entscheidungen zu treffen. Freiheit ist die Verfügung über Wahrheit in der Entscheidung, das pragmatische Korrelat des höchsten Grades von Realitätserfassung als systemintegrierte Kausalität. Verantwortung bedeutet die innere Notwendigkeit, in Freiheit das erkannte Wahre als beste Möglichkeit zu wählen und zu tun, wie es in der philosophischen Gleichsetzung von Freiheit und Notwendigkeit seit Platon postuliert wird. Diese *Freiheit des Menschen* als nicht mehr bloß biologisch interpretierbare Selbstbestimmung muß daher letztlich selbst als *biologische Notwendigkeit* betrachtet werden. Die metabiologische Dimension des Problems der Willensfreiheit kommt im Wort Spinozas als das Erstaunen zum Ausdruck, daß „unser Leib so eingerichtet ist, daß durch ihn mit Freiheit gewirkt werden könnte".

Zuletzt noch wenige Bemerkungen zu den neurobiologischen Aspekten der *Erkenntnis*. Sie steht mit den Prozessen der Erkenntnisgewinnung, der Kognition, als deren relativ selbständiges Produkt in Beziehung. Wir charakterisierten sie informationstheoretisch als Hierarchie von Abstraktionsstufen, die von assoziativen Merkmalsbündelungen über invariante identifizierbare Gebilde, vorgestellte und imaginäre Objekte zu den klassifikatorischen Ordnungen der Wirklichkeitsmannigfaltigkeit führen. Dazu ist die sprachliche Neucodierung kohärenter neuronaler Erregungskomplexe, also ihre Symbolisierung, eine Voraussetzung. In diesen Formen erfolgt Denken, d. h. Symbolbildung und -manipulation, als Handelns- und Verhaltenssimulation. Denken hypostasiert in nervösen Erregungsmustern, deren Komplexität der exakten wissenschaftlichen Beschreibung, zumal mit quantifizierenden mathematischen Kalkülen, trotzt, Systeme von stationären und dynamischen Relationen, um sie für den praktischen Gebrauch verfügbar zu machen. Der Inhalt der Denkprozesse liegt in dieser ihrer Funktion. Die beständigen und in der Erfahrung bewährten Denkprodukte bilden in ihrer Gesamtheit das *Wissen*. Seine symbolische Strukturierung verleiht dem Vergänglich-Zeitlichen Dauer, flüchtige Geschehnisse und Gedanken werden bewahrt, um das Zukünftige auf dem bewährten Vergangenen errichten zu können. Wesentlich ist, daß im Wissen die symbolischen Produkte der Hirntätigkeit ihrerseits wieder zu systemhaften Gebilden zusammentreten und dadurch einen gewissen Objektcharakter und Realitätsgrad erhalten, der mittels der Sprache tradiert und kollektiv vermehrt und berichtigt werden kann. Seine historische Entwicklung, die man, um unzutreffende Analogien zu vermeiden, nicht als Evolution bezeichnen sollte, brachte insbesondere nach der Erfindung der Schrift als optisch codiertes Sprachartefakt das autonom organisierte Corpus der *Wissenschaften* hervor, die sich nicht mehr auf das sinnfällig Gegebene als solches, sondern auf Gegenstände beziehen, die sie selbst begrifflich bestimmt haben. Seine prinzipielle Instrumentalität tritt, seitdem die produktive Wissensvermehrung mittels der experimentellen Forschung die empirische Wissensfindung überholte, immer deutlicher hervor. Proportional dazu entfaltete sich die Anwendung und vor allem die schöpferische Umsetzung des Wissens in materielle Erzeugnisse, die *Technik*, in unvorhersehbarem Ausmaß. Die abstrakt-symbolischen Rekonstruktionen betreffen aber nicht allein die Wirklichkeit der Natur, sondern auch die menschliche Seinsweise und menschliches Verhalten in den Formen des individuellen und sozialen Lebens. Sie besitzen nur einen losen, genetisch instruierten Rahmen und müssen daher praktisch alle gelernt und in der Gemeinschaftserfahrung erprobt und bewertet werden. In diesem Verhaltensraum kommt es zu Kristallisationen empirischer und abstrakter Elemente in Form der sozialen, politischen, sittlichen und rechtlichen, aber auch künstlerischen und religiösen Institutionen, die durch die Intentionalität der beteiligten Individuen in unaufhörlicher Veränderung begriffen sind und in ihrer Wechselbeziehung und -wirkung quasi einen universalen Lernprozeß der geschichtlichen Menschheit installieren. In ihrer Gesamtheit formieren die eigengesetzlich gestalteten und eigendynamisch bewegten objektivierten Erzeugnisse der Gehirntätigkeit die eigene Wirklichkeitsschicht der *Kultur*. Die Gehirnbeziehung dieser Überwelt ist eine lose, bedingte, über die hierarchische Stufung von Informationsverarbeitungsprodukten steigender Ordnung vermittelte. Auch diese Produktstufe ist zwar vom Gehirn gemäß seinen gegebenen Verfahrensregeln erarbeitet und in ihm gespeichert, ihre Gehirnabhängigkeit ist aber eine bloß formale, keine kausale oder inhaltliche. Man kann daher von organentkoppelten, wirklichkeitsrelevanten Organisationen von *funktionaler Realität* sprechen oder von dem Bereich des *Geistigen*. In dieser Sekundärwelt, die zunehmend die Welt unseres unmittelbaren Verhaltens wird, erscheint vom Menschen im evolutionsfreien Raum der Geschichte ein ungemeines kreatives Potential an Gestaltungen freigesetzt. An ihnen erst kann der Mensch sich selbst vollständiger erkennen, von ihnen erlebt er auch seine größte und ernsteste Herausforderung, zu deren Bestehen er als Person aufgerufen ist. Wenn man sich gestattet, die künftige Geschichte des Geistes in eine Zukunft jenseits der schon absehbaren und noch zu bestehenden existentialen Krisen zu extrapolieren, so wäre sie in einer weiteren Entwicklung der Person zu erhoffen: Sie könnte im Erreichen einer neuen Reflexionsstufe bestehen, die über die Dingwelt, die Mitwelt und das vereinzelte Selbst als vervollkommnete Integration hinausreicht. Ein derartiges transzendentales Vermögen scheint sich manchmal in genialen Menschen andeutend zu erkennen zu geben; es würde nicht das Heraufkommen des Übermenschen, sondern die Selbstverwirklichung des ganzen Menschen ankündigen.

Dieses Kapitel *abschließend* ist zu sagen, daß im Bewußtsein ein phänomenal eigenständiger und unableitbarer Lebensbereich vorliegt. Im Medium unmittelbarer Selbstempfindung des Individuums erscheinen die

Weisen der Selbsttätigkeit und die Formen der äußeren Wirklichkeit. Im menschlichen Selbstbewußtsein treten reflektierte Gestaltungen der Welt mit dem als ihresgleichen erkannten Leib und die inneren Reflexionsakte, die als dem Leib verhaftet erlebt und vorgestellt werden, als Physisches und Psychisches auseinander. Beide Welten sind perspektivischen Wesens, Ansichten der individuellen Seins- und Verhaltensdimensionen.

Bezogen auf das bewußtseinstragende Organ Gehirn ist Bewußtsein ein phänomenal idionomes, quantitativ und qualitativ heterogenes Korrelat der als hierarchisch gestufte Informationsverarbeitung zu betrachtenden Hirntätigkeit. Bewußtsein besitzt kein eigenes materielles (anatomisches oder neurophysiologisches) Substrat, was sich aus der funktionalen Realität, d. h. dem programmatischen Charakter der spezifischen Leistungsebene (raumzeitliche Entfaltung neuronaler Erregungsmuster) des Gehirns erklärt. Die neurobiologischen Bedingungen des Auftretens und der Erscheinungsformen von Bewußtsein sowie der Kriterien der semantischen Selektion der Bewußtseinsinhalte aus dem Gesamt der neuralen Information sind noch unbekannt, ebenso die „Programme" der höheren Stufen bewußtseinskontrollierter Informationsverarbeitung. Diese als Kognition, Denken, Intelligenz und planvolles Handeln benannten menschlichen Hirnleistungsvermögen erscheinen wesentlich durch die begriffssymbolisierende Sprache gestützt. Zwischen Gehirn und Bewußtsein besteht somit keine kausal determinierte Abhängigkeit. Die neurophysiologische Gehirntätigkeit ist zwar die notwendige, aber keine hinreichende Bedingung des Bewußtseins. Eine vollständige naturwissenschaftliche Theorie des Bewußtseins, die, wie früher festgestellt, das Problem auf der psycho-neurophysiologischen Ebene zu behandeln hat, ist auch deswegen unmöglich, weil die Selbsterklärung eines Systems gemäß dem Gödelschen Theorem erkenntnislogisch unmöglich erscheint und weil infolge der Komplexität des Gehirns wie der Unabsehbarkeit künftiger Verhaltenssituationen eine vollständige Bestimmung der Ausgangslage von Verhaltensakten grundsätzlich nicht gelingen kann. Eine vollständige Bestimmung aber würde, falls sie möglich wäre, den Systemzustand diskret verändern und damit wieder eine exakte Voraussage unmöglich machen: Somit scheitert die subjektive Selbstanalyse des Bewußtseins an ihrem Informationsdefizit und es erreicht die objektive physikalisch-chemische, neurophysiologische Bewußtseinsanalyse nicht ihr Ziel, weil sie sozusagen immer zu spät kommen müßte. Zwischen Gehirn und Bewußtsein besteht keine Identität, sondern die oben geschilderte Anisomorphie. Offensichtlich handelt es sich um zwei an *ein* Organ gebundene Phänomene kategorialer Verschiedenheit und asymmetrischer Interdependenz. Die Wesensart ihres zweifachen Erscheinens kann derzeit nur beschreibend dargestellt werden. Die Aussage, es handle sich um zwei verschiedene Seiten ein und derselben Sache (wie zwei Ansichten eines Berges), trifft nicht den Punkt, da kein Bezugselement (wie der Berg) zwischen Empfindung und Vorstellung vorhanden ist. Anderen Deutungen gelingt eine bessere Annäherung: So spricht man von zwei verschiedenen Sprachen, von der neuen logischen Dimension des Bewußtseins oder von Polarität (Goethes „doppelt Unendliches"). Eine plausibel erscheinende, aber nicht ganz zutreffende Interpretation ist die des Bestehens einer *Komplementarität.* Niels Bohr stellte Komplementarität in der beim physikalischen Meßvorgang elektromagnetischer Strahlung zu beobachtenden Dualität zwischen Korpuskel und Welle fest und definierte sie als die Zusammengehörigkeit zweier verschiedener, ja sich ausschließender Möglichkeiten, ein und dasselbe Objekt als ein verschiedenes zu erfahren. Bohr bezeichnete Komplementarität als „eine Verschwörung der Natur", die uns daran hindere, eine vollständige deterministische Beschreibung physikalischer Objekte zu erhalten. Die Gehirn-Bewußtsein-Beziehung könnte man als Manifestation von Komplementarität im organischen Naturbereich auffassen. Über dieser komplementären Einheit von Gehirntätigkeit und Bewußtsein erscheint im selbstbewußten Individuum die Identität der Person errichtet.

Als treffende Interpretation des Verhältnisses von Gehirn und Bewußtsein erscheint hingegen die Charakterisierung als *kategoriale Transformation*, dergemäß bestimmten Anteilen der neurophysiologischen Tätigkeit des Menschengehirns die Wesenswandlung in das subjektive Bewußtseinserleben zuteil wird. Das heißt, Bewußtsein ist nicht eine andere Erscheinungsform der neurophysiologischen Hirntätigkeit, sondern ein ganz anderer Wirklichkeitsbereich, dessen selbständige Qualitäten und Inhalte zwar über die Hirntätigkeit vermittelt, aber nicht durch sie begründet und verursacht werden: der *funktionale Realitätsbereich des Bewußtseins*, für den in den Hirntätigkeiten wohl notwendige Bedingungen, aber nicht die hinreichenden Ursachen liegen. In der Gehirn-Bewußtsein-Beziehung handelt es sich somit nicht um einen substantiellen Dualismus, sondern um *eine innere kategoriale Dualität* des einen Individuums. Die Bezeichnung kategoriale Transformation weist auch darauf hin, daß die Gehirn-Bewußtsein-Beziehung als schichttranszendierender Selbstorganisationsprozeß aktualisiert wird und als solcher zugleich die dynamische Interdependenz der neurophysiologischen und psychischen Schicht involviert.

Die Ich-Existenz besteht geradezu in der dualen, nämlich sowohl objektiven wie subjektiven, Erscheinungsform des Individuums. In nur scheinbar paradoxer Formulierung kann man sagen, daß es die Einheit seiner Existenz nur in dualer Weise durch das Erlebnis der Welt und des Selbst im eigenen Bewußtsein erfahren kann. Wohlverstanden bedeutet diese *integrierte Dualität* ein genaues Gegenteil zum ontologischen Dualismus im Sinne von Descartes und Eccles, die eine substantielle Wechselwirkung von Gehirn und Bewußtsein postulieren, was in naturwissenschaftliche und erkenntnistheoretische Sackgassen führt.

3. BEWUSSTSEIN UND ERKENNTNIS

Während im vorangegangenen Kapitel der Zusammenhang zwischen den höheren Hirnfunktionen und den Bewußtseinsmanifestationen dargestellt worden ist, soll nun im letzten erkenntnistheoretischen Teil des Buches, ausgehend von den menschlichen Bewußtseinsleistungen selbst, die Frage nach den Bedingungen der Möglichkeit der Erkenntnis gestellt werden. Im Unterschied zu einer „rein" philosophischen Erkenntnistheorie, deren Existenz und Notwendigkeit hier gar nicht geleugnet werden soll, handelt es sich jedoch hier um eine Erkenntnistheorie, die sich als Teil einer transdisziplinären Hirnforschung versteht, d. h. auf einer naturwissenschaftlich-biologischen Grundlage beruht.

3.1 Neuroepistemologie

Einer solcherart „naturalisierten" Erkenntnistheorie kann man in Anlehnung an ähnliche Wortbildungen wie Neuropsychologie, Neurolinguistik und Neuroinformatik die Bezeichnung „Neuroepistemologie" geben. Wenn im Rahmen dieser Disziplin die Rede von den „Bedingungen der Möglichkeit der Erkenntnis" ist, sind also damit ausdrücklich auch jene Bedingungen menschlicher Erkenntnis eingeschlossen, die in den Gehirnvorgängen selbst liegen. Wie im vorangegangenen Kapitel gezeigt worden ist, sind jedoch, vom gegenwärtigen Wissensstand der Hirnforschung aus gesehen, die den bewußten Erkenntnisvorgängen zugrundeliegenden neurobiologischen Mechanismen im Detail weitgehend unbekannt. Lediglich bestimmte Bereiche, wie etwa die der optischen Wahrnehmung zuordenbaren Gehirntätigkeiten, sind bisher genauer erforscht worden. Jedoch die im engeren und eigentlichen Sinn sog. „höheren Hirnfunktionen", die auf das Phänomen Bewußtsein bezogen sind, wie gegenständliches Erkennen, Gedächtnis, Denken usw., sind noch weitgehend ungeklärt.

Es gibt lediglich einige meist noch sehr grob vereinfachende Modelle und jene sehr allgemeinen lokalisatorischen Beziehungen von Erkenntnisleistungen und bestimmten Hirnteilen, die jedoch nicht statisch und starr aufgefaßt werden dürfen, sondern von der sog. „Plastizität" der Großhirnrinde auf dynamische Weise bestimmt sind.

Trotzdem oder gerade wegen dieses noch unzulänglichen Zustandes der neurobiologischen Forschung ist es möglich oder sogar notwendig, das Problem der höheren Hirnleistungen auf einer anderen abstrakteren Ebene zu behandeln. D.h., daß selbst eine Erkenntnistheorie, die sich ausdrücklich auf die neurobiologischen Grundlagen bezieht, nicht warten muß, bis alle neuroanatomischen und neurophysiologischen Detailprobleme gelöst sind, sondern sie kann in vorwegnehmender Weise auf der abstrakt-funktionalen Ebene theoretische Modellvorstellungen für die Bedingungen der tatsächlich vorhandenen bewußten Erkenntnisleistungen entwickeln, für die es auf der neurobiologischen Ebene mehrere Realisierungsmöglichkeiten geben kann. Auf diese Weise gewinnt die Erkenntnistheorie als Neuroepistemologie heuristische Bedeutung für die empirisch-biologische Hirnforschung. Die Neuroepistemologie ist jedoch nicht allein auf diese heuristische Bedeutung beschränkt, die sie in dem Augenblick verlieren müßte, in dem die entsprechenden neurobiologischen Korrelate dieser theoretischen Modellvorstellungen gefunden worden sind. Wie bereits im vorausgehenden Kapitel gezeigt worden ist, gibt es eine prinzipielle, nicht nur zeitweilige sukzessiv auflösbare empirische Unvollständigkeit der naturwissenschaftlich-biologischen Hirnforschung. Diese prinzipielle Unvollständigkeit liegt einerseits in der ungeheuren, in ihrer Gesamtheit nie erfaßbaren Komplexität der Hirnfunktionen selbst mit ihren ins Unendliche gehenden kombinatorischen Möglichkeiten einer massiven Parallelität, andererseits in der selbstreferentiellen Struktur des Problems, die die neurobiologische Forschung mit der „reinen" Erkenntnistheorie und allen anderen selbsterklärenden und selbstbeweisenden Systemen teilt.

Während die „reine" philosophische Erkenntnistheorie an ihrer inhaltslosen „Leerheit" scheitert, würde sie sich nur auf die subjektive Selbstanalyse des Bewußtseins beschränken, kann, wie bereits im vorausgegangenen Kapitel gezeigt, die „objektive" physikalisch-chemisch-neurophysiologische Bewußtseinsanalyse nicht ihr Ziel erreichen, weil sie immer zu spät kommt. Denn eine vollständige Bestimmung würde den jeweiligen Systemzustand immer wieder diskret verändern und damit exakte Voraussagen unmöglich machen.

Kombiniert man aber beide Betrachtungsweisen, die neurobiologische und erkenntnistheoretische, zu einer einheitlichen Disziplin im Sinne der „Neuroepistemologie", dann ergibt sich aus der Kombinatorik von theoretischem Vorgriff auf Grund der Analyse der tatsächlich vorliegenden Erkenntnisleistungen und der Suche nach den dazu adäquaten Gehirnprozessen eine konstruktive stufenweise Annäherung an die Lösung jenes kompliziertesten Problems in unserem Universum, das Schopenhauer so treffend den „Weltknoten" genannt hat.

3.1.1 Historischer Ursprung der Neuroepistemologie in Kants Philosophie des Gehirns

Will man die Position der Neuroepistemologie im Rahmen der Geschichte der Philosophie festlegen, dann ergibt sich eine klare und eindeutige Antwort:

Als naturalisierte Erkenntnistheorie ist sie eine Fortsetzung der klassischen Bemühungen um eine „Physiologie des menschlichen Verstandes". Aber im Unterschied zum Sensualismus von John Locke, der diese Idee zum ersten Mal ausgesprochen hat, hat die Neuroepistemologie ihre primäre empirische Grundlage nicht in der Sinnesphysiologie, sondern in der Gehirnphysiologie. Sie nimmt daher als eine Art von „Zerebralismus" eine vermittelnde Stellung zwischen einem empiristischen Sensualismus und einem, wie Kant sagt, „Noologismus" als strengster Form eines vom reinen Geist ausgehenden Rationalismus ein.

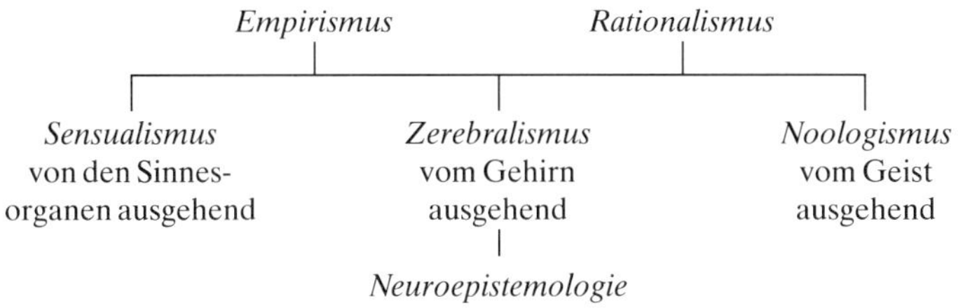

Daß man Kant als den eigentlichen Begründer eines erkenntnistheoretischen „Zerebralismus" ansehen kann, hat schon Schopenhauer gewußt und ist, wie bereits dargestellt, in der Hirnforschung selbst spätestens durch Theodor Meynert (1892) anerkannt worden.

Der wesentliche Unterschied von Kants „Philosophie des Gehirns" (Oeser 1985) zu allen Versuchen, die Erkenntnistheorie auf empirische Untersuchungen der Sinnesorgane und des zentralen Nervensystems zurückzuführen, besteht darin, daß Kant seine Argumentation auf der funktionalen Ebene führt. D.h., es werden weder geistige Bewußtseinsphänomene auf die materielle gegenständliche Ebene von Sinnesorgan und Nervensystem im Sinne einer materialistischen Identitätstheorie reduziert noch im Sinne eines kartesianischen Dualismus beide Ebenen als getrennte Substanzen einander gegenübergestellt, sondern es werden auf der rein funktionalen Ebene zwei Systeme in Verbindung gebracht, die Erkenntnisfunktionen des Bewußtseins mit den organischen Gehirnfunktionen, dessen Produkte jedoch im Unterschied zu allen anderen Körperorganen nicht selbst wieder organischer-materieller Art sind, sondern „Informationen", d.h. Instruktionen für das Verhalten des Organismus.

Die Aktualität dieses funktionalistischen erkenntnistheoretischen Ansatzes, der im Bezug auf die klassische Philosophie als Metaphysik oder Seinslehre mit Recht als ein Gang vom „Substanzbegriff zum Funktionsbegriff" gekennzeichnet worden ist, läßt sich nun dadurch deutlich machen, daß man ihn in zunächst nur grober Gegenüberstellung mit der im vorigen Kapitel auf Grund des gegenwärtigen Standes der funktionellen Neuroanatomie vorgeschlagenen Theorie der höheren Hirnfunktion vergleicht.

Durch einen solchen Vergleich kann man folgende grundsätzliche Feststellungen treffen, die den historischen Ursprung der Neuroepistemologie aus der Kantischen Erkenntnistheorie verdeutlichen, ganz abgesehen davon, daß sich die meisten Neurobiologen unseres Jahrhunderts, angefangen mit Theodor Meynert bis in die Gegenwart (Creutzfeld, G. Roth, Seitelberger), wenn sie sich in Sachen Erkenntnistheorie äußern, explizit auf Kant berufen:

1. Kants Grundkonzept von der ursprünglichen synthetischen Einheit der transzendentalen Apperzeption, welche die Realität des Bewußtseins allein nur im Funktionszusammenhang der Erkenntnis sieht und von ihm selbst mit der Hirnforschung durch die These verbunden wurde, daß die dynamische Gegenwart des Bewußtseins keiner lokalen Gegenwart bedarf, ist konform mit der dynamischen Theorie der Hirnfunktionen, die das Bewußtsein als metamodale Eigenschaft des gesamten Hirns betrachtet.
2. Auch die funktionale Anatomie des Bewußtseins, die Kant mit der Unterscheidung mehrerer Instanzen, wie Sinnlichkeit, Verstand und Vernunft, unterschieden hat, läßt sich in die Terminologie einer funktionalen Neuroanatomie übertragen, die zum Unterschied von einer statischen Lokalisationstheorie der Gehirnfunktionen nur modale Regionen unterscheidet, die die Art und Weise der Informationsverarbeitung betreffen, in ihrer mikroanatomischen Struktur jedoch keine grundsätzlichen Unterschiede aufweisen.
   Entsprechend der Kantischen Vorstellung einer Hierarchie der Erkenntnisvermögen ergibt auch die funktionale Neuroanatomie eine Hierarchie von modalen, intermodalen und supramodalen Gehirnfunktionen.
3. Die von Kant so betonte Spontaneität des Verstandes wird durch die gehirnphysiologische Erkenntnis unterstützt, daß je mehr neuronale Abbildungsprozesse die Signale aus den Sinnesorganen im Gehirn durchlaufen haben, um so höher der Grad der Unabhängigkeit des neuronalen Erregungszustandes von Umweltreizen wird.
4. Freiheit ist daher nicht Akausalität, sondern vielmehr Ergebnis eines aktiven Informationsverarbeitungsprozesses auf höchster Stufe, weshalb auch Kant mit Recht vom „Vernunftursprung“ der Freiheit sprechen kann.
5. Im kognitiven Bereich bedeutet Freiheit die prinzipielle Möglichkeit, Theorien als Modelle der Welt zu bilden, welche die unmittelbare Sinneserfahrung weit überschreiten.
6. Daraus resultiert jedoch eine wesentliche, in der Kantliteratur jedoch noch weitgehend umstrittene Einsicht, daß Kants Auffassung von den apriorischen Formen der Erfahrung keineswegs eine Garantie für die Wahrheit liefert, sondern lediglich die Struktur dessen, was wahr oder falsch sein kann.
7. Und schließlich läßt sich auch sagen, daß im Jahrhunderte alten Streit zwischen sensualistischem Empirismus und Rationalismus die erkenntnistheoretische Position Kants auf irreversible Weise durch die moderne Hirnforschung bestätigt worden ist. Denn das empirische Faktum der

„Enzephalisation", d.h. die Verlagerung des Schwergewichtes der Entwicklung von der Perfektionierung der Sinneskanäle auf die des inneren Verarbeitungssystems, zeigt, daß die Entscheidung über wahr oder falsch nicht an der Peripherie, sondern im Zentrum erfolgt (Oeser 1985).

3.1.2 Systematische Stellung und Gegenstandsbereich der Neuroepistemologie im Kontext der transdisziplinären Hirnforschung

Für die systematische Einordnung der Neuroepistemologie in den Rahmen einer transdisziplinären Hirnforschung gibt es jedoch nicht nur historische und theoretische, sondern auch praktische Gründe. Denn die Hirnforschung ist nicht nur ein Teilbereich der biologischen Wissenschaften, sondern gerade, wenn sie sich primär mit dem menschlichen Gehirn beschäftigt, ein Teil der Medizin. Als medizinische Hirnforschung hat sie aber seit Anfang ihrer mehr als zweitausendjährigen Geschichte immer wieder die Grenzen des bloß somatischen biologischen Bereiches überschritten. Diese Grenzüberschreitungen ergaben sich, wie bereits im ersten Kapitel dieses Buches gezeigt worden ist, notwendigerweise aus der eigentlichen Zielsetzung jeder medizinischen Forschung, die nicht bloß der theoretischen Neugier, sondern der Erfüllung einer praktischen Aufgabe, nämlich der Heilung des Kranken, dient. Diesem Primat des Praktischen entsprechend ist die medizinische Theorie grundsätzlich nichts anderes als ein Konzept zur Orientierung und Rechtfertigung der klinischen Entscheidung des Arztes am Krankenbett. Es ist daher eine große und unverzeihliche Gedankenlosigkeit, in einer „Philosophie des Geistes" jeden Bezug zum Hirngeschehen mit dem Einwand zu verbieten, daß es sich hierbei immer nur um eine materialistische Vergegenständlichung des Geistigen handeln kann. Davon wußte bereits Kant im Jahre 1796 ein Lied zu singen: „Wer es in dem gegenwärtigen Falle dem Mediziner als Physiologen zu Dank macht, der verdirbt es mit dem Philosophen als Metaphysiker, und umgekehrt wer es diesem recht macht, verstößt wider den Physiologen" (Oeser 1985). Diese Situation hat sich heute kaum geändert, obwohl in der sog. physikalistischen Identitätstheorie sich das ontologisch-metaphysische Problem des Materialismus auf die wissenschaftstheoretische Frage verschoben hat, ob die moderne Physik überhaupt noch materialistisch im klassischen Sinn ist. Aber die Antwort darauf kann, wie bereits gezeigt, nur negativ sein: Der Materialismus hat sich in der Geschichte der Physik selbst überwunden (Popper 1983). Hat man aber zusätzlich noch den praktisch-therapeutischen Sinn, den das „Leib-Seele"- oder „Gehirn-Bewußtsein"-Problem in der Medizin hat, erkannt, dann ist der Weg wieder frei für eine unvoreingenommene Betrachtung des Verhältnisses von Gehirn und Bewußtsein ohne jene ängstlichen Restriktionen, die der klassischen Philosophie, ja sogar der scholastischen Philosophie des Mittelalters völlig unbekannt waren.

Seit Hippokrates die „heilige Krankheit" als ein pathologisches Hirngeschehen erkannt hat, über die Schädelverletzungen der Gladiatoren, die Galen untersuchte, bis zu den Hirnläsionen der Soldaten der beiden Weltkriege, hat sich ein immer größer werdendes Untersuchungsmaterial angesammelt, das die reale Verbindung von Gehirn und Bewußtsein zwangsläufig und mit immer größerer Deutlichkeit nahegebracht hat. Aus der Untersuchung der Leistungsstörungen, wie „Aphasien", „Agnosien" und „Apraxien", entwickeln sich eigene Zwischengebiete wie Neurolinguistik, Neuropsychologie und Neuropsychiatrie, die über den bloßen Bereich des Pathologischen und der Therapie hinaus allgemeinere Aussagen über die kognitiven Funktionen des Gehirns zulassen.

Im Unterschied zu diesen empirisch-experimentellen Disziplinen der Hirnforschung, die gleichsam eine Verlängerung der neurobiologischen Forschung darstellen, beschäftigt sich die Neuroepistemologie als metaempirische Disziplin mit den metaorganischen abstrakten Leistungsprodukten der kognitiven Funktionen des Menschenhirns. Und die dieser Disziplin zugrundeliegende Forschungsstrategie lautet, daß selbst die höchsten kognitiven Leistungen, wie sie in der wissenschaftlichen Erkenntnis des Menschen faktisch vorliegen, als eine artspezifische Hirnleistungspotenz zu betrachten sind, die selbst wiederum mit dem erkenntnistheoretischen oder „intentionalen" Bewußtseinsbegriff bezeichnet werden kann. Denn alle Erkenntnisinhalte sind Bewußtseinserscheinungen, und der erkenntnistheoretische Bewußtseinsbegriff ist, wie bereits Robert Reininger formuliert hat, nichts anderes als „die Gesamtheit der mit dem Charakter der Bewußtheit ausgestatteten Vorkommnisse" (Reininger 1930).

Akzeptiert man die geradezu selbstverständliche empirisch überprüfbare Tatsache, daß grundsätzlich alle Erkenntnisprozesse gehirngetragene Prozesse sind, dann ergibt sich als Grundfrage der Neuroepistemologie, die sich von allen empirisch-experimentellen Fragestellungen klar und deutlich unterscheidet, eine neue produktive Formulierung des Gehirn-Bewußtsein-Problems, die folgendermaßen lautet:

Wenn Gehirn und Sinnesorgane, zentrales Nervensystem und Peripherie, den „Erkenntnisapparat" des Menschen darstellen, wie repräsentiert sich dann in diesem Apparat die Wirklichkeit und welche Rolle spielt dabei das Bewußtsein? Heuristisch fruchtbar kann jedoch diese Fragestellung nur dann sein, wenn ihre Voraussetzungen und Grenzen reflektiert werden.

Die wichtigste Voraussetzung besteht in der Akzeptierung der Umkehrung der Voraussetzungsproblematik selbst. Es ist nicht mehr die Philosophie oder die philosophische Erkenntnistheorie, von der aus die Probleme gestellt werden, sondern es ist die empirische Hirnforschung, die von ihren eigenen Ergebnissen her zu philosophisch-erkenntnistheoretischen Fragestellungen kommt, die sie jedoch im Rahmen ihrer Terminologie und Methoden allein nicht zu lösen vermag. „Neuroepistemologie" ist daher, wie man in bewußt zirkulärer Formulierung sagen kann, *der Versuch des menschlichen Geistes, durch die Erfassung des Gehirns sich selbst zu erkennen.*

Diese Formulierung scheint auf einen naiven Naturalismus hinauszulaufen. Tatsächlich ist sie jedoch gerade im Gegenteil nichts anderes als die Konsequenz einer erkenntnistheoretischen Position, wie sie bereits Kant vorweggenommen hat. Sie besteht in der Einsicht, daß das, was wir mit naturwissenschaftlichen Methoden über die reale Welt und damit auch über das reale Gehirn aussagen können, selbst nur Aussagen über die kognitive Welt der Erscheinungen sind, die in diesem Gehirn produziert worden sind. Diese Konsequenz muß heute als neurobiologisches Resultat angesehen werden. Aber dieses Resultat enthält selbst wiederum eine produktive, d. h. heuristisch wertvolle philosophische Fragestellung, die mit den Mitteln der Neurobiologie nicht mehr beantwortet werden kann. *„Neuroepistemologie"* bedeutet daher *nicht*, daß philosophische, d. h. „rein" erkenntnistheoretische Fragen empirisch neurobiologisch gelöst werden, sondern umgekehrt, daß Fragestellungen, die aus der Neurobiologie bzw. aus ihrem gegenwärtigen Entwicklungszustand stammen und *nicht*, und zwar *prinzipiell nicht,* von ihr gelöst werden können, von diesem Standpunkt aus zu einer explizit erkenntnistheoretischen Betrachtungsweise hingeführt und nicht durch einige vage Allgemeinplätze verdeckt werden. Wobei es sich hier nicht um eine personelle Kompetenz, sondern um eine sachliche oder disziplinäre Kompetenz handelt, die die Terminologie und Methode des Problemlösungsverfahrens betrifft. Ein Neurologe, der sich mit dieser Fragestellung des Verhältnisses von Gehirn und Bewußtsein beschäftigt, betreibt notwendigerweise Philosophie. Und umgekehrt ist jeder Erkenntnistheoretiker, der von dieser neurobiologisch begründeten Frage ausgeht, gezwungen, die Ergebnisse und den gegenwärtigen Stand der empirischen Wissenschaft zu berücksichtigen, da er über das „Gehirn" nicht philosophieren kann, ohne sich mit Neurobiologie zu beschäftigen. Ebensowenig, wie er über die reale materielle „Außenwelt" philosophieren kann, ohne die Ergebnisse der Physik und ihre erkenntnistheoretischen Konsequenzen zu berücksichtigen.

Damit ist bereits eine vorläufige Charakterisierung der transdisziplinären Hirnforschung im Unterschied zu der disziplinären und interdisziplinären Hirnforschung angegeben:

- Die disziplinäre Hirnforschung, wie Neuroanatomie oder Neurophysiologie, beschränkt sich immer nur auf einen bestimmten Aspekt, wie etwa nur die Struktur oder nur die Funktion des Gehirns, und baut darauf eine eigene streng geregelte überschneidungsfreie Fachterminologie auf.
- Die interdisziplinäre Hirnforschung, von verschiedener Richtung her kommend, stößt auf notwendige Überschneidungen.
- Die transdisziplinäre Hirnforschung versucht auf fachübergreifende Weise durch eine zwar ebenso streng definierte, aber aufeinander bezogene oder „geschichtete" Terminologie die verschiedenen Aspekte der Hirnforschung zu einer Einheit zu integrieren. Dabei gilt das Prinzip der wissenschaftlichen Wahrheit, das – im interdisziplinären Kontext formuliert – als „Übereinstimmung von Kontrollbereichen" definiert werden kann. Es besagt, daß sich wissenschaftliche Disziplinen, die sich mit

Problemen beschäftigen, deren reale Zusammengehörigkeit praktisch evident ist, gegenseitig bestätigen oder widerlegen.

Die disziplinäre Vorgangsweise ist eine sicherlich notwendige und unentbehrliche Strategie bei der Behandlung komplexer Probleme, wie sie sich schon innerhalb der Neurobiologie in der Form-Funktions-Beziehung zeigen. Solche komplexe Probleme können zunächst nur so angegangen werden, daß man sie in Teilbereiche aufspaltet und getrennt behandelt. Übertreibt man jedoch die Verselbständigung dieser Teilbereiche, so führt das dazu, daß, wie Bennighoff betont, einer konsequenten Morphologie funktionslose Organe und einer konsequenten Physiologie das bloße Schema eines Organismus genügen. Zu einer Mißdeutung der realen Phänomene kann es aber dann kommen, wenn man sich in bewußt betonter Einseitigkeit auf einen Aspekt, z. B. den strukturell-morphologischen, beschränkt und den anderen Teilbereich des komplexen Problems gänzlich ausschließt, wie es z. B. die Autopoiesetheorie Maturanas gegenüber jeder funktionalistischen Betrachtungsweise und Terminologie getan hat und trotzdem den Anspruch stellt, über die kognitiven Funktionen etwas aussagen zu können, was zu terminologischen Verzerrungen ursprünglich funktionalistischer Ausdrücke, wie „strukturelle Koppelung", „Perturbation" usw., führen muß.

Andererseits hat aber auch die interdisziplinäre Untersuchungsmethode ihre Nachteile. Sie kann bestenfalls als eine vorbereitende Phase angesehen werden, in der sich die von verschiedener Seite vorangetriebenen Lösungsstrategien und Terminologien ebensosehr treffen wie verfehlen können.

Das hat übrigens gerade für die Hirnforschung bereits Schopenhauer erkannt und auch am eigenen Leib erfahren müssen. Denn der „Stollen", den er von der Kantischen Philosophie aus gegen die zeitgenössische Hirnphysiologie vorangetrieben hat, hatte eine falsche Richtung.

Ähnliches gilt von den modernen interdisziplinären Lösungsmechanismen des Gehirn-Bewußtsein-Problems, von denen nicht zu Unrecht die boshafte Bemerkung gemacht worden ist, daß sie oft von einer Gruppe von Disziplinvertretern betrieben werden, „die sich im Kreis an den Händen halten, um sich gegenseitig zu trösten, während ihre konkrete Aufgabe durch das Loch in der Mitte gefallen ist" (S. Beer, in Maturana 1982, S. 172).

Die transdisziplinäre Hirnforschung dagegen geht als integrierende Betrachtungsweise von der strukturellen und funktionalen Einheit der im menschlichen Zentralnervensystem repräsentierten Phänomenschichten aus. Die in dem vorangegangenen Kapitel dieses Buches ausführlich dargestellte empirische Tatsache ist, daß die Form-Funktions-Beziehung im Gehirn einen Bruch aufweist (Seitelberger 1988). Auf der Formseite besitzen wir ein unerhört strukturiertes Organ, auf der Funktionsseite aber eine Gesamtfunktion, die in zwei radikal differente Funktionsbereiche zerfällt: in den objektivierbaren neurophysiologischen und in einen nicht objektivierbaren neuroepistemologischen Anteil. Beide haben ihren Ort im selben Organ, werden in einem einheitlichen Prozeß verrichtet und stehen in einer noch zu erklärenden wechselweisen Verbindung, die vorwegnehmend nicht einfach als Interaktionismus (Sperry), sondern als „Intraaktionismus" (Oeser 1987) bezeichnet werden kann, der von einer anderen Art der Kausalbeziehung bestimmt ist, die nicht materiell-energetischer Art ist, aber auch genausowenig als gespensterhafte Intervention in eine materiell-energetisch-kausal geschlossene Welt eingreift. Sie ist vielmehr eine Kausalbeziehung anderer Art, die auf einem Kategoriensprung, d. h. auf einem diskontinuierlichen Übergang zu einem gänzlich neuen Phänomenbereich, beruht, der selbst bestimmend wieder auf die materiell-energetische Ebene zurückwirken kann. Diese Ebene ist die intentionale Ebene der auf die Gegenstände der realen Welt bezogenen Symbole und der damit verbundenen Handlungsintentionen, mit denen das menschliche Bewußtsein nach den uns bekannten Gesetzen der Natur diese selbst verändern kann. Die Frage nach einem eigenen Gegenstandsbereich der Neuroepistemologie, der sich von anderen Disziplinen, die sich mit dem Phänomenbereich des psychischen Erlebens und der Sprache beschäftigen, wie Neuropsychologie und Neurolinguistik, unterscheidet, ist im Grunde mit der klassischen Frage Wittgensteins identisch, „ob es wirklich einen Sinn gibt, in welchem in der Philosophie nicht-psychologisch vom Ich die Rede sein kann" (Tractatus 5.641). Die Antwort, die er darauf gibt, ist auch für die Neuroepistemologie gültig: Das philosophische Ich ist die „Grenze, nicht ein Teil der Welt". Aber im Gegensatz zu Wittgensteins Auffassung, die keine Naturalisierung der Erkenntnistheorie zuläßt, zeigt sich innerhalb dieser kognitiven Welt ein Ort, der sog. „Weltknoten" oder, im Sinne einer physikalistischen Metapher, das „schwarze Loch" als Einbahnstraße in ein anderes geistiges Universum. Dieser Ort ist das Menschenhirn, das durch seine unleugbar reale und formal legitime Selbstreferenz als der Entstehungsort des Selbstbewußtseins ausgezeichnet ist. Obwohl dieses allgemeine Konstrukt des Selbstbewußtseins oder „das Ich an sich" uns immer unbekannt bleibt, ist es doch in der kognitiven Erscheinungswelt die einzige zweifelsfreie Realität, weil es aktiv „wirklich" ist, d. h. sich selbst in seinen Operationen realisiert. Der Gegenstandsbereich der Neuroepistemologie sind eben diese Operationen, durch die die kognitive Welt als Hirnleistungsprodukt entsteht.

3.1.3 Methodische Begründung und terminologische Festlegung der Neuroepistemologie

Stellt man sich schließlich die Frage nach Methode und dem dazu adäquaten Begriffsapparat der Neuroepistemologie, so steht man keineswegs vor einem absoluten Nullpunkt. Dem Sinn nach waren diese globalen Fragestellungen der Neuroepistemologie nach dem Bewußtsein als Gesamtfunktion des Gehirns von allem Anfang an bekannt und beginnen auch heute nach einer jahrzehntelangen Abstinenz wieder in den Lehrbüchern und wissenschaftlichen Abhandlungen der Neurowissenschaften aufzutauchen. Denn man hat zweifellos erkannt, daß die Hirnforschung überspannende

Theorien der kompletten Hirnfunktionen benötigt. In diesem Zusammenhang hat bereits 1986 Patricia Smith Churchland den Ausdruck "Neurophilosophy" geprägt, um eine vereinheitlichte Wissenschaft vom Gehirn-Bewußtsein zu etablieren. Man kann diese etwas vage Bezeichnung als einen Oberbegriff zur Neuroepistemologie ansehen, obwohl es P. Churchland bei diesem Titel mehr um eine Versöhnung der Neurobiologie mit den sich davon abkoppelnden Bereichen der Kognitionspsychologie und der funktionalistischen Künstlichen-Intelligenz-Forschung geht, was letzten Endes zu einem physikalistischen Reduktionismus führt, der bereits oben vorgebrachten Bedenken gegenüber der Identitätstheorie nicht entgehen kann.

Einen grundsätzlichen Aspekt hat jedoch P. Churchlands Neurophilosophie mit der hier vorgeschlagenen Neuroepistemologie gemeinsam: die Einsicht in die Unzulänglichkeit einer bloß linguistischen Bewußtseinstheorie, die das Forschungsparadigma des Kognitivismus bisher gekennzeichnet hat. Viele z. T. noch ungelöste „infralinguistische" Probleme im Bereich der Wahrnehmung und Sensomotorik zeigen, daß das linguistische Paradigma in der kognitivistischen Bewußtseinstheorie nur einen, wenngleich auch sehr wichtigen, Teilbereich dessen umfaßt, was menschliche Erkenntnis ausmacht. Ja, man kann sogar sagen, daß eine prinzipielle Nichtbeachtung der sensomotorischen Kontrollmechanismen gerade jene Perspektive verstellt, die grundsätzlich notwendig ist, um intelligentes Verhalten überhaupt zu verstehen (Churchland 1986, S. 451).

Die Anhänger einer bloß linguistischen Bewußtseinstheorie gingen von einer heutzutage schon längst nicht mehr akzeptablen Voraussetzung aus, die folgendermaßen lautet: Wenn Kognition nicht prinzipiell die Manipulation von Sätzen darstellt, dann wissen wir überhaupt nicht, was im Erkenntnisprozeß vor sich geht. Auch die Computerprogrammanalogie bietet dazu keine Alternative, denn es handelt sich auch hier um eine logische Maschine, die „Sätze" einer bestimmten Sprache verarbeitet.

Wie jedoch in einem vorausgegangenen Kapitel dieses Buches (2.2.1) gezeigt worden ist, hat die funktionelle Neuroanatomie, die zwar notwendigerweise von der Computerprogrammanalogie ausgehen mußte, bereits ein davon höchst unterschiedliches Konzept biologischer Informationsverarbeitung erstellen können, in dem die von der Maschinentechnik und Automatentheorie ausgeborgte Terminologie z. T. nur mehr einen metaphorischen Charakter hat. Abgesehen von den hier nicht weiter mehr zu diskutierenden Unterschieden in der materiellen Beschaffenheit von biologischen und elektrotechnischen Gebilden geht es auch um prinzipielle Unterschiede in der Art der Informationsverarbeitung. Die wichtigsten wurden bereits aufgezählt. Es sind das:

- der überaus große Informationsdurchsatz des menschlichen Nervensystems,
- die extreme Verdichtung, deren Mechanismen mit dem technischen Modell der Konvergenzschaltung nur unzureichend erklärbar sind,

- und die massive Parallelität, die für die Informationsverarbeitung im Gehirn besonders charakteristisch ist.

Wenn daher einer der Begründer der modernen funktionalen Neuroanatomie, J. Szentágothai, auf die notwendige Unterstützung der Hirnforschung durch die „Informationstheorie“ hinweist, dann dürfte wohl klar sein, daß es sich dabei weder nur um die vergleichsweise einfache Modellvorstellung der Shannonschen Signalübertragungstheorie noch um die populäre Computerprogrammanalogie handelt, sondern um eine allgemeine Informationssystemtheorie, die sich auf einer wesentlich tieferen, d.h. grundlegenderen Ebene befindet als die gewöhnliche Schaltlogik.

Eine solche fundamentale Theorie der Modellierung des dynamisch-funktionalen Verhältnisses von Gehirn und Bewußtsein ist nach Szentágothai durch eine mit dem Konzept der in die transdisziplinäre Hirnforschung integrierten Neuroepistemologie völlig konforme Charakteristik bestimmt, nach der

- das Nervensystem aus hierarchisch und parallel angeordneten selbstorganisierenden Subsystemen besteht, das offen für verschiedene Informationen ist, die wiederum dessen dynamische Strukturen modifizieren könnten;
- ein zweiwegiger Zusammenhang zwischen neuronalen und globalen Abläufen im Nervensystem existiert, der die Vorstellung einer von den höheren Stufen nach „abwärts“ gerichteten Kausation intuitiv weniger anstößig erscheinen läßt;
- die globalen (mentalen oder kognitiven) Funktionen in diesen hierarchisch *und* parallel verkoppelten dynamischen Strukturen „verkörpert“ (MacKay) sind.

Welche Ansätze bieten sich nun aus den gegenwärtigen Theoriekonzepten der Informationssystemforschung, die dieser Aufgabenstellung in dem Sinne gerecht werden können, daß sie abstrakt genug sind, um fundamentale Bezüge erfassen zu können, und konkret genug, daß sie sowohl in die Terminologie der Neurobiologie als auch der „reinen“ Erkenntnistheorie übersetzt werden können?

Da es sich in der Sprechweise der allgemeinen Zeichenlehre oder Semiotik nicht nur um eine Theorie der bloß syntaktischen, sondern um eine Theorie der semantisch-pragmatischen Information handelt – denn es geht um die Frage, wie „Bedeutung“ im Gehirn entsteht –, kommt nach Szentágothais eigener Auffassung zunächst einmal Donald MacKays Theorie der Repräsentation in Frage, die keine Alternative zu Shannons Theorie der Kommunikation, sondern deren notwendige Ergänzung darstellt. Wie an anderer Stelle (Oeser 1976, Bd. 2) gezeigt, bildet diese Theorie auch nach den Intentionen ihres Urhebers selbst eine Grundlage zur Transformation der Kantischen Erkenntnistheorie. Denn MacKay spaltet den Informationsgehalt im Sinne der Kantischen Terminologie in einen „aposteriorisch-metrischen“ und „apriorisch-strukturellen“ Informationsgehalt auf und kommt damit zu einer anderen Vorstellung der Informationstheorie als der üblichen an der Shannonschen Theorie orientierten Auffassung. Shannon selbst war an der Mißdeutung seiner Theorie unschuldig. Denn er hat sie nie als Informationstheorie, sondern immer nur als Kommunikationstheorie verstanden. Ebenso sagt auch MacKay unmißverständlich: „Es muß klar sein, daß, wenn jemand wünscht, den Begriff ‚Theorie der Information' ausschließlich für Shannons statistische Theorie der Kommunikation zu benutzen, er natürlich nicht daran gehindert werden kann, aber er muß sich dann klar machen, daß wir hier etwas weiteres diskutieren, für das er einen eigenen Namen prägen muß. Mit der Theorie der Information meinen wir allgemein die Theorie der Prozesse, durch welche Repräsentationen entstehen, zusammen mit der Theorie jener abstrakten Merkmale, die einer Repräsentation und demjenigen, was sie repräsentiert, gemeinsam sind. Die Information ist dasjenige, was wesentlich war, um das Herstellen einer Repräsentation zu rechtfertigen."

Damit soll nicht gesagt sein, daß sowohl die Shannonsche Theorie als auch die Computerprogrammanalogie und die dahinter stehende algorithmische Informationstheorie für gewisse, vor allem quantitative Untersuchungen, wie z. B. die oben erwähnte Frage nach der Größe des Informationsdurchsatzes oder der Signalstruktur in den „Nervenleitungen", nicht brauchbar und nützlich wäre. Diese Untersuchungen liegen aber alle auf den tieferen Ebenen des objektivierbaren neurophysiologischen Funktionsbereichs und nicht auf der Ebene des nichtobjektivierbaren neuroepistemologischen Funktionsbereiches, für den das erkenntnistheoretische Subjekt oder das Bewußtsein und somit ein eigener Typ von mentaler oder kognitiver Information unentbehrlich ist.

Wenn daher das Menschenhirn sowohl seiner Struktur als auch Funktion nach ein System von Systemen darstellt, müssen daher auch methodologisch und terminologisch die verschiedenen Ebenen des stets systemrelativen Informationsbegriffes unterschieden werden (Oeser 1985). In den Theorien biologischer Informationsverarbeitung wurden daher auch, mehr oder weniger differenziert, verschiedene Typen von Information unterschieden (Braitenberg 1985, Küppers 1985, 1986). So wird die genetische Information von der neuralen Information unterschieden und so läßt sich auch die mentale kognitive oder rationale Information, die nichts anderes darstellt als eine Präzisierung des intuitiven Alltagsbegriffs von Information in der menschlichen Kommunikation, von den biologischen Informationsbegriffen unterscheiden.

An dieser Stelle muß noch auf eine weitere Differenzierung im Gebrauch des Informationsbegriffes eingegangen werden, die das Verhältnis von Neuroepistemologie und experimenteller Kognitionspsychologie betrifft. Wie an anderer Stelle ausführlicher dargestellt (Oeser 1976, 1986), ist der Informationsbegriff in seiner ursprünglichen Bedeutung ein genuiner Grundbegriff der traditionellen Erkenntnistheorie, der lediglich durch den "linguistic turn" der Philosophie zugleich mit der Erkenntnistheorie selbst verdrängt worden ist. Er stammt aus dem platonisch-aristotelischen Eidosbegriff, der, von Cicero ins Lateinische übersetzt, sowohl in der Scholastik (Thomas von Aquin) als auch vom neuzeitlichen Rationalismus (Descartes) und Empirismus (J. Locke, Th. Read) übernommen und explizit verwendet worden ist (Capurro 1978).

Und wenn C. F. von Weizsäcker den Ort der Information ins transzendentale nicht-empirische Bewußtsein legt, dann ist das sachlich richtig. Denn Kant lieferte mit seiner Unterscheidung eines apriorischen und eines aposteriorischen Teils unserer Erkenntnis die Grundlage für eine systematische Behandlung der Frage nach dem Wesen der menschlichen Erkenntnis und Information (MacKay 1950).

Die Verwendung des Informationsbegriffes in der Psychologie hat dagegen einen ganz anderen Ursprung. Sie hängt mit der sog. kognitiven Wende gegen den Behaviorismus zusammen. Vorher hatte jeder psychologische Versuch, menschliche Erkenntnis zu erklären, gegen die behavioristischen Argumente einen schweren Stand. Denn, wie Ulric Neisser sagt, „solange die Kognitionspsychologie buchstäblich nicht wußte, wovon sie sprach, gab es immer die Gefahr, daß sie von überhaupt nichts sprach“. Fast alle Psychologen sind sich darüber einig, daß das, worüber in der Kognitionspsychologie gesprochen wird, „Information“ ist. Ob diese nun als bloße Analogie zur Computer Science angesehen wird, wobei mentale Phänomene, Prozesse und Mechanismen mit Computerprogrammen verglichen werden, oder ob dahinter mehr als eine Analogie gesehen wird, in der man die psychologische Kognitionspsychologie nicht nur mit Computerprogrammen für vergleichbar hält, sondern, wie es Newell, Shaw und Simon (1958) getan haben, Programme entwickelt, die Kognitionstheorien sind (= Computer-Simulation psychologischer Prozesse), ist eine zweite Frage, die eher das Verhältnis von Psychologie und KI-Forschung betrifft.

Entscheidend ist vielmehr, daß in der experimentellen Verhaltenspsychologie der Informationsbegriff so verwendet wird, daß er vom Versuchsleiter, also vom „Beobachter“ im Sinne Maturanas, her definiert wird. D. h., der Beobachter schreibt der Versuchsperson von einem externen Standpunkt zu, ob sie im Sinne eines simplen Repräsentationsmodells von Erkenntnis bereits schon fertige von der Umgebung oder vom Versuchsleiter her vorgegebene Informationen aufnimmt und verarbeitet oder nicht.

Jedes Kognitionsexperiment dieser Art beruht also auf einem Informationsgefälle, das zwischen dem Beobachter und seinem Objekt, dem Verhalten eines lebenden Systems, besteht. Wenn dieses Informationsgefälle objektiv gegeben ist, funktioniert diese Methode wie in jeder theoretischen und praktischen, d. h. präparierten experimentellen Situation. Dies ist außer in Tierexperimenten auch bei Experimenten mit Kleinkindern oder Geisteskranken der Fall. Bei Erwachsenen und normalen Versuchspersonen muß das Informationsgefälle zwischen Versuchsleiter und Versuchsperson künstlich hergestellt und aufrechterhalten werden. Hat die Versuchsperson das Untersuchungsziel des Versuchs erkannt, ist das Experiment oder der Test meist wertlos geworden. Übertrifft das Wissen der Versuchsperson das des Versuchsleiters, dann kann sich sogar das Verhältnis umdrehen. Damit zeigen sich sehr schnell die praktischen Grenzen der empirisch-experimentellen Kognitionspsychologie. Denn für die „höheren Hirnleistungen" wäre als Versuchsleiter der alleswissende Laplacesche Geist nötig.

Während es also für die experimentelle Kognitionspsychologie durchaus sinnvoll, ja sogar notwendig ist, die Analyse der kognitiven Leistungen von „unten" her, d.h. mit den niedrigeren fundamentaleren Leistungen, wie Wahrnehmung, Gedächtnis und assoziatives Lernen, zu beginnen, ist es in der Neuroepistemologie notwendig, von „oben her", d.h. von der faktischen Existenz des sowohl selbstreflexiven als auch intentionalen Bewußtseins und seiner faktisch gegebenen Leistungsprodukte auszugehen.

Damit soll jedoch nicht eine Arbeitsteilung zwischen Kognitionspsychologie und philosophischer Erkenntnistheorie derart propagiert werden, daß sich die Psychologie mit den niedrigeren psychischen Leistungen zu beschäftigen hat. Vielmehr befinden sich beide Disziplinen auf argumentativ unterschiedlichen Ebenen. Während die Kognitionspsychologie, gleichgültig ob sie zu den neurophysiologischen Prozessen eine Verbindung herstellen will oder nicht, eine empirisch-experimentelle Wissenschaft ist, welche die Prozesse der Kognition zu beschreiben und die zugrundeliegenden Mechanismen in einer psychologischen Theorie zu erklären versucht, geht es in der Erkenntnistheorie auch dann, wenn sie sich als Neuroepistemologie ausdrücklich auf die Hirnforschung bezieht, immer um die metaempirische Fragestellung nach der Wahrheit unserer Erkenntnis.

Es ist dann nur ein sekundärer Effekt, daß es in der experimentellen Psychologie leichter gelingt, Versuchsanordnungen für einfachere elementarere Kognitionsprozesse zu entwerfen als für die sog. höheren geistigen Prozesse. Zugestandenermaßen hat die Kognitionspsychologie „auch nach 100 Jahren" Forschung wegen der „ungeheuren Vielfalt" dieser höheren geistigen Prozesse „immer noch ziemlich wenig über sie zu sagen" (Neisser 1974).

Umgekehrt ist es für die Erkenntnis- und Wissenschaftstheorie, gerade was die metaempirische Analyse des Wahrheitswertes menschlicher Erkenntnis anbelangt, leichter, anhand der vorliegenden Leistungsprodukte die Mechanismen der höheren geistigen Prozesse zu erforschen, weil sie sich anhand der wissenschaftlichen Erkenntnis wie durch ein „Vergrößerungsglas" (Popper) beobachten lassen. Diese Einsicht stammt bereits von Ernst Mach, der in seiner Erkenntnispsychologie gerade auf der Einbeziehung der wissenschaftlichen Erkenntnis bestanden hat, womit er einen fundamentalen Aspekt der transzendentalen Erkenntnistheorie Kants angesprochen hat. Denn Kant beginnt die ›Kritik der reinen Vernunft‹ explizit mit der Frage nach der Möglichkeit wissenschaftlicher Erkenntnis und baut darauf seine Auffassung von der nicht eliminierbaren Funktion des Bewußtseins als Bedingung der Möglichkeit der Erfahrung überhaupt auf.

3.2 Begriffsanalyse: Was heißt Bewußtsein?

Jede genaue Analyse des Bewußtseinsbegriffs zeigt, daß es sich nicht um einen einheitlichen Begriff handelt, sondern um drei genau unterscheidbare Begriffe, die sich zwar alle auf dasselbe Phänomen beziehen, aber dazu jeweils einen völlig verschiedenen Zugang besitzen:

- Der introspektive Bewußtseinsbegriff ist der ursprüngliche Begriff des Bewußtseins, der längst vor jeder wissenschaftlichen Untersuchung jedem menschlichen Individuum in seiner natürlichen Alltags- oder Gemeinsprache verständlich ist. Er stellt den individuellen direkten Zugang zum Phänomen des Bewußtseins dar, ist aber gerade dadurch auch die Quelle aller unauflöslichen Paradoxien.
- Der empirische operational definierbare Bewußtseinsbegriff, wie er in der medizinischen und experimentellen Psychologie und im Zusammenhang mit neuropsychologischen und neuropathologischen Untersuchungen gebräuchlich ist.
- Der nichtempirische intentionale Bewußtseinsbegriff, wie er in der klassischen und modernen Erkenntnistheorie als die apriorische „Bedingung der Möglichkeit der Erfahrung“ betrachtet wird und der ebenso wie der empirische Bewußtseinsbegriff indirekt erschlossen wird, und zwar aus den Funktionen der Erkenntnis.

3.2.1 Der introspektive Bewußtseinsbegriff und seine Paradoxien

Mit der vorweggenommenen Feststellung, daß der introspektive Bewußtseinsbegriff in Paradoxien führt, soll nicht gesagt sein, daß „Introspektion“ überhaupt keine Methode zur Erfassung mentaler Phänomene darstellt. Die „introspektive Methode“ stand vielmehr sowohl am Anfang der neuzeitlichen Philosophie bzw. Erkenntnistheorie als auch am Beginn der wissenschaftlichen Psychologie, als diese sich im Sinne einer empirischen experimentalen Wissenschaft von der Philosophie ablöste. Es gab psychologische Theorien, welche in der Selbstbeobachtung die alleinige Methode der Psychologie sahen, weil eben Psychologie keine andere Aufgabe habe, als das Seelische in seiner direkten Gegebenheit als Selbsterleben zu beschreiben. Und es gab die andere Meinung, welche die Selbstbeobachtung als die wissenschaftliche Version der Introspektion völlig ausschließen wollte, weil es absurd sei, daß derselbe Mensch im gleichen Augenblick Beobachter und Beobachteter sein könne (Stern 1950).

Diese Überlegung und noch andere Mängel der Selbstbeobachtung – daß sie nur von einem einzigen Menschen durchführbar ist und weder zu zahlenmäßigen Resultaten noch zu scharfen Definitionen führt (Rohracher 1958) – veranlaßten sehr frühzeitig bereits die Mitarbeiter Wundts dazu, Instrumente zu erfinden, die „objektive“ von der Selbstbeobachtung unabhängige Methoden der Messung und Registrierung von Erlebnissen ermöglichten. Der sog. „Behaviorismus" (Watson) dagegen beseitigte die introspektive Methode einfach dadurch, daß er jede Betrachtung der inneren psychischen Vorgänge und somit auch den Bewußtseinsbegriff überhaupt ausschaltete. Während jedoch die europäische Psychologie die Auffassung, daß das bewußte Erleben den Hauptgegenstand der psychologischen Forschung bilde, nie aufgegeben hat (Rohracher 1958), ist auch im Behaviorismus die introspektive Methode wieder in dem Augenblick durch eine definitorische Hintertür eingedrungen, als man durch die Ergebnisse der Verhaltensphysiologie gezwungen war, von „inneren Reizen" und „inneren Reaktionen" zu sprechen (Dörner 1979).

Der Hauptgrund für die Beibehaltung des introspektiven Bewußtseinsbegriffs, auch in den empirischen Wissenschaften, ist die übertriebene Restriktion, die als Folge seiner totalen Eliminierung auftreten würde. Das gilt in erster Linie für die Psychologie, die dadurch nicht nur zu einer „Psychologie ohne Bewußtsein", sondern auch in selbstwidersprüchlicher Weise zu einer Psychologie, d. h. einer „Seelenlehre" ohne Seele wird. Sogar die Beibehaltung aller jener Formen der systematisch kontrollierten Selbstbeobachtungsmethoden der modernen wissenschaftlichen Experimentalpsychologie würde nicht ausreichen: „Hätten die Forschungspsychologen nur dasjenige an Erkenntnissen zur Verfügung, was ihnen die absichtliche Selbstbeobachtung liefert, so wäre dies nichts als ein armseliges Stückwerk von Teilerkenntnissen" (Rohracher 1958).

Der Preis für die Beibehaltung des introspektiven Bewußtseinsbegriffs sind jedoch dessen unvermeidbare Paradoxien.

Die erste Paradoxie, die Paradoxie von der unkorrigierbaren Privatheit des introspektiven Begriffs und der Allgemeinheit jeder Sprache, besteht in der Frage: „Gibt es einen direkten Zugang zum Bewußtsein, der zugleich auch Allgemeingültigkeit besitzt?"

Die Antwort darauf ist zwangsläufig negativ. Denn introspektive Berichte haben eine von der Logik der gewöhnlichen Beobachtungssprache verschiedene Logik. Sie sind Feststellungen, die sich nicht auf äußere Gegebenheiten, sondern auf die „inneren" Zustände richten. Wir reden aber über innere Phänomene, als ob wir über äußere Phänomene redeten. Das aber ist nach Wittgenstein eine grammatikalische Fiktion. Denn wir sind durch die Oberflächenstruktur unserer Grammatik dazu gezwungen, von mentalen Phänomenen so zu reden, als wären es Dinge und Eigenschaften (nämlich „Bilder") in unserem Inneren.

Daraus ergibt sich, daß der privilegierte Zugang zur eigenen autonomen Innenwelt, den man gar nicht leugnen muß, seinen Charakter der Irrtumsfreiheit und Unkorrigierbarkeit in dem Augenblick verliert, in dem er sprachlich vermittelt wird.

Die zweite Paradoxie, die Verdoppelung der Welt in eine innere und eine äußere Welt, ergibt sich dadurch, daß wir visuell den Eindruck haben, die äußere Welt durch die Löcher unserer Augenhöhlen zu sehen, deren Begrenzungen durch Augenbrauen, Schnurrbart etc., wie das berühmte Bild von E. Mach (1902) richtig zeigt, schemenhaft erkennbar sind. Zu dieser äußeren Welt gehört dann auch ein Teil meines eigenen Körpers. Zu einer Paradoxie wird diese introspektiv-naive Trennung von Innen- und Außenwelt, wenn man sie durch räumliche Verobjektivierung verabsolutiert. Ansätze dazu findet man bereits bei Schopenhauer, der Kants Lehre von der Apriorität der Raumanschauung, die auf dem transzendentalen Bewußtseinsbegriff beruht, wieder in die introspektive Sprache zurückführt und damit zu einer Alternative zum gewöhnlichen Bewußtsein macht, indem er feststellt: „Vor Kant war der Kopf im Raum, nach Kant ist der Raum im Kopf."

Versucht man nun auf der Ebene naiver Introspektion in diesen kognitiven Raum im Inneren des Kopfes den eigenen Kopf zu lokalisieren, dann wird die Gehirn-Bewußtsein-Paradoxie in räumlich-visueller Weise deutlich: Genau an der Stelle, wo ich nicht nur meinen Kopf und mein Gehirn, zu dem ich introspektiv keinen Zugang habe, sondern auch mein eigenes Ich lokalisiere, im Zentrum all meiner Erkenntnisoperationen, gähnt ein „schwarzes Loch", und zwar im Sinne einer durchaus hier berechtigten physikalisch-kosmologischen Modellbildung. Denn es handelt sich auch hier um eine absolute Singularität im Universum, an dessen Ereignishorizont die erkennbaren Gegenstände aufleuchten, bevor sie ins Innere verschluckt werden. Denn das Ich, von dem schon Kant sagte, daß wir uns darum in jeder Prädikation wie um ein unbekanntes X herumdrehen, ist nichts anderes als der Strudel der Selbstreferenz oder der Selbstbezüglichkeit. Damit erhält man eine dynamische Version des „Weltknotens" von Schopenhauer, die den heutigen wissenschaftlichen Erkenntnissen adäquat ist. An diesem Knoten sind zwei Welten verknüpft, von denen jede jeweils in einem anderen Sinn wirklicher als die andere ist:

(1) die materielle reale Welt, in der der Organismus als Träger des Gehirns existiert, und
(2) die kognitive „wirkliche" Welt, die vom Bewußtsein als Hirnfunktion erzeugt wird.

Aus dieser Paradoxie kann man nur dann heraustreten, wenn man eingesehen hat, daß es keinen Sinn hat zu sagen, daß die kognitive Welt in der realen Welt enthalten ist, da ja beide Welten einen ontologisch verschiedenen Status haben (Roth 1987, S. 239).

Die kognitive Welt ist das Produkt unseres Bewußtseins im transzendentalen Sinn als Bedingung der Möglichkeit der Erfahrung und deshalb auch eine konstruierte Welt, die jedoch im Rahmen wissenschaftlicher Theorienbildung einen höheren Anspruch auf Wirklichkeit besitzt als die vorwissenschaftliche intuitive Außenwelt als Gegenstück zur introspektiven Innenwelt.

Für die wissenschaftliche Erforschung des Bewußtseins ergibt sich daraus die von Kant längst vorweggenommene Einsicht, daß das „Ich an sich" uns ebenso unbekannt bleibt wie die „Welt an sich".

Die dritte Paradoxie ist diejenige *von der zeitlichen Limitierung und Persistenz des Bewußtseins.* Sie ist seit mehr als zweitausend Jahren bekannt.

Denn sie wurde bereits von einem taoistischen Philosophen des 4. vorchristlichen Jahrhunderts in Form eines Gedankenspiels niedergeschrieben: „Einst träumte Chuang Chou, daß er ein Schmetterling sei, ein flatternder Schmetterling, der sich wohl und glücklich fühlte und nichts wußte von Chuang Chou. Plötzlich wachte er auf: Da war er wieder wirklich und wahrhaftig Chuang Chou. Nun weiß ich nicht, ob Chuang Chou geträumt hat, daß er ein Schmetterling sei, oder ob der Schmetterling geträumt hat, daß er Chuang Chou sei, obwohl doch zwischen Chuang Chou und dem Schmetterling sicher ein Unterschied ist" (zit. n. G. Guttmann 1988, aus Lanczowski 1980, S. 84).

Dieses Gedankenspiel zeigt bereits deutlich, daß die Persistenz des Bewußtseins eine scheinbar selbstverständliche Angelegenheit ist. Denn woher wissen wir wirklich, daß wir morgen dieselben sind, die abends eingeschlafen sind? (Pöppel 1985, S. 105.) Introspektiv erleben wir unsere Identität unmittelbar nur im Rahmen der zeitlichen Limitierung von 3 Sekunden. In diesem 3-Sekunden-Fenster ist es uns möglich, mehrere aufeinanderfolgende Wahrnehmungsereignisse zu einem einheitlichen Bewußtseinsinhalt zu integrieren. Oberhalb dieser Grenze, die bereits Wilhelm Wundt entdeckt hat, zerbricht diese Einheit und somit auch die Identität des introspektiven Bewußtseins, das nach Pöppel (1985, S. 55) nichts anderes ist als die neuronale Aktivität im 3-Sekunden-Fenster des „Jetzt". Trotzdem aber bleibt die Identität des Bewußtseins erhalten: denn es kehrt jeden Tag als dasselbe aufs neue zurück, und zwar über Jahre und Jahrzehnte hinweg, in denen sich der Körper selbst verändert. Das Bewußtsein eigener Identität ist daher keine Selbstverständlichkeit, sondern abhängig von der Verfügbarkeit eines Gedächtnisses, das die Zeit des Schlafes und der Bewußtlosigkeit überbrückt und eine besondere Leistung des Gehirns ist, dessen materiell-organische Identität wiederum durch die lebenslange Identität der Neuronen garantiert ist.

Der introspektive Bewußtseinsbegriff, der sich im subjektiv erlebten Ich-Bewußtsein manifestiert, setzt die Integration zu einem einheitlichen identischen Selbstbewußtsein bereits fraglos voraus und gerät dadurch in eine weitere Paradoxie: *in die Paradoxie von Monismus und Dualismus.* Genauso wie das voll ausgeprägte Ich-Bewußtsein sich notwendigerweise durch alle Zustände des Schlafes und der Bewußtlosigkeit hindurch als persistent identisch erleben muß, erlebt es sich in unmittelbarer Introspektion in einer zeitlich limitierten Mannigfaltigkeit (Kuhlenbeck 1965, Birbaumer 1987). Damit ergibt sich bereits ein kognitiver Dualismus. Denn das Bewußtsein erlebt sich einerseits als Subjekt, dem die Außenwelt, aber auch der eigene Körper als Objekt gegenübersteht, obwohl es andererseits in unmittelbarer Erfahrung einem ursprünglichen Adualismus entsprechend sich mit diesem identisch fühlt. Das vollausgeprägte Ich-Bewußtsein, aus dem sich auch der klassische philosophische Dualismus herleitet, ist jedoch nur der äußerste Punkt einer Skala, die sowohl phylogenetisch wie auch ontogenetisch betrachtet werden kann. Es ist daher vernünftiger, den Satz des Descartes

„Cogito ergo sum" eher als Warnung (Guttmann 1988) denn als Fundamentalsatz aufzufassen.

Die vierte und letzte Paradoxie, die Paradoxie von Monismus und Dualismus, hat nicht nur einen kognitiv-erkenntnistheoretischen, sondern vielmehr einen moralisch-ethischen Hintergrund: Auf der einen Seite steht die faktisch unbezweifelbare Einheit unseres Bewußtseins mit dem lebendigen Gehirn, die noch dazu von der naturwissenschaftlich begründeten Auffassung von der biologischen Natur des Menschen und der kausalen Abgeschlossenheit der physikalischen Welt unterstützt wird; auf der anderen Seite steht die unerschütterliche, für das faktische Zusammenleben der Menschen unerläßliche Überzeugung von der persönlichen Freiheit des Willens, die unabdingbar zum Wesen des Bewußtseins gehört (Mohr 1987) und außerdem die Grundlage jedweder Morallehre und so auch der medizinischen Ethik und der Rechtslehre darstellt.

Als alternative Entscheidung zwischen Monismus und Dualismus ist das Gehirn-Bewußtsein-Problem unlösbar. Beide Ansichten sind wahr und falsch zugleich. Und es gibt keine Möglichkeit eines gültigen Beweises für die eine oder andere Position. Die Alternative ist prinzipiell nicht entscheidbar. Sie ist lediglich eine Konsequenz des introspektiven Bewußtseinsbegriffs, der sozusagen auf private Weise die Welt in zwei unsymmetrische Teile spaltet und damit erst das Problem von Dualismus und Monismus hervorruft.

Die Gegenüberstellung von Monismus und Dualismus ist daher nicht geeignet, eine korrekte Klassifikation der Lösungsversuche zu liefern. Denn eine Klassifikation nach diesem Schema ebnet höchst unterschiedliche Theorienansätze mit all ihren konkreten Differenzierungen wieder ein und erfindet unterschiedliche Positionen, die es historisch gar nicht gibt, z. B. dualistischer und monistischer Epiphänomenalismus (Bunge, Vollmer 1980, S. 22). Gerade dieses Beispiel zeigt, daß es hier gar nicht um eine Alternative zwischen „Alles oder Nichts" geht, sondern um die Analyse eines Phänomens, das verschiedene Stufen aufweist, die natürlich nicht introspektiv erfaßbar sind. Denn der Akt der Introspektion ist eben nur auf der letzten Stufe möglich und hebt ex definitione jede Verbindung zu den unteren Stufen des Bewußten, Vorbewußten oder Unbewußten auf. Gänzlich unmöglich ist es, wie schon Kant vor mehr als 200 Jahren festgestellt hat, introspektiv die organische Ebene der Bewußtseinsprozesse in den Hirnereignissen zu erreichen. Gerade deswegen aber hat der introspektive Bewußtseinsbegriff eine unentbehrliche heuristische Bedeutung. Wie bereits William James betonte, besitzen wir grundsätzlich von unseren Geisteszuständen eine Kenntnis, welche die sie begleitenden Gehirnbedingungen unendlich übersteigt. „Ohne introspektive Analyse der geistigen Sprachelemente wäre die Lehre von der Aphasie", sagt er mit Recht, „gänzlich unmöglich gewesen" (James 1920).

Der Versuch, die Introspektion aus der Hirnforschung und experimentellen Psychologie zu beseitigen, beruht daher auf einem methodologischen

Mißverständnis. Bei den Methoden einer Wissenschaft muß man nämlich grundsätzlich zwei Gruppen unterscheiden: Methoden zur Hypothesenbildung und Methoden zur Hypothesenprüfung. Zur Hypothesenüberprüfung ist die Introspektion völlig ungeeignet, aber bei der Hypothesenbildung gar nicht wegzudenken (Dörner 1979). Die Paradoxien des introspektiven Bewußtseinsbegriffs zwingen daher auch nicht, wie man früher vor allem im Behaviorismus glaubte, zu einer totalen Beseitigung des Bewußtseinsbegriffs, sondern lediglich zu dessen Umformulierung zu einem empirisch auf beobachtbares Verhalten rückführbaren operational definierbaren Bewußtseinsbegriff einerseits und zu einem theoretischen Begriff des Bewußtseins andererseits, als dessen wesentliches Merkmal in erkenntnistheoretischer Hinsicht die Intentionalität, d. h. das Gerichtetsein auf etwas anderes, was das Bewußtsein selbst nicht ist, zu gelten hat.

3.2.2 Der empirische operational definierbare Bewußtseinsbegriff

Der Ansatz zu einem nichtintrospektiven Bewußtseinsbegriff liegt in jenem Begriff des Bewußtseins, den man sich nicht selbst, sondern einem anderen zuschreibt. Ein derartiger Bewußtseinsbegriff läßt sich, falls er nicht nur eine Analogieübertragung des eigenen introspektiven Bewußtseinsbegriffs darstellen soll, nur indirekt über die Verhaltensweise desjenigen bestimmen, von dem man sagt, er habe Bewußtsein. Damit wird dieser empirische Bewußtseinsbegriff auf operational definierbare Bewußtseinszustände eingeengt, die zunächst zum introspektiven Bewußtseinsbegriff keine Beziehung haben. In der klassischen Medizin unterscheidet man verschiedene Bewußtseinszustände (Creutzfeld 1983, S. 346), die vom tiefsten Koma, in dem der Patient auf keinen Reiz mehr reagiert, über verschieden tiefe Komazustände, die durch die Reaktionen des Patienten auf verschiedene Reize (Schmerzreize, akustische oder visuelle Reize) definiert sind, bis zur vollständigen Wachheit reichen. Im Wachzustand läßt sich noch zwischen verschiedenen Zuständen der Aufmerksamkeit und Zugewandtheit (attention) unterscheiden. Ergänzt werden diese operationalen Definitionen des Bewußtseins als verschiedene Bewußtseinszustände, die neurophysiologisch als Wachheits- oder Aktivitätszustand des gesamten Gehirns zu verstehen sind, durch eine Darstellung der Bewußtseinsveränderungen und ihrer organischen Ursachen (genau umschriebene Hirnläsionen oder Stoffwechselstörungen im Gehirn, psychopharmakologische Einflüsse usw.). Bereits an dieser Stelle zeigt sich deutlich die Notwendigkeit eines eigenen Begriffsapparates, der vom sonstigen empirisch-naturwissenschaftlichen Begriffsapparat, mit dem Störungen von Organen, etwa Leberstörungen usw. beschrieben werden, kategorial unterschieden ist.

Das war der Anlaß der Einführung des Informationsbegriffes als einer funktionalen Realität in der Medizin. Dieser Begriff spielt eine unentbehrliche Rolle für die Lösung des Gehirn-Bewußtsein-Problems, weil er sich auch auf das sog. intentionale Bewußtsein ausdehnen läßt, das ein philosophisch-erkenntnistheoretisches Problem ist.

Der Bewußtseinsbegriff der experimentellen Psychologie war, nachdem er in der kognitiven Wende wieder für die Psychologie zugelassen worden ist, zunächst nicht viel mehr als eine Fortsetzung dieses operational definierbaren Begriffs des Wachheitszustandes in der klinischen und experimentellen Psychologie. Insofern fällt der psychologische Bewußtseinsbegriff meist mit dem in weitere Stufen zerlegten Aufmerksamkeitsbegriff zusammen. Meist wird der psychologische Bewußtseinsbegriff in die Nähe des Begriffs der fokalen Aufmerksamkeit gebracht und vom Gedächtnis durch die zeitliche Grenze des Wahrnehmungserlebnisses eingeschränkt: „Die neuronale Aktivität im Drei-Sekunden-Fenster des ‚Jetzt' ist schon das Bewußtsein" (Pöppel 1985, S. 146). Manche Autoren suchen daher das Bewußtsein in einem Teil des Kurzzeitgedächtnisses, und zwar besonders in dem Teil, dem Aufmerksamkeit geschenkt wird und der kontrollierbar ist (Werth 1983). Alle sind sich jedoch darin einig, daß der Bewußtseinsbegriff im Zusammenhang mit den experimentell erfaßbaren Begriffen der Aufmerksamkeit und des Gedächtnisses steht und somit als ein zeitlich limitiertes Aufmerksamkeitskontrollsystem angesehen werden kann. Diese Auffassung reicht als Grundbegriff für die Praxis der experimentellen Psychologie aus.

Anders verhält es sich jedoch mit dem Begriff der Bewußtseinsveränderung oder Bewußtseinsstörungen. Denn dieser Begriff geht über die bloße Analyse des Wachheits- oder Aufmerksamkeitsgrades hinaus und bezieht sich auf erkenntnistheoretisch genau beschreibbare spezielle Leistungen, wie raum-zeitliche Wahrnehmung von Gegenständen und Ereignissen, Vorstellung oder Repräsentation und Denken im Sinne von logischem Schließen. Es geht dann nicht mehr allein um die „Helligkeitsgrade" des Bewußtseins oder um die Aktivierungs- bzw. Aufmerksamkeitsgrade, sondern um die inhaltliche Kapazität und Struktur von Bewußtseinsleistungen. Bekanntlich stammt der früheste Hinweis auf die Grenzen menschlichen Bewußtseins in der Neuzeit von Charles Nonnet (1720–1793). Noch deutlicher entwickelte nach Angaben von Georges Mandler (1986) Antoine Louis Claude Destutt de Tracy (1754–1836) die Idee, daß nur sechs „Objekte" zu ein und demselben Zeitpunkt aufgefaßt werden können, was dann später durch Hamilton (1859) auch auf Gruppen von Objekten ausgedehnt wurde. Es war aber erst William James, der auch nach Auffassung der gegenwärtigen Psychologen (Mandler 1986) das Konzept der begrenzten Kapazität auf eine solide Basis stellen konnte. In der modernen Kognitionspsychologie wurde dieses Konzept von G. A. Miller (1956) wieder aufgegriffen und bildet seitdem eine zentrale These der Theorie der menschlichen Informationsverarbeitung.

Mit dieser grundlegenden Auffassung des Bewußtseins als einer beschränkten Aufmerksamkeitskapazität, die mit dem sog. Kurzzeitgedächtnis zwar nicht zusammenfällt, sondern dieses als Voraussetzung der eigenen

Identität benötigt, wird bereits im Rahmen der experimentellen Psychologie ein konstruktiver Zugang zum intentionalen Bewußtseinsbegriff eröffnet. Denn wie Mandler richtig erkennt, ist das, was im Kurzzeitgedächtnis verfügbar ist, das „Produkt eines konstruktiven Prozesses" (Mandler 1986), in dem sich Bewußtsein erst selbst im Sinne von „Bewußtheit" in einzelnen Schritten aufbaut.

Die Bausteine eines solchen konstruktiven Bewußtseinsbegriffes werden in der Psychologie meist mit dem Terminus „Schema" (Bartlett, Piaget, Mandler), „Plan" oder mentale bzw. kognitive „Struktur" (Miller, Galanter, Pribram) bezeichnet, wobei häufig auch explizit auf die weitgehende Übereinstimmung dieser Begriffe untereinander hingewiesen wird (Mandler 1986). Schemata, Pläne, kognitive Strukturen sind keine Abbilder oder Kopien von Ereignissen, Gegenständen oder Sachverhalten der Umgebung, sondern abstrakte Operationseinheiten, die unsere Erfahrungen von Ereignissen aktivieren, indem sie diese strukturieren und zugleich von ihnen strukturiert werden (Mandler 1986, in Übereinstimmung mit Piaget 1967).

Stellt man nun im Rahmen dieser konstruktiven Auffassung des Bewußtseins die alte Frage, ob tatsächlich nur „sieben, plus oder minus zwei" (Miller 1956) diskrete Ereignisse „bewußt" sein können, so zeigt sich, daß es darauf keine einfache Antwort mit ja oder nein geben kann. Soweit sich diese Begrenzung auf eine bestimmte Anzahl von Elementen innerhalb der konstruierten ganzheitlich bewußten Erfahrung bezieht, ist die Frage mit ja zu beantworten. Das aber schließt nicht aus, daß diese ganzheitlich konstruierte Erfahrung selbst wiederum als Element oder „Wissenchunk" (Mandler 1986) im Rahmen einer umfassenderen Erfahrung fungieren kann. Denn die Bausteine des konstruktiven Bewußtseinsbegriffes lassen verschiedene Grade der Abstraktheit und Konkretheit zu. Durch Verlagerung der Aufmerksamkeit konstruiert sich das Bewußtsein jeweils nach Bedarf selbst aktiv um. Das gilt sowohl für die Verschiebung von einem Gegenstandsbereich zu einem anderen als auch für die Vergröberung und Verfeinerung ein und desselben Gegenstandsbereiches durch Änderung der Distanz.

Damit verschwindet auch die Paradoxie von der zeitlichen und inhaltlichen Limitierung des Bewußtseins einerseits und der unbegrenzten Erkenntnisfähigkeit andererseits, die für die bloße Introspektion ein unlösbares Rätsel darstellt.

3.2.3 Der epistemologische oder intentionale Bewußtseinsbegriff

Die konstruktive Erweiterung des empirischen operational definierbaren Bewußtseinsbegriffs, der ursprünglich auf das Aktivierungsniveau des Gehirns und dann auf die Grade und die Kapazität der Aufmerksamkeit bezogen war, führt unmittelbar zum intentionalen Bewußtseinsbegriff.

Im Rahmen einer transdisziplinären Hirnforschung, die auch die klassische philosophische Erkenntnistheorie mit einschließt, stellt der aus der aristotelischen Scholastik stammende Begriff der Intentionalität die Grundlage der Neuroepistemologie dar. Um aber in diesem Zusammenhang verwendbar zu sein, muß er sowohl von dem traditionellen scholastischen Verständnis von Intentionalität, das an der Substanz-Metaphysik orientiert ist, als auch vom modernen sprachanalytischen Gebrauch unterschieden werden. Das bedeutet einerseits eine Wende vom Substanzbegriff zum Funktionsbegriff, andererseits eine Abkehr von einer bloß linguistischen Bewußtseinstheorie, die sich ausschließlich auf Brentanos dritte Klasse von psychischen Akten, auf die Urteile, bezieht und Intentionalität mit dem sprachlichen Phänomen der Prädikation gleichsetzt.

In der Neuroepistemologie geht es dagegen primär um die funktionale Intentionalität, die als Leistung und Produkt der Hirntätigkeit angesehen wird und einen fundamentalen Charakter hat, auf den die Intentionalität als Prädikation erst aufgebaut werden kann. Das intentionale Bewußtsein ist also genauso, wie es für den Bewußtseinsbegriff überhaupt in allen seinen Formen gilt, kein „Alles oder Nichts"-Phänomen. Und wie es Grade der Aktivierung und Aufmerksamkeit gibt, so gibt es auch Stufen der Intentionalität.

Die erste Intentionalitätsstufe ist die Akt- oder Handlungsintentionalität. Sie ist die ursprüngliche und grundlegende Form von Intentionalität überhaupt, die bereits im vormenschlichen Bereich anzutreffen ist und zumindest bis zu jenen Lebewesen reicht, die eine neuronale Ausstattung besitzen. Ganz im Sinne des Brentanoschen Intentionalitätsbegriffs kann man sagen, daß in jedem Akt der Zuwendung oder Abwendung sich jemand auf etwas anderes richtet, das man zu erreichen oder vor dem man zu fliehen versucht. „In der Liebe wird etwas geliebt, in dem Haß gehaßt, in dem Begehren begehrt usw." Die Intentionalität ist somit ein „Schlüsselbegriff" zur Erklärung der Struktur jedweden Verhaltens. Sie ist eine Funktion und Leistung des Nervensystems und kann entsprechend der Steigerung der Komplexität des Nervensystems auch in verschiedenen immer komplexer werdenden Formen auftreten.

Bei den komplexeren Formen der Verhaltens- oder Handlungsintentionalität, insbesondere beim menschlichen Verhalten, ist nicht nur der „Gehalt" des intentionalen Zustandes, sondern, wie Searle richtig bemerkt hat, auch sein bestimmter Modus oder Typ zu unterscheiden. Intentionen können Wünsche, Überzeugungen und Absichten sein und hängen jeweils auf Grund verschiedener „Erfüllungsbedingungen" mit dem zusammen, was wir die „reale Welt" nennen.

- Jeder Zustand legt selbst fest, unter welchen Bedingungen er wahr ist, falls es sich um eine Überzeugung handelt,
- oder unter welcher Bedingung er erfüllt ist, falls es sich um einen Wunsch handelt,
- oder unter welchen Bedingungen er ausgeführt ist, falls es sich um eine Absicht handelt.

Mit dem Begriff der Handlungsintentionalität läßt sich auch zwanglos die vieldiskutierte kausale Rolle des Bewußtseins in einer kausal geschlossenen Welt erklären. Es handelt sich dabei nicht um einen physikalischen Ursachenbegriff, der stets an Energieübertragung gebunden ist, sondern um eine andere Art der Kausalität, die von Kant als Kausalität der Freiheit von der Kausalität der Natur unterschieden worden ist, oder etwa bei Sherrington als rätselhafte geistige Verursachung auftritt und in der dualistischen Interaktionstheorie von Eccles und Popper gespensterhafte Züge annimmt, welche wiederum Sperry ebenso mühevoll wie erfolglos wieder wegzubringen versucht hat.

Als „intentionale Verursachung" (Searle 1984, S. 60), deren Charakteristik es ist, einen Zustand herzustellen, den die Intentionen (Wünsche, Überzeugungen, Absichten) selbst repräsentieren, verliert die kausale Rolle des Bewußtseins ihren geheimnisvoll gespenstischen, zur physikalischen Verursachung widersprüchlichen Charakter. Denn sie ist dann nichts anderes als der „geistige" Bestandteil einer Handlung, der bewirkt, „daß etwas anderes geschieht und daß dieses andere Etwas gerade der Sachverhalt ist, der von dem ihn verursachenden Geisteszustand repräsentiert wird" (Searle 1984, S. 64).

Diese dualistisch klingende Zerlegung von „geistigen" und „körperlichen" Bestandteilen einer Handlung, wie sie auch Searle durchführt, ist jedoch nur eine abstrakt-theoretische Unterscheidung. Denn sie müssen bei jeder normalen faktischen Handlung eine Einheit bilden. Zerbricht diese Einheit, dann kann man nicht mehr von einer wirklichen Handlung sprechen. Es ist schon seit langem bekannt, daß sich zumindest in Laborexperimenten beide Bestandteile getrennt herauslösen und einzeln untersuchen lassen. So ist es bereits William James mit einem relativ einfachen Experiment gelungen, den geistigen Bestandteil, die Absicht oder Intention, ohne den entsprechenden körperlichen Bestandteil aus einer Handlung herauszulösen: In einem dunklen Zimmer wurde ein Arm der Versuchsperson betäubt und seitlich festgebunden und dann der Befehl erteilt, den Arm hochzuheben. Die Versuchsperson gehorchte oder glaubte zumindest, gehorcht zu haben, und war dann erstaunt, erfahren zu müssen, daß der Arm in Wirklichkeit nicht hochging. Umgekehrt zeigten auch neuere Experimente von Wilder Penfield, daß sich durch Reizung entsprechender Teile des motorischen Rindenfelds die körperlichen Bestandteile, d. h. die Bewegung von Gliedmaßen, vom geistigen Teil der Handlung, der Absicht, ablösen lassen. Denn die Patienten waren von den Bewegungen ihrer Gliedmaßen ausnahmslos überrascht und bestritten zu Recht, sie selbst verursacht zu haben.

Tatsächlich läßt sich auch weder bei dieser von der Intention oder Absicht losgelösten Körperbewegung noch von der von der Körperbewegung abgelösten Intention von einer wirklichen Handlung reden. In jeder wirklichen Handlung zeigt sich also jene duale Einheit von Gehirn und Bewußtsein. Denn zu den Erfüllungsbedingungen des geistigen Bestandteils einer Handlung gehört, daß er den materiellen Bestandteil sowohl repräsentieren als auch verursachen muß (Searle 1984, S. 64).

Mit dem Begriff Repräsentation, der bei komplexeren Handlungsvollzügen notwendigerweise auftritt, ist jedoch bereits eine andere Stufe der Intentionalität angesprochen, die in den einfachen spontanen Handlungsintentionen noch nicht vorhanden ist. Im Extremfall spontaner Handlungen kann man von einer Handlungsintentionalität sprechen, die sozusagen „unbewußte Absicht“ ist. Es ist jener Fall, den Sherrington als Beispiel anführt, „wo unsere Hand die zerbrechliche Tasse im Fallen auffing, noch ehe unser Bewußtsein ihr Fallen klar erlebte, geschweige Anweisungen geben konnte, um sie zu retten“ (Sherrington 1953, S. 333). Davon unterscheiden sich alle anderen Handlungen, die durch vorausgehende Absichten charakterisiert sind. Vorausgehende Absichten, die die Handlungen in ihrem Ablauf und Ende bestimmen, sind das Ergebnis von logischen Operationen, die seit Aristoteles „praktisches Schließen“ genannt werden. Beim praktischen Schließen geht es immer um Entscheidungen zwischen verschiedenen Intentionen. Entscheidungen wiederum benötigen und verbrauchen Informationen. Information im semantisch-pragmatischen Sinn ist aber genau das, was den intentionalen Zustand verändert, und zwar deswegen, weil sie systemimmanent und systemrelativ auf irgendeine Weise, die noch genauer auszuführen ist, aber sicherlich nicht im Sinne einer naiven Abbildtheorie, Zustände der Umgebung repräsentiert, in der der Handelnde agiert.

Diese zweite Stufe der Intentionalität, die in früheren Zeiten so gen. „materiale“ oder „Gegenstandsintentionalität“, ist in jede komplexere Handlungsintentionalität (mit vorausgehender Absicht) eingebettet. Sie kann als „Repräsentation“ oder als kognitive Intentionalität bezeichnet werden. Wie bereits betont, ist für die Kognition als intentionalen Bewußtseinszustand der Begriff der Repräsentation unentbehrlich. Dadurch unterscheiden sich Leben und Erkennen grundsätzlich, obwohl natürlich das organische Leben und daher auch die neurale Ausstattung bzw. das zentrale Nervensystem oder Gehirn die unabdingbare Voraussetzung für Erkennen und Bewußtsein ist. Es ist daher richtig, wenn behauptet wird, daß man „die Geheimnisse der Intentionalität dadurch meistern kann, daß man so detailliert wie möglich beschreibt, wie diese Phänomene von biologischen Vorgängen verursacht und zugleich in biologischen Systemen realisiert werden“ (Searle 1984). Aber diese allgemeine biologische Charakterisierung reicht für die kognitive Intentionalität nicht aus. Sie muß spezifiziert werden, indem man sie auf Funktion und Struktur des bestimmten Organs bezieht, in dem allein kognitive Intentionalität als Bewußtsein und Erkenntnis realisiert ist: nämlich im zentralen Nervensystem, das das einzige Organ ist, dessen Produkte nicht selbst wieder organisch sind, wie die Absonderungen der Leber und Galle oder Verdauungssäfte und Sekrete, sondern Informationen, die der Instruktion und Kontrolle des Verhaltens dienen. Durch diese notwendige Spezifizierung unterscheidet sich die Neuroepistemologie von jeder anderen Form einer biologischen Erkenntnistheorie, die nicht den Unterschied von Leben und Erkennen, Autopoiese und Kognition usw. macht.

In diesem Sinne kann daher auch von „genetischer Information" nur im übertragenen Sinn vom Beobachter her formuliert die Rede sein. Denn der Prozeß der genetischen Informationsübertragung enthält selbst nicht die Unterscheidung zwischen der Information als solcher, die etwas anderes meint als ihren Träger, und dem Träger selbst. Die genetische Information ist eine „chemische Botschaft". Trotzdem handelt es sich dabei nicht um einen bloß subjektiven Begriff der Information, sondern dieser kann verobjektiviert werden. Das ist die grundsätzliche erkenntnistheoretisch bedeutsame Leistung der Anwendung des Informationsbegriffs in den modernen Naturwissenschaften auf Grundlage eines nichtdeterministischen Weltbildes und der Wahrscheinlichkeitstheorie. Die Vorstellung, daß selbst der anorganischen Materie in objektiver Weise, d. h. unabhängig von irgendeinem Beobachter, Information zukommt, ist nur unter der Voraussetzung gültig, daß sich Strukturen verändern können. Information gibt es nur dort, wo die Struktur oder Form fließt (C. F. von Weizsäcker). Gegenstände sind nichts anderes als länger andauernde Ereignisse oder „Zustände". Und nur das Eintreten eines (neuen) Ereignisses kann Information liefern. Diese Information ist objektiv um so größer, je unwahrscheinlicher das Ereignis ist. Sie ist gleich null, wenn das Ereignis notwendigerweise eintritt. In einem deterministischen Weltbild, wie es etwa die Laplacesche Mechanik darstellt, kann es keine objektive Bedeutung von Information geben. Information ist nur die Beseitigung der subjektiven menschlichen Unwissenheit. Kennt aber der Beobachter alle Gesetze der Mechanik, nach denen sich ein Massenpunkt auf seiner Bahn bewegt und immer neue Zustände erzeugt, dann ist für diesen alleswissenden Beobachter jeder neue Zustand eine notwendige Konsequenz der alten und liefert daher weder im objektiven noch im subjektiven Sinn Information. Denn die alten Informationen besitzt er bereits und objektiv neue entstehen nicht. Informationen entstehen daher nur in einer Welt, in der es nicht nur Ereignisse, die bereits von vornherein determiniert sind, sondern auch Alternativen gibt. Das gilt selbstverständlich und gerade auch für die Information als Repräsentation. „Repräsentation" als Funktion eines bestimmten Organs, also des zentralen Nervensystems, ist daher niemals mit einem mechanischen passiven Abbildungsprozeß zu verwechseln, sondern ist vielmehr stets ein Akt der kognitiven Intentionalität und als solcher ex definitione eine Bewußtseinsleistung, bei der eine Entscheidung zwischen Alternativen getroffen wird. Die „Mechanik des Gehirns", selbst wenn diese Mechanik auch nichtdeterministisch sein mag, legt als solche mit ihrer Signalstruktur auf der neuronalen Ebene noch nicht fest, was Information ist. Informationen als mentale Repräsentationen, die Sinn und Bedeutung haben, sind relativ zum kognitiven System, das selbst aktiv entscheidet, was als Information zu gelten hat, indem es diese als Repräsentation von etwas anderem konstruiert im Sinne eines Informationsverarbeitungsprozesses.

Das aber bedeutet nicht, wie es das kognitivistische Paradigma zu fordern scheint, daß zwischen der Ebene der Gehirnvorgänge und der intentionalen

Ebene des Bewußtseins eine weitere Ebene in der Art eines Computerprogramms liegt: „Der Computer ist als Metapher für das Hirn vermutlich weder besser noch schlechter als frühere Metaphern aus der Mechanik" (Searle 1984, S. 54). Man kann aus dieser Metapher nur dann etwas lernen, wenn man versucht, die Funktionen der Rechenmaschine dem menschlichen Gehirn anzupassen, und nicht umgekehrt meint, durch Computermodelle die Arbeitsweise des Gehirns zu erklären. Denn die Arbeitsweise des Gehirns unterscheidet sich in vieler Hinsicht grundsätzlich von den seriellen algorithmischen Programmstrukturen des gewöhnlichen Computers. Sie sind gekennzeichnet durch die Netzwerkstruktur massiver Parallelität.

Das gleiche gilt auch von den darauf aufbauenden Prozessen repräsentationaler kognitiver Intentionalität: Jeder intentionale Zustand funktioniert nur als Teil eines Netzes anderer intentionaler Zustände, gleichgültig ob diese intentionalen Zustände den Charakter von Handlungsintentionalität oder einer Intentionalität repräsentationaler Art, im Sinne der kognitiven Intentionalität, besitzen. Funktionieren heißt jedenfalls, wie es bereits Searle klar ausgedrückt hat, daß ein intentionaler Zustand „seine Erfüllungsbedingungen nur relativ zu einer riesigen Menge anderer intentionaler Zustände festlegt" (Searle 1984, S. 68). Damit wird nun auch die dritte Stufe des intentionalen Bewußtseinsbegriffs, das reflexive Selbstbewußtsein, erfaßbar. Es ist das ganzheitliche Phänomen der Selbstreferenz, das in einem komplexen System auftreten muß, wenn es selbst mit seinen eigenen elementaren intentionalen Zuständen interagiert. Die selbstreferentielle Intentionalität ist also die Art und Weise, wie ein komplexes System mit den Mitteln dieses Systems selbst sich dazu bringen kann, über sich selbst zu sprechen. Eine solche Vorgangsweise ist keineswegs bloß eine Eigenart des Bewußtseins. Selbstreferenz im weiteren Sinn einer zyklischen Operation der Elemente eines Systems untereinander ist vielmehr ein Phänomen, das durchgängig im Bereich der gesamten Wirklichkeit von biologischen Systemen angefangen über kognitive und soziale Systeme (G. Roth im Anschluß an Maturana 1970) bis zu den abstraktesten Systemen wissenschaftlicher Theorien, auftritt. Es war ja gerade der Gödelsche Beweis, der genau diese Vorgangsweise praktiziert hat, indem er Zahlen, die sog. Gödelnummern, zum metamathematischen Widerspruchsfreiheitsbeweis der elementaren Zahlentheorie (Peanoarithmetik) verwendete und somit den Begriff und die Methode der Selbstreferenz sozusagen auf der höchsten Ebene formalistisch-exakter Wissenschaft legitimiert hat. Gerade aber der Gödelsche Beweis zeigte auch die wesentliche Unvollständigkeit aller selbstreferentiellen Systeme, die nur allzuleicht von der damit verbundenen Vorstellung der Autonomie verdeckt wird. Kein reales oder abstraktes System auf dieser Welt ist autonom im absoluten Sinn der Selbstgenügsamkeit oder des Solipsismus. Das gilt auch und gerade für das menschliche Selbstbewußtsein als Hirnfunktion.

Das gesamte selbstreferentielle Netz der Intentionalität funktioniert nur auf der Grundlage eines Systems, das sich selbst aus nichtintentionalen Zuständen zusammensetzt, die eben nichts anderes sind als das, was sie selbst tun. Und auch das Gehirn selbst ist kein autonomes System im Sinn der Selbsterhaltung. Denn es bedarf eines Trägerorganismus, der es erhält und der selbst wieder abhängig ist von den Nahrungs- und Energiequellen seiner Umwelt.

Damit läßt sich aber nun auch jene spezifische Grenze der Autonomie oder prinzipielle Unvollständigkeit der selbstreferentiellen Intentionalität aufklären, die in vielen Metaphern als Paradoxie des introspektiven Selbstbewußtseins („schwarzes Loch“, Weltknoten usw.) bekannt ist: Weil das Selbstbewußtsein nichts anderes ist und nichts anderes sein kann als der Funktionszusammenhang der intentionalen Akte und Repräsentationen, oder, kantisch ausgedrückt, das „Ich, das alle meine Vorstellungen begleiten muß“, ist es als solches rein und leer für sich überhaupt nicht erkennbar. Aus der experimentellen Tatsache, daß der Akt der Introspektion mit den Inhalten der Bewußtseinskonstruktion interagiert, ergibt sich so etwas wie ein „psychologisches Unbestimmtheitsprinzip“ (Mandler 1975). Es ist offensichtlich, daß eine Mitteilung über einen Bewußtseinszustand Bewußtseinskapazität in Anspruch nimmt, was die für das betrachtende Phänomen zur Verfügung stehende Kapazität reduziert und sie folglich verändert.

Das Selbstbewußtsein oder die selbstreferentielle Intentionalität ist daher selbst nicht, wie man angenommen hat, eine feste Bühne, auf der die unterschiedlichsten Repräsentationen auf- und wieder abtreten, sondern gleicht vielmehr, wie William James (1920, S. 158) sagt, dem Leben eines Vogels, in dem ein ständiger Wechsel von flüchtiger Bewegung und Ruhe herrscht.

Zusammenfassend läßt sich nun die Frage: was heißt Bewußtsein? auf folgende Weise beantworten: Trotz und gerade wegen einer genauen Begriffsanalyse, in der der Bewußtseinsbegriff in mehrere Facetten zerlegt werden mußte, steht fest, daß es ein einheitliches Phänomen des Bewußtseins gibt, zu dem jedoch verschiedene Zugänge möglich sind: Der introspektive Zugang ist der unmittelbarste heuristische Zugang zum eigenen Bewußtsein, der zwar in Paradoxien führt, aber es trotzdem ermöglicht, jemandem anderen und nicht nur sich selbst Bewußtsein sowohl als empirischen, operational definierbaren als auch als theoretischen Begriff im Sinne von funktionaler Intentionalität zuzuschreiben. Daher gibt es auch für die Erklärung des Bewußtseins im Rahmen einer transdisziplinären Hirnforschung keinen anderen Weg als den, der für alle erfahrbare Realität gilt und der durch den Wechselbezug von Theorie und Erfahrung gekennzeichnet ist, auch wenn diese erfahrbare Welt Dimensionen besitzt, die über die biologisch-naturwissenschaftlichen Aspekte hinausgehen. Über den ontologischen Status des Bewußtseins, der mehr als zwei Jahrtausende zur Diskussion stand und auch heute noch ungeklärt scheint, läßt sich aber erst dann etwas aussagen, wenn man geklärt hat, wie das Bewußtsein phylo- wie ontogenetisch entsteht und wie es in seiner komplexen Struktur im aktuellen Erkenntnisprozeß funktioniert.

3.3 Genetische Erklärung: Wie entsteht Bewußtsein?

Die Frage nach der Entstehung des Bewußtseins erfordert eine Antwort in Form einer genetischen Erklärung. Von einer genetischen Erklärung kann man ganz allgemein dann sprechen, wenn gezeigt wird, daß ein Phänomen oder Ereignis das Endglied einer längeren Reihe von Zustandsveränderungen darstellt, deren einzelne Schritte oder Stufen man genauer verfolgen kann (Stegmüller 1983). Begnügt man sich nur mit der Beschreibung dieser einzelnen Schritte, dann handelt es sich noch nicht um eine Erklärung. Diese liegt erst dann vor, wenn nachgewiesen werden kann, daß jeweils ein Zustand kausale Vorbedingung für den nächsten ist. Dadurch entsteht eine Kette von Teilerklärungen, die selbst wiederum durch die erklärende Theorie in ihrer Gesamtheit zusammengehalten werden müssen.

Für eine solche theoretische Erklärung der Entstehung des Bewußtseins liegen, wie bereits gezeigt, zwei Ansätze vor:

- die evolutionäre Erkenntnistheorie, die eine Erklärung im phylogenetischen Sinn beansprucht und sich somit auf die gesamte Entwicklungsreihe der Lebewesen bezieht, in denen stufenweise oder auch mehr oder weniger abrupt, je nach dem Mechanismus, der für den Modus des Ablaufs der Evolution vorgeschlagen wird, das menschliche Bewußtsein entsteht;
- die genetische Erkenntnistheorie, die eine Erklärung der Entstehung und Entwicklung des Bewußtseins im ontogenetischen Sinn beansprucht, d. h. auf Entwicklungsphasen des Bewußtseins und der Erkenntnisfähigkeit des Menschen bezogen ist, die sich von der frühen Kindheit über die Jugend zum Erwachsenendasein erstrecken.

Beide Theorien, die sich in der Schwerpunktsetzung ihrer Aspekte ergänzen, lassen sich in den Rahmen einer funktionalen Neuroepistemologie dadurch einbauen, daß man einerseits an der evolutionären Erkenntnistheorie, durchaus den ursprünglichen Intentionen von Lorenz folgend, die neuroethologische Seite hervorhebt und andererseits jenen von Piaget selbst angegebenen Weg weiterverfolgt, den er zwar selbst nicht betreten, aber zumindest mit der These vom Cortex als „Verbindungsglied zwischen der hereditären Organisation und den Gesetzen des Denkens" (1967, 1974) vorweggenommen hat. Die am Beginn des vorigen Kapitels dargestellten Lebensstadien des Gehirns liefern dazu eine neurobiologische Grundlage.

Auf diese Weise läßt sich zeigen, daß die Struktur und Funktion des Menschenhirns selbst seine eigene generelle wie individuelle Geschichte enthält, die in der generellen und individuellen Entstehung des Bewußtseins ein weiteres mit naturwissenschaftlichen Methoden nicht mehr erfaßbares funktionales Äquivalent auf der metaorganischen Ebene des kognitiven Systems besitzt.

Die Frage nach der Entstehung des Bewußtseins läßt sich also dahingehend konkretisieren, daß man zunächst die Entstehung kognitiver Funktionen aus den organischen Funktionen zu erklären versucht. Dies geschieht mit der von Tembrock (1982) hergestellten Analogie von „Stoffwechsel" und „Informationswechsel". Darauf aufbauend läßt sich die Evolution und Entwicklung des Bewußtseins als Folge eines sich ständig steigernden Mechanismus des Informationswechsels darstellen, der nach bestimmten Gesetzmäßigkeiten funktioniert. Erst die Aufspaltung und Begründung solcher Gesetzeshypothesen berechtigt dazu, von einer wissenschaftlichen Erklärung der Entstehung des Bewußtseins zu sprechen. Wobei es sich im Rahmen der hier intendierten neuroepistemologischen Theorie immer um den intentionalen Bewußtseinsbegriff und seine verschiedenen Stufen handelt. In den Rahmen einer solchen Theorie fällt auch die Begründung des bisher immer nur als heuristische Intuition formulierten und in dieser Form immer wieder kritisierten psychogenetischen Rekapitulationsgesetzes, das ein Gegenstück zu dem ebenso umstrittenen biogenetischen Grundgesetz (Haeckel) darstellt. Es kann im vorgegebenen Rahmen der Neuroepistemologie zu einem epistemogenetischen Rekapitulationsgesetz präzisiert werden, das die verkürzte Wiederholung der Entwicklungsgeschichte des menschlichen Wissens im Lernprozeß des Individuums besagt.

3.3.1 Kognitive und organische Funktionen

Kognitive und organische Funktionen scheinen zunächst nur wenig gemeinsam zu haben. Denn unter den Funktionen von Körperorganen versteht man zunächst nichts anderes als bestimmte Leistungen, die für die Existenz des Lebewesens von grundsätzlicher Bedeutung sind, weil sie überhaupt dieses System am Leben erhalten. Lebewesen sind also im Sinne der Organfunktionen selbsterhaltende Systeme und, wenn man den damit verbundenen Aspekt des organischen Wachstums berücksichtigt, auch in einem gewissen eingeschränkten Sinn „selbsterzeugende" Systeme, jedoch nur auf Grund ihrer materiell-energetischen Offenheit für bestimmte Einflüsse aus der Umwelt und nur für einen bestimmten eng begrenzten Zeitraum sowie in einem jeweils unterschiedlichen Sinn, der innerhalb der selbst schon eng begrenzten artspezifischen Lebenszeit variiert. „Altern" ist nicht nur (nach Minot 1908) der „Preis", den wir für unsere im Laufe der Entwickung erzielte Differenzierung zahlen müssen, sondern „Altern" ist selbst auch noch „Entwicklung" (P. Weiss 1966). Der Preis, den jedes Lebewesen im Alter zahlen muß, besteht in der inneren geringeren Resistenz und Adaptionsfähigkeit, die schließlich mit dem Tode endet (Platt 1976, S. 30). D. h., wie schon aus den Aphorismen des Hippokrates zu entnehmen ist, die Funktionen werden störanfällig: Alte Menschen leiden unter Atembeschwerden, Hustenanfällen, Gliederschmerz, Nierenkrankheiten, Harnzwang, Schlaganfällen und Kräfteverfall. Und ihr energetischer Durchfluß ist geringer: Sie haben einen geringeren Nahrungsbedarf als jüngere.

Während die biologischen Organfunktionen auf die Erhaltung des Lebens bezogen sind und die Störung dieser Funktionen zum Tode des Lebewesens führen, sind kognitive Funktionen im eigentlichen Sinn auf Erkenntnisleistungen bezogen, die jedenfalls in ihren abstrakten Bereichen mit dem Überleben des Individuums nichts zu tun haben. So ist z. B. die mathematische Funktion $y = f(x)$ unabhängig vom Erkenntnissubjekt, das sie erzeugt, eine logische Beziehung zwischen Variablen. Sie kann aber auch erkenntnistheoretisch betrachtet als eine „Operation" bezeichnet werden, wenn man aussagen will, was das Erkenntnissubjekt tut, wobei es prinzipiell gleichgültig ist, um welches individuelle Erkenntnissubjekt es sich hier handelt. Denn es wird hier vom pragmatischen Aspekt der Nützlichkeit für das Subjekt, das diese Erkenntnis erzeugt, völlig abgesehen. Es geht lediglich um den geregelten Mechanismus der Operation, der in der mathematischen Funktion als solcher ausgedrückt wird und daher auch bekanntlich von einer eigens dazu konstruierten Maschine (Rechenmaschine) durchgeführt werden kann. Das Gemeinsame an den biologisch betrachtbaren Organfunktionen lebender Systeme und den abstrakten kognitiven, wie z. B. den von jeder speziellen Organtätigkeit lebender Systeme ablösbaren mathematischen Funktionen, sind die geregelte Veränderung und die dazugehörigen aktiven Operationen, die von jemandem (vom Menschen oder von einer von Menschen programmierten Maschine) ausgeführt werden müssen, wobei die Art und Weise der Durchführung der Operationen, die zu identischen Ergebnissen führen, trotz gewisser Ähnlichkeiten in den einzelnen Vorgängen, höchst unterschiedlich sein kann. Das Gehirn arbeitet nicht wie ein Computer, zumindest nicht wie ein Computer heutiger Generation, der seine Entstehung dem Versuch verdankt, die mechanischen Rechenhilfen, wie Kugel- und Zahnradgeräte, durch die Möglichkeiten der Elektronik zu verbessern, was primär eine Erhöhung der Ablaufgeschwindigkeit serieller Verarbeitungsprozesse bedeutet (Zemanek 1987) und nur wenig mit der massiven Parallelität zu tun hat, die im Menschenhirn Grundlage der höheren kognitiven Funktionen ist. Daher stehen fraglos die kognitiven Funktionen den biologischen Organfunktionen grundsätzlich näher als den abstrakt konstruierten maschinellen Funktionen, die nur einen streng begrenzten Ausschnitt algorithmischer Prozesse darstellen.

Worin aber besteht diese grundsätzliche Gemeinsamkeit von biologischen und kognitiven Funktionen außer der von der evolutionären Erkenntnistheorie mit Recht betonten, aber unzureichenden Feststellung, daß kognitive Funktionen, vor allem die der vorbewußten Erfahrung, aber auch die bewußte Wahrnehmung ebenso wie manche rationale Leistungen, zum Überleben beitragen? Die Antwort darauf lautet, daß Erkenntnis grundsätzlich ebenso wie die lebenserhaltenden Organfunktionen Atmung und Verdauung eine „Inkorporation" (Piaget 1974) des Objektes durch das Subjekt ist.

D. h., daß das erkennende Subjekt als lebender Organismus seinen Erkenntnisgegenstand ebenso wie seine Nahrungsobjekte „ergreift", „erfaßt", „schluckt", intern auflöst und zu integralen Bestandteilen seines eigenen kognitiven Systems macht.

Diese Vorstellung der kognitiven Funktionen ist mit der transzendentalphilosophischen Wende der Erkenntnistheorie verknüpft. Vor Kant war, vereinfacht ausgedrückt, der Erkenntnisvorgang ein Angleichungsprozeß unseres Verstandes an die Dinge selbst (adaequatio intellectus ad rem), indem das Subjekt zwar nicht materiell, aber der Intention nach zum Objekt wird, weil es die wesenhafte Form, auf die es gerichtet ist, auch erreicht und mit ihr im Inneren der Erkenntnissubjekte identisch wird. Das bedeutet jedoch selbst im Rahmen der Hirnventrikellehre, in der die einzelnen Instanzen, naturalistisch gedeutet, den Weg dieses aktiven Erzeugens der mit dem Wesen der Dinge identischen Form (eidos) festlegen, keine naive Abbildtheorie im Sinne des sog. „Repräsentationalismus". Es drückt sich vielmehr darin die Hoffnung der klassischen Metaphysik auf absolute Erkenntnis der Dinge an sich aus.

Mit Kant ändert sich jedoch die Auffassung vom menschlichen Erkenntnisprozeß selbst. Er sieht in der Erfahrung weder einen passiven Abbildungsprozeß noch ein Erreichen der wesentlichen Form der Dinge an sich, sondern die Erkenntnis ist, wie Piaget korrekt Kant interpretierend sagt, eine Integration des Objekts in innere Formen des Subjektes (oder Formen a priori). Im Unterschied zu den Organfunktionen, wie die der Verdauung, handelt es sich bei einer solchen Integration jedoch nicht um eine materielle, sondern um eine „funktionale Inkorporation" der Objekte in dem Sinne, daß sie diese in Verhaltens- oder Wahrnehmungsschemata integriert. Das Organ für diese funktionale Inkorporation der Erkenntnisobjekte ist das Nervensystem, das als solches die wesentlichen Eigenschaften der biologischen Organisation besitzt, aber über diese hinausgeht, um dem Trägerorganismus eine viel weitere Umwelt dadurch zu erobern, daß es seinen Aktionsbereich erweitert. An der Schwelle dieses Übergangs von organischer und kognitiver Funktion steht, wie man in der Neurophysiologie seit Haller weiß, die nervöse Reizbarkeit (Irritabilität), deren Gegenstück, die Sensibilität, die Bereitschaft, Reize zu beantworten, bereits kognitiven Charakter hat, ohne daß damit schon die Wahrnehmung als solche gemeint ist, die zu den echten kognitiven Leistungen gehört.

Günter Tembrock (1982) hat diesen alten Begriff der „Irritabilität" ganz im Sinne der hier vertretenen Auffassung vom Gehirn als Informationsverarbeitungssystem durch den Begriff des „Informationswechsels" ersetzt und damit auch eine im gegebenen Zusammenhang konkretere Bezeichnung für Piagets erkenntnistheoretisches und entwicklungspsychologisches Konzept der „funktionalen Inkorporation" gefunden. Denn der „Informationswechsel" ist in Analogie zum „Stoffwechsel" gedacht. Beide Funktionen können selbstverständlich nur abstrakt voneinander unterschieden werden. In der Realität sind sie untrennbar miteinander verbunden. Der „Informationswechsel" reguliert den „Stoff-" oder „Energiewechsel" und umgekehrt findet kein Informationswechsel ohne Energieaustausch statt, obwohl für den Informationsgehalt weder die Quantität noch die Qualität, also Art und Stärke der Energie, entscheidend ist.

„Informationswechsel" als Gegenstück zum organischen „Stoffwechsel" ist also die organische Art des Informationsgewinns und der Informationsverarbeitung, die von der technischen Informationsübertragungstheorie grundsätzlich dadurch unterschieden ist, daß diese Information immer einen „Wert" (Eigen 1971) haben muß. Ohne Bewertung ist Information „sinnlos", d. h. der energetische Vorgang, der an den Organismus herangetragen wird, trägt keine Information.

„Bewertung" hat jedoch zwei Aspekte, die in der Evolution der Lebewesen ursprünglich eine Einheit gebildet und sich erst später bei höheren Organismen, v. a. solchen mit einem zentralen Nervensystem, aufgespalten haben.

Der eine Aspekt, den man üblicherweise mit dem aus der allgemeinen Zeichenlehre (Semiotik) stammenden Ausdruck den „semantischen Aspekt" nennen kann, ist der der „Bedeutungsbelegung". Der andere, der pragmatische Aspekt, ist derjenige der „Wirkungseinschätzung". Beide zusammen bilden die Instruktion bzw. Selbstinstruktion des Verhaltens eines Organismus.

Einer Idee von C. F. und E. von Weizsäcker (1976) folgend, kann man auch den pragmatischen Aspekt der organischen Informationsgewinnung in zwei Komponenten aufspalten: „Erstmaligkeit und Bestätigung". Dabei ist zu beachten, daß, wie auch an anderer Stelle (Oeser 1976) ausführlich dargestellt, der pragmatische Aspekt den umfassenderen Aspekt des Informationsbegriffes darstellt und die sog. semantische und syntaktische Information nur spezifische Einengungen des pragmatischen Aspektes von Information sind. D. h., die Pragmatik bestimmt die Semantik und schließt die Syntaktik mit ein. Dies gilt zumindest für den Prozeß der Entstehung der Information: „Semantische Information kann in der Tat nur entstehen, sofern neben bestätigender Information auch erstmalige Information hinzukommt, die dann auf der funktionellen, d. h. pragmatischen Ebene selektiv bewertet wird" (Küppers 1986).

Die Verbindung zur Shannonschen Informationstheorie kann dadurch hergestellt werden, daß man sagt, der Aspekt der Erstmaligkeit hat es mit dem Neuigkeitswert einer Nachricht zu tun und der Aspekt der Bestätigung mit der Redundanz. Allgemein gilt dann, daß das Optimum der Informationserzeugung dort liegt, wo soviel Erstmaligkeit wie möglich und soviel Bestätigung wie nötig vorliegt (Küppers 1986). Das gilt schon für die genetische Information: Eine zu geringe Mutationsrate führt zu einer geringen Evolutionsgeschwindigkeit, eine zu hohe Mutationsrate zum Zerfließen der genetischen Information.

Für den „Informationswechsel" auf der neuralen Ebene bedeutet das, daß der ungeheuer große Informationsdurchsatz, durch den das Menschenhirn gekennzeichnet ist, stabilisierender Strukturen bedarf, die selbst auf der informationellen und nicht bloß organischen Ebene liegen und durch den ständigen Prozeß der fluktuierenden Information nicht verändert werden dürfen. Solche strukturellen Informationen, die sich in jedem Informationsprozeß dadurch bestätigen, daß alle erstmalige Information in sie funktional inkorporiert werden kann, bilden die Grundlage für die Entstehung des intentionalen Bewußtseins. Sie sind identisch mit dem, was Kant als die apriorischen Formen bezeichnet hat, deren ursprüngliche Synthese die Bedingung möglicher Erfahrung ist.

3.3.2 Phylogenetische Erklärung: Die Evolution des Bewußtseins

Die Ausgangsbasis für die phylogenetische Erklärung des intentionalen Bewußtseins bildet nach dem bisher Gesagten das Phänomen des „Informationswechsels". Dieses Phänomen tritt erstmalig weit unterhalb bewußter Erkenntnis in den instinktiven Verhaltensregulationen niedriger Lebewesen auf und reicht bis zu den höheren kognitiven Leistungen, die sich im zentralen Nervensystem des Menschen abspielen. Konrad Lorenz hat diese nichtorganischen Funktionen, die im organischen Apparat selbst keine Spuren hinterlassen, unter ausdrücklicher Berufung auf den ihnen allen zugrundeliegenden Begriff der Reizbarkeit Augenblicksinformation auswertende Mechanismen (AIAM) genannt und ihnen eine Kontroll- und Steuerungsfunktion zugewiesen. Sie selbst sind nicht organische Strukturen, sondern angeborene funktionale Strukturen oder Mechanismen von bereits angepaßten organischen Strukturen. Im Unterschied zu den fluktuierenden Augenblicksinformationen kann man sie als strukturelle Informationen bezeichnen und, wie es auch Lorenz ebenso wie MacKay (1950) getan hat, mit den Kantischen apriorischen Formen der Anschauung (Raum und Zeit) und den Denkformen (Kategorien) in Verbindung bringen. In ihrer genetisch bedingten Grundstruktur sind sie zwar unveränderlich. Aber es lassen sich über diesem angeborenen Grund in ständig aktiv funktionierendem Informationswechsel onto- oder epigenetisch konstruktive Modifikationen aufbauen, die selbst nicht vererbbar, aber durch Überlieferung und Lernen übertragbar sind. Jedes Individuum fängt mit dem Aufbau dieser konstruktiven Modifikationen immer wieder beim artspezifischen vorgegebenen Grund an, der für sich allein noch nicht ausreicht, um Bewußtsein im Akt der Erkenntnis hervorzubringen. Die Evolution des Bewußtseins ist daher eher eine Evolution der Bewußtseinsfähigkeit als des Bewußtseins selbst, das im Sinne des introspektiven Bewußtseinsbegriffs immer an ein Individuum oder eine Person geknüpft ist. Was aber den hier im Rahmen der Neuroepistemologie zu untersuchenden intentionalen Bewußtseinsbegriff als transsubjektive Bedingung der Möglichkeit der Erkenntnis anbelangt, so kann man sagen, daß es der Mechanismus des „Informationswechsels" ist, dessen Steigerung in der Evolution der Lebewesen notwendigerweise diese Fähigkeit des intentionalen Bewußtseins hervorbringen muß. Damit soll jedoch nicht gesagt sein, daß es möglich ist, die Entstehung des Bewußtseins voraussagen zu können. Denn gerade das ist im Rahmen einer genetischen Erklärung, die immer auf einmalige historische Ereignisse als Randbedingungen zurückgreifen muß, nicht möglich. Daher gilt für jede theoretische Erklärung des Bewußtseins das alte Wort des großen Neurophysiologen Emil Dubois-Reymond: „Selbst der Laplacesche Geist hätte die Entstehung des menschlichen Bewußtseins nicht voraussagen können“ (Oeser 1987).

Akzeptiert man nun den grundsätzlichen Mangel aller genetisch-historischen Erklärung, die zwar eine große Erklärungskraft für vergangene Ereignisse besitzt, wenn die wesentlichen Randbedingungen bekannt sind, aber nur eine geringe Prognosefähigkeit, weil sich diese einmaligen Randbedingungen stets in unvorhersehbarer Weise ändern können, dann fragt sich, auf welches Material sich die phylogenetische Erklärung des Bewußtseins im Rahmen der Neuroepistemologie stützen kann. „Paläoneurologische“ Befunde aus der Hominidenevolution gibt es kaum. Denn Gehirne fossilieren nicht. Die endokranialen Ausgüsse der Hirnschalen von Hominiden geben gerade noch Auskunft über das Großhirnrindenrelief, nicht aber über den inneren Aufbau und die Struktur der Nervenbahnen und Verbindungen. Das einzige, was man global aber mit großer Sicherheit feststellen kann, ist das im vorausgegangenen Kapitel geschilderte sehr rasche Ansteigen des Hirngewichts, das mit einer Enzephalisation von Funktionen aus den peripheren Bereichen der Sinnesorgane verbunden war. Ebenso deutlich weisen die fossilen Befunde darauf hin, daß diese Enzephalisation, d.h. die Verlagerung der Hauptmasse des Nervensystems in das Vorderende des Organismus oder in den „Kopf“, evolutiv verbunden mit der Aufrichtung des Körpers, welche die mechanische Vorbedingung für die Schädelentwicklung war, zu einer Kortikalisation von Funktionen geführt hat.

Diese Befunde bilden die empirische Grundlage für theoretische Modelle, welche die Steigerung der kognitiven Funktionen beschreiben sollen. Ein bedeutsamer Schritt in der Evolution des Bewußtseins, der erst bei höheren Organismen mit einem zentralen Nervensystem möglich war, ist die Aufspaltung der beiden Komponenten des Informationswechsels. Denn erst damit ist die Grundlage für die biologische Informationsverarbeitung gegeben, wie sie charakteristisch für das Menschenhirn ist. Der große evolutive Vorteil dieser Trennung von Bedeutungsbelegung und Wirkungseinschätzung besteht in der internen Entscheidung für verschiedene mögliche Verhaltensweisen oder Handlungen. Die Reaktion auf ein Umweltereignis hängt dann nicht schon von der Bedeutungsbelegung, sondern auch gerade von dem jeweiligen internen Zustand des individuellen Organismus ab. So kann ein bestimmtes Individuum bei gleicher Bedeutungsbelegung (z.B. „Luftfeind“) fliehen, ein anderes Individuum der gleichen Art sich durch Regungslosigkeit „unsichtbar“ zu machen versuchen, wieder ein anderes vielleicht zu einer aktiven Verteidigung übergehen, wenn der Art mehrere Verhaltensmuster zur Verfügung stehen (Tembrock 1982).

Diese Vielfalt der angeborenen Verhaltensprogramme bedarf aber einer gesteigerten Kontrollinstanz, die die einen zuläßt und die anderen hemmt, sie integriert und in Raum und Zeit steuert. Bei vielen niederen Tieren besteht bereits die wichtigste Funktion der obersten Instanzen des Nervensystems darin, eine dauernde Hemmung auf die in Bereitschaft stehenden Verhaltensprogramme auszuüben, um ihnen erst auf Grund einer fluktuierenden „von außen“ kommenden Augenblicksinformation im geeigneten Moment „die Zügel schießen zu lassen“ (Lorenz 1973, S. 85). Der „Mantel der Reflexe“, wie E. von Holst sich ausdrückte, dient nur dazu, die „aus dem Inneren quellenden Bewegungen“ zeitlich und örtlich in sinnvoller Weise an die Gegebenheiten der Außenwelt anzupassen. Diese Auffassung von der im zentralen Nervensystem selbst stattfindenden Reizerzeugung und Koordination betrachtete Lorenz als den Geburtsakt der Ethologie, denn sie lieferte den „archimedischen Punkt“, von dem seine analytische Forschung ausgegangen ist (Lorenz 1973). Bereits aus diesen grundlegenden Analysen einer evolutionären Neuroethologie, wie man diese gemeinsame Vorstellung von E. von Holst und Konrad Lorenz bezeichnen kann, ergibt sich ein für die Neuroepistemologie grundlegendes Prinzip: „Eine neue und komplexe Funktion entsteht oft, wenn nicht immer, durch Integration mehrerer schon vorhandener einfacher Funktionen, die als einzelne und unabhängig von der späteren Integration funktionsfähig waren und die, weit davon entfernt, zu verschwinden oder ihre Wichtigkeit einzubüßen, als unentbehrliche Bestandteile der neuen Einheit weiterfunktionieren“ (Lorenz 1973). Nach diesem Prinzip läßt sich auch, wie es Lorenz selbst in seiner ›Naturgeschichte des menschlichen Erkennens‹ getan hat, eine hierarchische Klassifikation der kognitiven Funktionen aufstellen. Dieses Prinzip hat auch auf den im Rahmen der funktionalen Neuroanatomie dargestellten Integrationsebenen von steigender Komplexität seine deutliche Entsprechung (s. 2.1.1). Braitenberg (1987) hat für diese Steigerung funktionaler Komplexität „Kybernetische Vehikel“ konstruiert, die die Evolution neuer Funktionen aus der Kreuzung der Faserbahnen im Wirbeltiergehirn verdeutlichen sollen. Es ist daher anzunehmen, daß dieses Prinzip auch in der Hominidenevolution funktioniert hat. Das läßt sich in der Evolution der drei für die Entstehung des menschlichen Bewußtseins grundlegenden Fähigkeiten nachweisen (Oeser 1987): die Evolution der sensomotorischen Intelligenz, die Evolution der kognitiven Repräsentation und die Evolution der Symbolfunktion. Als grundlegend für die Entstehung des menschlichen Bewußtseins sind diese Fähigkeiten deswegen zu bezeichnen, weil sie in der geregelten Reihenfolge die drei Stufen der Intentionalität: Handlungsintentionalität, Gegenstandsintentionalität und selbstreferentielle Intentionalität wiedergeben.

3.3.2.1 Die Evolution der sensomotorischen Intelligenz und die Entstehung der Akt- oder Handlungsintentionalität

Entsprechend dem Grundprinzip der Neuroepistemologie, daß jede neue kognitive Funktion durch eine Integration bereits vorhandener getrennt ausgebildeter Funktionen entsteht, ist auch die erste Stufe des intentionalen

Bewußtseins, die Handlungsintentionalität, eine Folge der Verknüpfung von hirngesteuerten sensomotorischen Organfunktionen: die Funktion der Hand und die Funktion des Auges. Die anatomische Vorbedingung für die Integration beider Funktionen war die bereits geschilderte Aufrichtung des Körpers auf zwei Beine und das binokulare Sehen. Erst dadurch konnte sich die für die geistige Weiterentwicklung so wichtige Koordination von Greifhand und Augenkontrolle entfalten. Diese Koordination beider Funktionen macht es nun möglich, einen Gegenstand aus seiner Umwelt herauszunehmen und durch Sehen und Befühlen zu prüfen und ihn wieder auf seinen alten Platz zurückzustellen. In diesem aktiven Vorgang kann man erkenntnistheoretisch den Ursprung der begrifflichen Abstraktion sehen, die zur gegenständlichen Erkenntnis führt. Neurobiologisch entspricht diesem Vorgang die progressive Enzephalisation der Wahrnehmung, d. h., nicht die Sinneskanäle werden perfektioniert, sondern deren Koordination im Gehirn. Dafür wird aber neben der modalen Verarbeitungsweise des Gehirns die intermodale Verarbeitung benötigt.

Was dann als multimodales Arbeitsprodukt herauskommt, ist ein einheitlicher konstruktiv aufgebauter Wahrnehmungsgegenstand, der kein Abbild, sondern eine Darstellung des Gegenstandes im Sinn einer funktionalen Inkorporation ist.

Was hier zweifellos als Bedingung der Möglichkeit solcher funktionaler Inkorporation entstanden sein muß, ist die erste Intentionalitätsstufe des Bewußtseins, die Akt- oder Handlungsintentionalität, die sich durch Zuwendungs- oder Abkehr- bzw. Abwehrreaktionen manifestiert.

Im vorausgehenden Kapitel (2.3.4) wurde dieses intermodale Leistungsprodukt der neuronalen Informationsverarbeitung ebenfalls nicht als Abbild, sondern als ein synthetisch aus selektierten Bestandteilen abstraktiv erzeugtes Real-Modell bezeichnet.

Nimmt man Australopithecus africanus als „Zwischenglied" für die Entstehung des Menschen an, gleichgültig, ob er direkter Vorfahre von Homo sapiens oder nur ein Seitenzweig war, so zeigt sich, daß es auch Unterschiede in der Handlungsintentionalität als unterster Stufe des intentionalen Bewußtseins gibt. Die Fähigkeit der augenkontrollierten Greifhandbewegung besitzen auch die baumbewohnenden Primaten. Bei Australopithecus africanus aber ist eine entscheidende Leistungssteigerung festzustellen, die die notwendige Voraussetzung für seine fleischfressende und jagende Lebensweise war: die Fähigkeit, Objekte während der Bewegung zu identifizieren, und zwar ohne Bindung an ihre Beziehungen zum Hintergrund als festem Bestandteil der Umwelt.

Zumindest in dieser Evolutionsphase der sensomotorischen Intelligenz entstehen die Anfänge der zweiten Stufe des intentionalen Bewußtseins, die materiale oder Gegenstandsintentionalität, die die Grundlage bewußter Begriffsbildung darstellt.

3.3.2.2 Die Evolution der kognitiven Repräsentation und die Entstehung der begrifflichen Gegenstandsintentionalität

Im Rahmen der Neuroepistemologie, die auf der Grundvorstellung beruht, daß alle „mentalen Phänomene" Leistungsprodukte neuraler Prozesse sind, die sich zu Erregungsmustern integrieren, hat auch der aus der Kognitionspsychologie stammende Begriff der „mentalen Repräsentation" einen anderen Sinn. Es ist hier nicht das „Abbild", sondern die Abbildungsfunktion, die damit gemeint ist, wobei unter „Abbildungsfunktion" lediglich eine Zuordnungsbeziehung zu verstehen ist. Betrachtet man das, was mentale Repräsentation genannt wird, nicht psychologisch, sondern neuroepistemologisch, d. h. leistungsanalytisch, dann sind Repräsentationen dynamische funktionale Strukturen, die mit bestimmten Umweltstrukturen in einer stets veränderlichen Beziehung stehen.

In dieser Beziehung gibt es neben den vielen veränderlichen Elementen des komplexen dynamischen Repräsentationsphänomens als Erregungsmuster, die notwendigerweise durch die Bewegung sowohl des repräsentierenden Systems als auch des zu repräsentierenden Systems entstehen, auch noch invariant bleibende Elemente. Diese Invarianten werden zwar vom internen System aktiv erzeugt, im Sinne einer aktiven Extraktion von gleichbleibenden Beziehungsgefügen im Chaos der Empfindungen, was aber nur durch ständige Rückkoppelungsschleifen erreichbar ist, aus denen selbst der einfachste Wahrnehmungsakt besteht.

Daher ist auch diese Erzeugung von Invarianten keineswegs willkürlich, sondern durch den Kreislauf der Sensomotorik kontrolliert. Die Evolution der sensomotorischen Intelligenz demonstriert, daß die begriffliche Basis kognitiver Prozesse im Aktionsraum der Hand entsteht. Nicht die Dinge werden „abgebildet", sondern der Umgang mit ihnen. Die mentale Repräsentation des vorbewußten Handlungsschemas, das selbst das sensomotorische Korrelat oder sozusagen der Vorläufer bewußter Begriffsbildung ist, wird zur Vorstellung und zum Begriff, wenn damit bewußt eine zukünftige Situation vorweggenommen wird. Alles abstrakte begriffliche Denken hat daher prognostischen Charakter. Es bezieht sich nicht nur auf eine Klasse von vorhandenen, direkt wahrnehmungsmäßig erfaßbaren Dingen, sondern auf eine Klasse von Dingen, die überhaupt in Raum und Zeit möglich sind. Jeder Begriff hat daher sowohl einen diagnostischen als auch prognostischen Charakter. Auf diese Weise wird durch den bewußten Begriff die Vergangenheit mit der Zukunft verbunden und die bewußt erlebbare Gegenwart ausgedehnt. Jede mentale Repräsentation, jede Vorstellung, die begrifflich fixiert werden kann, bedeutet zugleich auch ein Entweichen aus dem Augenblick der Unmittelbarkeit der Gegenwart im Sinn der psychischen Präsenzwelt.

An dieser Stelle zeigt sich klar die prinzipielle Bedeutung der Kantschen Lösung des Erkenntnisproblems: Die Horizonte von Raum und Zeit, die das erkenntnistheoretische Subjekt im Sinn seiner artspezifischen Umwelt aufspannt, liefern den „Behälter“ für die Begriffe der Dinge und Ereignisse. Wie aber ist dieser „Behälter“ der Raum-Zeit-Struktur in seiner mentalen Repräsentation zu erklären? Kant bezeichnet Raum und Zeit, die er ebenso wie die Kategorien als Bedingungen der Möglichkeit der Erfahrung ansah, in konkreter, aber hochabstrakter Weise als „reine Anschauungsformen“. Der Ort des Geschehens der mentalen Repräsentation dieser Strukturen ist das Gehirn (Oeser 1987).

Doch lassen sich dem Zeitsinn, wie im vorigen Kapitel gezeigt, keine eindeutigen lokalen Beziehungen zuordnen. Das gleiche gilt für den Raum: Beide sind intermodale Leistungen, die erst ab einer bestimmten Organisationshöhe des Nervensystems auftreten können. Das bedeutet, daß sowohl Raum als auch Zeit ebenso wie ihre Integration zum „Gestaltkreis“ der Raum-Zeit der Sensomotorik trotz der Verschiedenheit der einzelnen Sinnesmodalitäten, die damit neurophysiologisch tangiert sind, in der Wahrnehmung als Gleichräumigkeit und Gleichzeitigkeit auftreten. Ohne diese rezeptive Gleichzeitigkeit und Gleichräumigkeit und deren Integration zu einer gleichen Raumzeit wären die schon beschriebenen koordinierten Bewegungen oder gar ihre bewußte Steuerung nicht möglich. Das neurobiologisch gesehen intermodale Phänomen der Raum-Zeit-Integration hat aber auch seine funktionale Realität als mentale Superstruktur für alle möglichen begrifflichen Vorstellungen, die in ihrer Qualität von dieser Struktur völlig abhängig sind. Raum und Zeit sind in diesem Sinn evolutionär zustandegekommene Orientierungsfunktionen für das Nebeneinander und Nacheinander von Klassen von Gegenständen und Ereignissen. Sie umgeben mit ihren Horizonten das begriffliche Denken wie ein Gehäuse, das die Struktur einer eng begrenzten „Nahwelt“ hat. Die paläopsychische Situation, in der das selbstreflexive Bewußtsein aufzudämmern beginnt, läßt sich auch sehr gut mit dem aus der Ethnologie (Lévi-Strauss) stammenden Begriff des „wilden Denkens“ kennzeichnen, obwohl er gerade dort nicht evolutionstheoretisch gemeint ist. Aber schon für die frühen Prähistoriker zu Darwins Zeiten lieferten die zeitgenössischen Wilden ein Modell für den Frühmenschen. Die Zeit vergeht für den Wilden ebenso wie für die Kinder nur sehr langsam, meint schon Lubbock (1874), und der Raum, den der Wilde auch vorstellungsmäßig beherrscht, ist der sensomotorische Aktionsraum seiner Lebenserhaltung. Er ist nicht der „objektive“ geographische Raum, sondern er hat ein eigenes Bedeutungs- und Beachtungsrelief. Denn er ist nur mit jenen begrifflichen Vorstellungen erfüllt, die direkten Gebrauchswert haben oder eine Bedrohung darstellen. Alles andere bleibt in einem indifferenten Hintergrund.

Begriffe als Orientierungs- und Handlungsschemata sind dadurch gekennzeichnet, daß der Weg vom Gedanken zur Wirklichkeit kurz ist, wie Lévi-Strauss im Anschluß an eine treffende Bemerkung von Balzac es ausgedrückt hat. D.h., es ist nur ein Mindestmaß an intentionalem Bewußtsein als Entscheidungsinstanz nötig. Das kognitive Gehäuse der internen Raum-Zeit-Struktur ist um so enger, je geringer der Umfang der relevanten Gegenstände ist. Aber um so genauer und konkreter müssen dann auch die begrifflichen Handlungsschemata sein.

Solange die kognitive Welt durch die Grenzen festgelegt ist, die mit Auge und Hand abtastbar sind, und der Umfang der Gegenstände auf isolierte kleine Dinge, die der Lebenserhaltung dienen und mit den Händen herumgetragen werden können, beschränkt ist, kann es keine Weiterentwicklung des Bewußtseins geben. Erst wenn nicht nur mehr, sondern auch ganz andersartige Gegenstände in das Blickfeld der Aufmerksamkeit rücken, ändert sich sowohl der Grad als auch die Kapazität des intentionalen Bewußtseins. Grundsätzlich anders, und deshalb auch kein Gegenstand im üblichen Sinn, aber ist das andere fremde Bewußtsein, zu dem das eigene Bewußtsein durch eine eigene Fähigkeit, nämlich die der Kommunikation, Zugang hat.

Kommunikation und Repräsentation sind zwei völlig verschiedene Funktionen, die sich auch getrennt voneinander ausgebildet haben und durch Verkoppelung zu einer neuen komplexeren Funktion integriert werden, die als Symbolfunktion des zentralen Nervensystems zu verstehen ist und deren Ausdruck eben die Sprache ist.

3.3.2.3 Die Evolution der Symbolfunktion und die Entstehung der selbstreferentiellen Intentionalität

Repräsentation und Kommunikation können informationstheoretisch dadurch unterschieden werden, daß im Fall der Repräsentation keine kooperative Quelle (= Sender) vorhanden ist, sondern das Erkenntnissubjekt selbst aktiv aus den ihm zugänglichen energetischen Zuständen jene Invarianzen heraussuchen muß, mit denen es intern ein Modell eines Ausschnittes seiner Welt konstruiert. Kein Gegenstand der Erkenntnis sendet Signale fürs Bewußtsein aus. Keine Lichtwellen, Strahlen oder chemische Substanzen dringen als solche ins zentrale Nervensystem. Keiner dieser energetischen Vorgänge trägt schon Bedeutung, auch nicht für ein bestimmtes Sinnesorgan. Was Bedeutung oder Relevanz hat und was Bedeutung ist, entsteht erst im Innern des Systems, das heißt im Gehirn.

Dagegen ist Kommunikation dadurch charakterisiert, daß es bereits zwei Instanzen geben muß, die als „Sender“ und „Empfänger“ bezeichnet werden. Wie es aber auch Stufen der Repräsentation gibt, so gibt es auch Stufen der Kommunikation, die für die schrittweise iterative Entstehung des intentionalen Bewußtseins notwendig sind. Geht man von der denkbar einfachsten Struktur eines Kommunikationssystems aus, das zumindest aus zwei Instanzen und einem „Kanal“ bestehen muß, so wird damit noch nicht vorausgesetzt, daß beide Instanzen im Sinne einer gezielten oder gerichteten wechselseitigen Kommunikation agieren müssen.

Es gibt auf der untersten Stufe der Kommunikation eine artspezifische „Biokommunikation“ sensomotorischer Art, die noch keine Verständigung ist. Sie besteht darin, daß eine artspezifische Reaktion akustischer oder motorischer Art auch im Artgenossen eine Reaktion auslöst. Dieses genetisch bedingte Verhalten kann, wie z.B. bei Insekten, einen erstaunlichen Grad an Variabilität und Genauigkeit bekommen, ohne daß auch nur in Ansätzen intentionales Bewußtsein vorausgesetzt werden muß. Hier handelt es sich um „reine" Kommunikation ohne „Repräsentation". Sprache im eigentlichen Sinn als Bewußtseinsleistung entsteht erst, wenn beide Fähigkeiten zur komplexen Symbolfunktion integriert werden. D.h., wenn das Signal als sprachlich-akustisches oder optisches Zeichen mit dem Handlungsschema als „Begriff" verbunden wird. Dann wird etwas möglich, was unabhängig von der ursprünglichen Kommunikationsfunktion zwischen den Individuen ist, nämlich: das interne Manipulieren mit sprachlichen Symbolen im Denken, was schon Platon als „leises Sprechen" bezeichnet hat.

Die Zeichen sind keine Signale mehr, sie dienen lediglich der Selbstinstruktion des intentionalen Bewußtseins, das mit seinen eigenen kognitiven Zuständen in diskreter argumentativer Weise interagieren kann. Wie in einem vorausgegangenen Kapitel (2.3.5) dargestellt, liegt bei der Sprache als Gehirnleistung kein neurophysiologischer Code vor, sondern nur ein eigenes funktionales symbolisches Code-System, das die Resultatkomplexe der Gehirntätigkeit vertritt.

Phylogenetisch ist damit erst der entscheidende Schritt zur Menschwerdung, d.h. zum selbstreflexiven symbolisierenden Bewußtsein, geschehen. Das daraus resultierende Verhalten ist zunächst äußerlich kaum von den nichtreflexiven Instinkthandlungen, die der Kommunikation im vormenschlichen Bereich dienen und die wie die sog. Bienensprache sehr komplex sein können, zu unterscheiden. Trotzdem handelt es sich um zwei ihrer Funktion und ihren physiologischen Grundlagen nach völlig verschiedene Leistungstypen des zentralen Nervensystems, die allgemeiner ausgedrückt als instinktive genetisch determinierte Automatismen einerseits und als höhere kognitive Leistungen andererseits einander in ihrer Entwicklung bis zu einem gewissen Grad den Weg verlegen.

Der Grundsatz, daß, wann immer zwei verschiedene getrennt entwickelte Funktionen zusammentreffen, höhere integrative Funktionen entstehen, in denen die alten Funktionen ihren Wert als unentbehrliche Bestandteile beibehalten, gilt daher nur innerhalb eines der beiden Leistungstypen, die sich als solche gegenseitig vertreten und ersetzen können. Die beiden leistungsanalytisch verschiedenen Grundfunktionen treten in ihrer Höchstausbildung nie gleichzeitig beim selben Organismus auf, sondern sie „vikariieren", d.h., sie vertreten einander, wie Lorenz schon sehr frühzeitig in einer Diskussion um die Frage der Bedeutung der Hirngröße und der hormonalen Geschehen bei der Menschwerdung (Versluys, Poetzl, Lorenz 1939) festgestellt hat.

Man kann dieses Prinzip als „Vikariierungsprinzip" dem Prinzip der Integration von einfachen Funktionen, die in den höheren Funktionen beibehalten werden, gegenüberstellen und Lorenz folgend in einer gesetzesartigen Verallgemeinerung formulieren, „daß zumindest in bezug auf Extremtypen der Herausdifferenzierung entweder von Instinkthandlung oder höherer psychischer Leistungen eine umgekehrte Proportionalität zwischen beiden besteht" (Lorenz 1939).

Das aber bedeutet, daß, wenn wir, nach der phylogenetischen Entstehung des Bewußtseins fragend, immer höher in der Organismenreihe aufsteigen, wir feststellen müssen, daß die Automatismen immer einfacher und weniger differenziert werden und die übergeordnete Instanz der höheren kognitiven Leistungen immer mehr die Oberhand gewinnt. D.h., es handelt sich um divergente Entwicklungsrichtungen, die, einmal eingeschlagen, in extremer Form ausgebildet werden, weil sie sich gegenseitig in ihrer Funktion vertreten können. Das zentrale Nervensystem kann also mit sehr verschiedenen neuralen Mechanismen in der Auseinandersetzung mit der Außenwelt völlig Analoges zustande bringen.

Das zeigt sich auch im Vergleich von Dressur- und Verstandesleistungen beim Menschen selbst. Die Dressurleistungen stehen mit relativ starren Abläufen in der Mitte zwischen absolut starrem Instinktverhalten und den alle neuen Situationen bewältigenden Verstandesleistungen. Im Normalfall, d.h. bei gleichbleibenden Situationen, scheinen wohlausgeschliffene Dressurhandlungen, ähnlich wie Instinktverhalten, oft die besseren Leistungen zu sein. Eine Zusammenstellung von einfachsten Dressurleistungen kann daher auch sehr leicht in ihrer äußeren Wirkung echte Verstandesleistungen kopieren und weitgehend funktionell ersetzen: „Leicht schwachsinnige Menschen verstehen es oft meisterhaft, ihren Mangel am eigentlichen Intellekt durch die tieferstehende Funktion des Auswendiglernens aller überhaupt bestehenden Möglichkeiten auftretender Einzelfälle zu kompensieren" (Lorenz 1939). Es ist daher ein entscheidender Schritt in der Evolution des intentionalen Bewußtseins, wenn mit Hilfe der abstrakten Symbolfunktion das individuelle Festhalten und „Auswendiglernen" vieler Einzelzusammenhänge durch das Erfassen eines einzigen allgemeingültigen Kausalzusammenhanges ersetzt wird.

3.3.3 Ontogenetische Erklärung: Entwicklungsphasen des Bewußtseins

So grundlegend und unentbehrlich die phylogenetische Erklärung des Bewußtseins auch sein mag, so erreicht sie dennoch nicht das Ziel einer vollständigen Erklärung der Entstehung des Bewußtseins und seiner Leistungen. Als biologische Theorie der angeborenen Erkenntnismechanismen bezieht sie sich immer nur auf die notwendige Steigerung der Überlebensfunktionen in der phylogenetischen Reihe der Organismen und erklärt den keineswegs kontinuierlichen Übergang von mentalen Epiphänomenen, die bei höher organisierten Lebewesen mit einem zentralisierten Nervensystem zunächst nur zufällig und sporadisch auftreten, zu einem selektiv relevanten Basisphänomen.

Der immense Selektionswert der kognitiven Funktionen des Bewußtseins, der mit der Integration von Repräsentation und Kommunikation erreicht wird, ergibt sich vor allem in Situationen, in denen sich die Umwelt drastisch ändert. Es sind, wie bereits Wallace (1864) sagte, die geistigen Fähigkeiten, die den Menschen instand setzen, „sich mit einem unveränderten Körper mit dem veränderlichen Universum in Einklang zu erhalten".

Diese geistigen Fähigkeiten waren es auch, die dem Menschen in der vorgeschichtlichen Eiszeit, die eine Zeit des großen Sterbens war, zur Ausbreitung und Herrschaft über die ganze Erde verholfen haben. Damit endet aber auch der phylogenetische Erklärungsanspruch der evolutionären Erkenntnistheorie im engeren Sinn. Sie muß ergänzt werden durch eine zweite Stufe, in der gezeigt wird, wie kognitive Systeme prinzipiell aufgebaut sein müssen, um jene rationalen Erkenntnisleistungen vollbringen zu können, die weit über die ursprünglichen Überlebensfunktionen, die das Bewußtsein zu einem selektionsrelevanten Basisphänomen gemacht haben, hinausreichen.

Neurobiologisch und evolutionstheoretisch ergibt sich dafür zunächst eine empirische Erklärungsgrundlage in dem Faktum, daß das Menschenhirn ein Überschußphänomen darstellt. Damit ist jedoch nur die notwendige, aber noch lange nicht die hinreichende Bedingung für das Entstehen des Bewußtseins und seiner die bloße Überlebensfunktion übersteigenden Leistungen festgelegt. Die hinreichenden Bedingungen sind nicht in der genetischen Bedingtheit oder – Kantisch ausgedrückt – im „angeborenen Grund" zu suchen, sondern in epigenetischen, selbstorganisierenden Prozessen (Roth 1986), die in der Ontogenese des Individuums auftreten und gerade nicht einfach milieudeterminiert sind, wie die alte Alternative lautet. Vielmehr beruhen solche selbstorganisierenden Prozesse auf den internen Gesetzmäßigkeiten eines komplexen Systems, das mit der Umwelt in Kontakt kommt und dadurch sich selbst verändert.

In diesem Sinne ist daher eine ontogenetische Erklärung des Bewußtseins, die sich nach den Worten Piagets mehr an die „organisierende" als an die „organisierte Organisation" hält, eine notwendige Ergänzung der phylogenetischen Erklärung. Wie bereits an der Ontogenese des Gehirns im frühen Lebensalter gezeigt worden ist (2.1.4), besteht die Universalität des menschlichen Verhaltens gerade in einer sehr allgemeinen, unspezifisch angelegten genetischen „Programmstruktur", die ihre große Flexibilität grundsätzlich beibehält, auch wenn sie durch spezifische epi- und ontogenetische Verhaltensstrukturen, die beim Menschen in unbegrenzter Zahl vorstellbar sind, ergänzt und ausgebaut wird.

Nur so ist es erklärlich, warum es so etwas wie eine kreative Entwicklung in der Geschichte der menschlichen Erkenntnisfähigkeit gibt. Die Ontogenese und die Lebensstadien des menschlichen Gehirns zeigen deutlich, daß jedem einzelnen Individuum die Entwicklung seiner persönlichen Erkenntnisfähigkeit noch einmal frei zur Verfügung gestellt ist. Wobei die Reihenfolge der einzelnen Schritte der morphologischen Reifung des Gehirns, wie gezeigt, zwar einer allgemeinen chronologischen Ordnung unterliegt, individuell aber in bestimmten kritischen Entwicklungsphasen durch den jeweils spezifischen Umweltreiz bestimmt wird. Das experimentell gut gesicherte Faktum, daß bei Fehlen der entsprechenden Reizsituation – etwa unter den Bedingungen einer sensorischen Deprivation bei hospitalisierten Kindern oder in den mehrfach nachgewiesenen Kaspar-Hauser-Situationen – die histogenetische Reifung unterbleibt, was sich z. B. durch gravierende Wahrnehmungsausfälle ausdrückt, hat eine bedeutsame erkenntnistheoretische Konsequenz für die Entwicklung des Bewußtseins: Das intentionale Bewußtsein kann nur in der Aktivität des Erkenntnisvorgangs selbst entstehen. Bleibt er aus, so degeneriert das kognitive System und das Bewußtsein bleibt auf niedriger Stufe.

Vergleicht man nun die ontogenetischen Entwicklungsphasen der Kognition, wie sie Piaget geliefert hat, mit der Ontogenese und den Lebensstadien des Gehirns, so muß bei genauer Betrachtung zunächst festgestellt werden, daß eine exakte Parallelisierung (Oeser 1987) äußerst problematisch ist, da beide Phänomenreihen in sich sehr komplex und individuellen Schwankungen unterworfen sind. Mit Sicherheit läßt sich nur sagen, daß die Stadien der anatomischen Hirnreifung die notwendige Voraussetzung für die Entwicklung der kognitiven Fähigkeiten bilden. Aber auch dann, wenn Piagets Einteilung in drei, vier oder fünf Phasen relativiert werden kann, zeigt sie doch eine gewisse Regelhaftigkeit von Entwicklungsstufen der kognitiven Operationen, die für die ontogenetische Erklärung der Entstehung des intentionalen Bewußtseins von ebenso großer Bedeutung ist wie die phylogenetische Erklärung. Zunächst kann man davon ausgehen, daß die ontogenetische Entstehung der Akt- oder Handlungsintentionalität in der sog. sensomotorischen Phase erfolgt, die von der Geburt bis zum 18. Lebensmonat reicht. Die durch zahllose entwicklungspsychologische Experimente gestützte These der Existenz spezieller Stadien der sensomotorischen Phase, in denen weder der Gegenstand als permanentes Objekt in begrifflicher Repräsentation erfaßt noch sprachlich ausgedrückt werden kann, liefert einen Hinweis auf die These von der genetischen Priorität der Akt- und Handlungsintentionalität. Daran kann man die noch grundsätzlichere Behauptung vom stufenweisen Ursprung des menschlichen Bewußtseins aus der Sensomotorik anschließen. Wir können ohne die Beachtung der sensomotorischen Leistungen nicht verstehen, wie Bewußtsein und Erkenntnis oder überhaupt intelligentes Verhalten prinzipiell zustande kommt.

Gerade die genauere Unterteilung der sensomotorischen Phase in sechs weitere Einzelstadien demonstriert eine ständige konstruktive Weiterentwicklung von Fähigkeiten, bei denen immer die vorausgehende Leistungsstufe zur Basis einer konstruktiven Erweiterung wird. So folgen dem Reflexstadium zwei Stadien, die sich durch generalisierte Reaktionen auszeichnen, wie z. B. das Hämmern oder Schütteln aller Gegenstände. Erst dann läßt sich der entscheidende Schritt zum wichtigsten sensomotorischen Stadium des Erkennens, der Objektpermanenz, feststellen. Nach Piaget existiert ein Objekt für ein Kind bis zum sechsten Lebensmonat nicht mehr, wenn es aus dem Gesichtsfeld verschwunden ist. Erst danach beginnt das Kind zu begreifen, daß die Existenz eines Dings unabhängig vom eigenen Verhalten ist und ein Ding nicht neu entsteht, wenn es in das Gesichtsfeld wieder eintritt. In den weiteren Stadien der sensomotorischen Phase entwickelt sich dann das „Lernen durch Versuch und Irrtum" und das „Lernen am Modell" (Müller 1987).

Mit der Objektpermanenz beginnt sich auch der ursprüngliche „primitive Adualismus" (Piaget) der frühen sensomotorischen Phase aufzulösen, in der die Grenze zwischen Subjekt und Objekt nicht vorhanden ist. Erst wenn mit der Objektpermanenz die Gegenstandsintentionalität auftritt, spaltet sich die Welt in Subjekt und Objekt. Wobei auf der Objektseite eine Vielzahl von Objekten entsteht, auf die zunächst nur schematisch ohne Aufbau eines kategorialen Systems reagiert wird: „Das Kleinkind muß sich die Koordinierung sensomotorischer Schemata aneignen, die sich später zu operationalen Strukturen auf der repräsentativen Ebene ausbilden. Erst dann kann es damit beginnen, syntaktische Strukturen zu verstehen und zu produzieren; und die Vorgänge bei der Aneignung der linguistischen Strukturen scheinen der viel früher erfolgten Strukturierung der Handlungsschemata zu gleichen" (Inhelder 1970). Die Hypothese dabei ist, daß es parallele Mechanismen gibt, d.h. gleichartige konstruktive Prozesse sowohl in der kognitiven Entwicklung als auch in der Aneignung syntaktischer Strukturen und keine „kognitive Universaleigenschaft", was wiederum sehr gut dem Funktionieren des Gehirns als eines in sich verbundenen parallel arbeitenden Neuronennetzwerks entspricht: Es gehört daher zum Wesen der menschlichen Erkenntnisfähigkeit, die von der materiellen Struktur des Gehirns abhängt, daß sie sich aus Gruppen, Gruppierungen, Strukturen und höheren Ganzheiten zusammensetzt, die auf verschiedenen Entwicklungsstufen ausgeformt werden können.

Bedenkt man, daß die biologische Ausreifung des Gehirns erst im dritten Lebensjahrzehnt abgeschlossen ist, so wird deutlich, welch hoher Grad von konstruktiver Hirnleistungspotenz jedem menschlichen Individuum in seiner Entwicklung lebenslang zur Verfügung steht. Denn auch nach Abschluß der histologischen Vollreifung im mittleren Lebensalter befindet sich das Gehirn nicht bloß in einer unproduktiven Erhaltungsphase. Zwar finden keine auffallenden Makro- oder Mikroveränderungen im Gehirn mehr statt, aber es entfaltet sich, wie bereits gezeigt (2.1.4), in dieser Zeit die größte Intensität der spezifischen Gehirnfunktionen auf dem Niveau der molekularen Prozesse. Piagets Phasentheorie der kognitiven Entwicklung läßt sich daher über die letzte Phase der formal-abstrakten Operationen, die bereits mit zwölf Jahren erreicht wird, ausdehnen.

Intuitiv sind solche Entwicklungsphasen in der Geschichte der Menschheit immer angenommen worden. So hat schon Aristoteles erstaunlich genaue Zeitangaben gemacht, die mit den heute erforschten Lebensstadien des Gehirns sehr gut übereinstimmen, wenn er sagt: „Der Körper (im vorgegebenen Zusammenhang müßte man sagen: das Gehirn) erreicht seine

Blüte zwischen dem dreißigsten und fünfunddreißigsten Lebensjahr, die Seele aber um das neunundvierzigste Lebensjahr“ (Oeser 1987).

Dem entspricht auch leistungsanalytisch sehr gut die Tatsache, daß es auch in der intellektuellen Biographie eines Wissenschaftlers solche „Blütezeiten“ der Erkenntnisfähigkeit gibt, die fachspezifisch variieren können. Nicht nur Aristoteles hat solche Bemerkungen gemacht, sondern auch A. Comte hat bekanntlich, wie man in Anlehnung an Haeckels „biogenetisches Grundgesetz“ sagen kann, ein „epistemogenetisches Grundgesetz“ aufgestellt, das besagt, daß das menschliche Individuum in seiner intellektuellen Entwicklung die gesamte Wissenschaftsgeschichte wiederholt. Wobei entsprechend seiner enzyklopädischen Formel verschiedene Wissenschaften schneller ihren Reifezustand erreichen als andere (Oeser 1988).

Das wiederum läßt sich mit jenem Leistungswandel in Verbindung bringen, der sich im letzten Lebensalter des Gehirns einstellt. Dieser Leistungswandel beruht zwar neurobiologisch auf einer Atrophie des Gehirns, d. h. auf Nervenzellenverlust und Verlust von synaptischen Verbindungen, er kann aber trotzdem, leistungsanalytisch gesehen, positiven Charakter haben. Intuitiv wird dieser positive Charakter dadurch beschrieben, daß man sagt, im reifen Alter werden die großen und wesentlichen Zusammenhänge besser erfaßt. Genau diese Fähigkeit ist aber mit der konstruktiven Entwicklung der selbstreferentiellen Intentionalität verbunden, die nicht mehr vorwiegend auf das „Einholen“ neuer Informationen gerichtet ist, sondern sich mit der Systematisierung und Verarbeitung der eigenen, bereits gewonnenen kognitiven Zustände beschäftigt. Das kognitive System des Individuums schließt sich damit operational, und die dadurch entstandene kognitive Welt wird dann so eng oder so weit sein, wie es dem Individuum während seiner Lebenszeit selbst gelungen ist, den Horizont seiner Erfahrung auszudehnen.

3.4 Funktionale Erklärung: Wie leistet Bewußtsein Erkenntnis?

Der Entstehung und Entwicklung des Bewußtseins als artspezifischer Hirnleistungspotenz des Menschen wurde in den vorausgehenden Abschnitten dieses Kapitels deswegen soviel Platz gewidmet, damit nun in einem letzten Schritt die zentrale Frage der Neuroepistemologie als leistungsanalytischer Disziplin hervorgehoben und unabhängig von den Entstehungs- und Entwicklungsfragen behandelt werden kann.

Das Vorhandensein des menschlichen Bewußtseins als realer und realitätskonstruierender Hirnfunktion ist kein Rätsel und kein Wunder mehr und ebensowenig seine, wie noch Darwin sagte, „gottähnlichen“ Leistungen, die weit über die ursprünglichen Überlebensfunktionen hinaus den gesamten Bau des Weltalls zu umfassen beginnen. Es sind Bewußtseinsleistungen, die einmal evolutionär in der Stammesgeschichte des Menschen entstanden sind und seitdem ständig neu in der Ontogenese oder Lebensgeschichte jedes menschlichen Individuums entstehen können und tatsächlich auch immer wieder entstehen.

Die zentrale Frage der Neuroepistemologie aber, die auch das Kernstück von Kants „Philosophie des Gehirns“ bildet und die weder evolutionsbiologisch noch entwicklungspsychologisch zu lösen ist, lautet: Wie, d.h. nach welchen Regeln und Gesetzmäßigkeiten, leistet das menschliche Bewußtsein als höchste integrierende Hirnfunktion die Erkenntnis in allen ihren Formen von den einfachsten Alltagserfahrungen bis zu den abstraktesten und kompliziertesten wissenschaftlichen Erkenntnissen? Wie anspruchsvoll und umfangreich eine solche Fragestellung auch sein mag, so läßt sich zumindest ein Ansatz zu einer derartigen funktionalen Erklärung des Bewußtseins liefern, wenn man versucht, die Ergebnisse der gegenwärtigen Hirnforschung, insbesondere die der funktionalen Neuroanatomie, in die erkenntnistheoretische Fragestellung einzubauen.

Zunächst ist es aber notwendig, um den Erklärungsanspruch, der damit verbunden ist, genau zu bestimmen, zwischen erklärenden und bloß beschreibenden Funktionsanalysen zu unterscheiden. Nicht immer ist nämlich mit der Verwendung des Begriffes „Funktion“ bereits ein Erklärungsanspruch verknüpft. Denn man kann durchaus eine korrekte wissenschaftliche Systematisierung erreichen, wenn man in konkreten Funktionsanalysen die Teile eines lebendigen oder technischen Systems nach ihrem Funktionszusammenhang beschreibt und damit auch eine quasihierarchische Ordnung der einzelnen Elemente in ihren Relationen zueinander aufstellen kann. Diese Art der funktionalen Systematisierung liegt bereits auf einer „höheren Ebene“ als die bloße Deskription. Denn mit Hilfe von deskriptiven Begriffen allein läßt sich noch nichts erklären. Grundlage einer echten Erklärung sind, sowohl im logisch-formalen als auch im inhaltlichen Sinn, Angaben über Gesetzmäßigkeiten in Form von Gesetzeshypothesen allgemeiner Art, die theoretische Begriffe enthalten. In diesem Sinne erfüllen auch systematisch-ordnende Funktionsanalysen noch nicht den formalen Anspruch einer wissenschaftlichen Erklärung im strengen Sinn eines logischen Syllogismus, der von Prämissen ausgeht, von denen mindestens eine einen gesetzesartigen Charakter haben muß. Denn sonst wäre es eine Theorie ohne Allgemeingültigkeit. Das aber heißt eine „Theorie ohne Theorie“, die wissenschaftlich unbrauchbar ist, von ihrem prognostischen Gehalt, der immer mit einem Erklärungsanspruch zumindest strukturell-logisch verbunden sein muß, ganz abgesehen. Die typische Situation in allen funktionalen Erklärungen, darüber ist man sich in der Wissenschaftstheorie einig (Stegmüller 1983), ist durch die Gegenüberstellung von notwendigen und hinreichenden Bedingungen charakterisiert. Sie ist im vorliegenden Fall durch das Vorhandensein von neuralen Netzwerken gegeben, die notwendige, aber nicht hinreichende Bedingungen für das Auftreten von Bewußtseinsphänomenen sind. Damit ergibt sich die Frage, unter welchen Umständen notwendige Bedingungen als Bestandteile von Erklärungen auftreten können. Denn ohne nähere Qualifikation im Sinne von Relevanzmerkmalen kann man notwendige Bedingungen nicht zu Erklärungszwecken benutzen.

Es genügt daher auch hier nicht, auf die selbstverständliche Tatsache hinzuweisen, daß das Gehirn, das zentrale Nervensystem, die notwendige Bedingung von Bewußtsein und Erkenntnis darstellt, sondern um als Bestandteil einer wissenschaftlichen Erklärung dienen zu können, müssen gerade jene nichtselbstverständlichen, durch Jahrhunderte hindurch gesuchten funktionalen Mechanismen des Gehirns, soweit sie überhaupt bekannt sind, herangezogen werden.

Was nun die hinreichenden Bedingungen zur Erklärung von Bewußtseinsphänomenen anbelangt, so sind sie zumindest im vorliegenden Zusammenhang und Erklärungsanspruch, der sich auf den erkenntnistheoretischen intentionalen Bewußtseinsbegriff beschränkt, dadurch gegeben, daß man die logischen „wahrheitsfunktionalen" Mechanismen heranzieht, die selbst wiederum, weil sie nicht empirisch in Verhaltensexperimenten beobachtbar sind wie die individualpsychologischen Mechanismen der Wahrnehmung oder des Problemlösens, aus den Leistungsprodukten erschlossen werden müssen.

Damit ist nun genau die Methode der Neuroepistemologie als einer „naturalisierten" Erkenntnistheorie angegeben, die intentional charakterisierte Probleme auf der Ebene des menschlichen Selbstbewußtseins stellt und die entsprechenden funktionalen Mechanismen im Hirngeschehen sucht. Um jedoch unverbindliche oder sogar irreführende Spekulationen zu vermeiden, müssen folgende methodologische Bedingungen eingehalten werden (Oeser 1985, 1987):

(1) Jede in diesem Rahmen getroffene erkenntnistheoretische Aussage muß eine neurobiologische Referenz besitzen, oder sie muß
(2) zumindest so formuliert sein, daß es prinzipiell möglich ist, Beziehungen zu neurobiologischen Aussagen herzustellen.
(3) Erkenntnistheoretische Aussagen, die auf diese Weise methodisch mit neurobiologischen Aussagen verknüpft sind, können nur miteinander akzeptiert und nur miteinander verworfen werden.

Ausdrücklich sei aber hier darauf hingewiesen, daß diese drei methodologischen „Regulae philosophandi" einer transdisziplinär integrierten Hirnforschung nichts mit dem von Popper (1982) zu Recht kritisierten „linguistischen Parallelismus" zu tun haben, sondern gerade die gegenteilige Auffassung intendieren. Denn der linguistische Parallelismus geht von der Vorstellung aus, daß es zwei voneinander getrennt entwickelte Theorien mit unterschiedlicher Terminologie geben kann, die über ein und dieselbe Welt Aussagen in zwei unterschiedlichen Sprachen machen können. Aber zugleich wird auch behauptet, daß diese Theorien zueinander beziehungslos sind und auch bleiben müssen, weil die beiden Sprachen, die mentalistische und die physikalische, nicht ineinander übersetzbar sind.

Im Gegensatz dazu geht es in der Neuroepistemologie gerade um die Integration zweier Terminologien, die neurobiologische und erkenntnistheoretische, wobei hier keineswegs eine parallele Verknüpfung zweier Begriffsreihen in einem lückenlosen 1:1-Verhältnis gemeint ist. Vielmehr ist es von allem Anfang an klar, daß es viele neurobiologische Begriffe und Aussagen gibt, die erkenntnistheoretisch völlig irrelevant sind, und erkenntnistheoretische Probleme, die von vornherein nicht auf die neurobiologische Terminologie rückführbar sind.

Die Integration der Terminologie beider Theorien, der neurobiologischen Theorie der Hirnfunktionen und der Erkenntnistheorie, erfolgt jedoch weder durch Reduktion der einen Sprache auf die andere noch durch bloße Analogie, sondern sie erfolgt dadurch, daß man auf eine höhere begriffliche Ebene ausweicht und auf diese Weise zu einer abstrakteren Terminologie kommt, die mit den anderen beiden Terminologien kompatibel ist. Das geschieht dadurch, daß man in der funktionalen Neuroanatomie das Gehirn als Informationsverarbeitungssystem versteht, wie es auch ausdrücklich im vorhergehenden Kapitel getan wurde, und auf der anderen Seite die menschliche „Erkenntnis als Informationsprozeß" (Oeser 1976, Bd. 2) betrachtet, was insofern keine Schwierigkeit macht, als der Informationsbegriff ein genuiner Grundbegriff der traditionellen Erkenntnistheorie ist. Die nichttriviale Problemverschiebung, die man mit der beidseitigen Verwendung des Informationsbegriffes erreicht, besteht darin, daß es hinter dem gegenwärtigen Informationsbegriff mehrere z. T. schon wohlausgearbeitete und sogar mathematisierte Theorien gibt, in denen sich die besonderen Teilaspekte der Informationsgewinnung, Informationsübertragung und Informationsverarbeitung sowohl in technischen als auch in biologischen Systemen modellmäßig behandeln lassen.

Während die sog. „Informationstheorie" sowohl im Sinne von Repräsentationstheorie (MacKay 1950) als auch im Sinne von Kommunikationstheorie (Shannon 1954) vor allem quantitative Angaben über Informationskapazität und Informationsdurchsatz, wie sie für das Menschenhirn charakteristisch sind, liefert, lassen sich mit Hilfe der Computerprogrammanalogie (J. von Neumann 1960), wenn man sie sinnvoll anwendet, partielle Modelle von Funktionsmechanismen konstruieren, die Aufschluß über manche Ablaufmechanismen von Informationsverarbeitungsprozessen im Gehirn geben können. Die Voraussetzung dafür ist, daß sich die Grundfunktionen des logischen Schließens in den Operationen des Nervensystems wiederfinden lassen. Nach McCulloch und Pitts (1943) ist es vor allem der Alles-oder-nichts-Charakter der Neuronenaktivität, der die Annahme naheliegend erscheinen läßt, daß die Grundfunktionen des logischen Schließens, Konjunktion, Disjunktion und Negation, dem Nervennetzwerk „immanent" sind. Das aber ist, wie schon mehrfach betont worden ist, eine willkürliche und grobe Vereinfachung (Kuhlenbeck 1973, Braitenberg 1987), die von der Voraussetzung ausgeht, daß es für all diese diskreten Ereignisse eine systematische Synchronisierung gibt. Tatsächlich ist das aber nicht der Fall. Die Zeit selbst ist ein intermodales Leistungsprodukt des zentralen Nervensystems selbst, das in der aktiven Auseinandersetzung mit der Umwelt erst entsteht und so durch diese (z. B. durch astronomische Ereignisse, die Tag und Nacht bewirken) „getaktet“ erscheint. Schon wegen dieses Zeitproblems ist eine derartige Vorstellung des Nervennetzwerkes als eines Automaten mit fester Struktur, der auf einer vorgegebenen diskreten Zeitskala synchron nach einem bestimmten Programm „propositional“ aussagenlogisch arbeitet, irreführend und nutzlos. Am allerwenigsten ist sie dazu geeignet, eine angemessene Beschreibung und Erklärung der Bewußtseinsleistungen zu liefern. Ein Computer kann weder hören noch sehen, auch nicht sprechen, nicht denken und ganz gewiß nicht bewerten oder entscheiden, oder, wie bereits treffend formuliert worden ist (Langenheder 1986), „wir dürfen nicht zulassen, daß ‚Entscheiden‘ zu dem verkommt, was Computer können. Es handelt sich noch keineswegs um eine Entscheidung, wenn unterschiedliche Ereigniszustände auf Grund eines, wie kompliziert auch immer und mit wieviel Heuristiken und Zufallsgeneratoren auch immer, ausgestatteten Prozesses in deterministischer, stochastischer oder quasideterministisch/heuristischer Anhängigkeit von bestimmten Ausgangssituationen und Zwischenbedingungen hervorgebracht werden.“ Das gleiche gilt vom Begriff des menschlichen Denkens. Als Prozeß der Informationsverarbeitung im Computer ist er auf Symbol- oder Zeichenmanipulation eingeengt. Er erfaßt also damit nur einen sehr engen Bereich, der gerade nicht mit dem identisch ist, was als Leistung des Bewußtseins bezeichnet werden kann (Durchholz 1986). Denn das Bewußtsein benötigende, oder besser gesagt, Bewußtsein erzeugende Denken, das für das Selbstverständnis des Menschen charakteristisch ist, arbeitet nicht nach einem bestimmten Programm Zeichenketten automatisch ab. Automatisierte Gedankenabläufe brauchen, wenn sie einmal gelernt und eingeübt worden sind, ebensowenig wie automatisierte Bewegungen Bewußtsein. Es gibt daher ex definitione kein programmierbares Modell des Bewußtseins, das auf irgendeinem, wenn auch noch so komplizierten Computer „laufen“ könnte.

3.4.1 Das verteilte Bewußtsein: Der Netzcharakter des neurokognitiven Systems

Trotzdem ist es nicht notwendig, die Grundidee der funktionalen Analyse und Rekonstruktion des intentionalen Bewußtseins als Informationsverarbeitungssystem, dessen reale Apparatur das Gehirn ist, aufzugeben. Aufzugeben ist lediglich der einseitige Bezug zum Automaten und zur Vorstellung der Programmierung, die gerade nicht zur Bewußtseinsproblematik hin, sondern von ihr wegführt.

Denn die Logik der Neuronen beruht auf dem streng lokalen Operieren von gleichartigen Elementen, für die es keinen Gesamtplan und keinen gemeinsamen Zeittakt gibt. Das Modell des Computers als endlichen Automaten ist dann lediglich ein Spezialfall eines Systems, für das es ein bestimmtes Programm gibt, und eine gemeinsame „Uhr“.

Für biologische Maschinen dagegen gilt genau das, was Leibniz schon vor langer Zeit festgestellt hat: „Die Maschinen der Natur, d. h. die lebendigen Körper, sind noch Maschinen in ihren kleinsten Teilen bis ins Unendliche" (Monadologie § 64). Könnte man in die natürliche Maschine des „Gehirns wie in eine Mühle eintreten", so würde man „bei ihrer Besichtigung nichts weiter finden als einzelne Stücke, die aneinanderstoßen – und niemals etwas, woraus eine Perzeption zu erklären wäre" (Monadologie § 17). In heutiger Terminologie der Neuronentheorie ausgedrückt: jede einzelne Nervenzelle ist sowohl eine Recheneinheit als auch ein Kommunikationsapparat für sich. Nicht das Gehirn ist ein Computer, sondern es besteht vielmehr aus Milliarden von Computern, von denen jeder eine interne, höchst komplexe Struktur und chemoelektrische Funktion hat und die alle zusammen ein Netz von Interaktionen bilden, dessen Gesamtzustand uns immer unbekannt bleiben wird.

An dieser Stelle der Programmauffassung der Interaktionen der Nervenzellen muß daher eine andere, noch grundlegendere Auffassung der kognitiven Funktionen des Nervensystems treten, die der realen Struktur und Funktion eines sich selbst organisierenden lebenden Systems mit massiver Parallelität und grenzenlos verteiltem Bewußtsein entspricht. In der Grundlagenforschung der Informatik gibt es bereits in der sog. allgemeinen Netztheorie von C. A. Petri eine Auffassung, die sich folgendermaßen darstellen läßt (Brauer 1986): In der Netztheorie geht man vom „verteilten" System aus und beschreibt sein internes Verhalten durch Informationsflußdiagramme, die lokale Bedingungen und Ereignisse oder die Funktionseinheiten und ihre Relationen wiedergeben. Bei der Programmierung nimmt man einen anderen Standpunkt ein. Man geht vom gewünschten Ergebnis aus und versucht dafür einen Lösungsweg zu entwickeln, den man dem System vorschreibt, ohne sich für dessen innere Struktur zu interessieren. Das Programmieren ist daher stets imperativ oder instruktiv, d. h. man gibt stets Befehle und muß damit rechnen können, daß diese Befehle auch sofort ausgeführt werden. Die Netztheorie dagegen ist deskriptiv. Man beschreibt die kausalen und zeitlichen Abhängigkeiten und stellt die Möglichkeiten des Verhaltens dar. Grundbegriff der Netztheorie ist die „Nebenläufigkeit" (Voss, Genrich, Rozenberg 1987). D.h., es wird genau beschrieben, was sequentiell abhängig voneinander ist und was nicht, was also daneben herläuft oder parallel geschehen kann. Die Beschreibung der Abhängigkeiten geschieht durch Aufweis von lokalen Beziehungen zu einer beschränkten Anzahl von Nachbarelementen. Diese Abhängigkeiten selbst sind dann immer kombinatorischer, also nichtinfinitesimaler, nichtstochastischer Art.

Dagegen kommt es beim Konzept der Programmierung von Automaten nicht auf die Verbindung von nebenläufigen Aktionen an, wenn diese überhaupt zugelassen sind. Wenn sie aber zugelassen sind, dann eher in dem Sinn, daß man Nichtdeterminiertheit im Detailverhalten akzeptiert, wenn nur global gesehen oder am Schluß alles determiniert ist. Das war die Grundauffassung von John von Neumann, der selbst für eine „zukünftige logische

Theorie der Automaten" eine Logik postulierte, die eine „Pseudomorphose zur Neurologie hin" vollziehen soll. Wobei er sich allerdings entsprechend der Programmauffassung eine Logik vorstellte, die Ausnahmen im Sinne von Fehlfunktionen mit niedriger, aber nicht Null-Wahrscheinlichkeit erlaubt, wenn diese nur durch die Gesamtkomplexität des Systems austariert werden.

Nun hat sich aber, wie bereits im neurobiologischen Teil dieses Buches deutlich gemacht worden ist, gezeigt, daß, so nützlich und wertvoll die Programmanalogie für die Darstellung der Funktionen des zentralen Nervensystems als Informationsverarbeitungssystem auch sein mag, es prinzipiell unmöglich ist, den Gesamtzustand des Systems im Sinne der Programmanalogie zu erfassen. Die Programmanalogie ist nur für bestimmte Netzausschnitte oder für bestimmte eng umgrenzte Funktionen gültig. Was benötigt wird, ist daher nicht eine schwächere Logik, die Wahrscheinlichkeiten oder Ungenauigkeiten zuläßt und das Menschenhirn so zu einem unvollkommenen Computer macht, sondern eine andere Art von Logik, die dem durch „massive Parallelität" ausgezeichneten Netzcharakter des neuronal getragenen kognitiven Systems des Menschen gerecht werden kann. In einer solchen Logik muß auch der zeitliche Aspekt eine entscheidende Rolle spielen, der sonst in den bisher bekannten Logiken und Logikkalkülen meist ausgeklammert worden ist. Denn die Logik der Neuronen geschieht nicht nur in einem Netzwerk hoher Komplexität, sondern ist selbst ein Prozeß, der in der Zeit abläuft.

3.4.2 Die Logik der Prozesse als Grundlage der funktionalen Neuroepistemologie

Wenn man von einer „Prozeßlogik" spricht, so betritt man damit keineswegs ein vollkommenes Neuland. Sie war vielmehr seit Anfang der klassischen Logik bekannt, und schon Aristoteles beschäftigte das Problem der Veränderung der Gültigkeit von Erkenntnissen in ihrem zeitlichen Ablauf. Erst die Einengung der Logik auf die Erkenntnisprodukte, d.h. auf Aussagen und Aussagensysteme, führte zur Eliminierung der Zeitlichkeit und des Problems der kausalen Abfolge. Die Eliminierung dieser Probleme aus der reinen formalen Aussagenlogik beseitigte diese Probleme selbst nicht. Sie tauchen immer dann wieder auf, wenn es nicht nur um die Erkenntnisprodukte selbst geht, sondern um die Operationen, die das Erkenntnissubjekt selbst durchführt. Jede Art von Erkenntnistheorie muß daher das übliche Konzept der Aussagenlogik erweitern. So sprach bereits Hume von praktischen Erfahrungsschlüssen und Kant von einer „transzendentalen Logik", und in der Gegenwart ist von einer Logik temporaler und kausaler Modalitäten (Prior, Rescher, von Wright) die Rede.

Im Unterschied zu diesen modernen „Dynamisierungen" (von Wright 1977) der statischen bzw. zeitlosen Logik, die nur nachträgliche Erweiterungen der klassischen Aussagenlogik darstellen, muß hier im gegebenen Zusammenhang jedoch der „Logik der Prozesse" die Priorität zugeschrieben werden. Denn sie bezieht sich auf die realen erkenntnispragmatischen Bedingungen, unter denen Wahrheitswerte von Aussagen überhaupt zustande kommen und unter Umständen auch wieder abgeschafft werden können. Nur eine linguistische Theorie des intentionalen Bewußtseins könnte sich daher bloß auf die sprachlich fixierten aussagenlogischen Relationen beziehen und von den neuronalen Prozessen abstrahieren, durch die diese zustande gekommen sind. Die Aussagenlogik liefert daher schon von ihrer Struktur her gesehen nur ein statisches Abbild von bereits fertigen Erkenntnisprodukten in Form von Sätzen.

Nun hat aber bereits Russell (1976) darauf hingewiesen, daß der inhaltliche Grundbestandteil der Aussage, die „Individuen" oder „Dinge", von denen etwas ausgesagt wird, nicht als letzte logische Elemente angesehen werden können. Sie setzen sich vielmehr aus veränderlichen Komponenten, nämlich zeitlich beschränkt auftretenden „Erscheinungen" zusammen. Nur die Denkökonomie erfordert nach Ockhams Rasiermesserprinzip, daß das Individuum mit der „Klasse seiner Erscheinungen" identifiziert werden muß. Wenn es aber um den Entstehungsprozeß der Gegenstandserkenntnis selbst geht, muß das Ding oder der Gegenstand wieder in seine flüchtigen Erscheinungen aufgelöst werden. An die Stelle des Gegenstandes tritt eine Reihe von Ereignissen. Whitehead hat diese dynamische Auflösung der statisch nicht weiter reduzierbaren Interpretationsebenen des aussagenlogischen Atomismus (Russell) als eine erkenntnistheoretische Konsequenz der relativistischen Auffassung der Raum-Zeit-Struktur der modernen Physik gesehen: „Raum und Zeit haben ihren Ursprung in den Beziehungen zwischen den Ereignissen" (Whitehead 1947). Die grundsätzliche Bedeutung dieser Reduzierung der Dinge, Gegenstände oder Sachverhalte auf den Begriff des Ereignisses wird jedoch erst dann deutlich, wenn man sich den Unterschied von Ereignis und Gegenstand vor Augen hält: Ein Gegenstand ist ein Ding, das wir wieder erkennen können und wieder antreffen. Ein Ereignis geht vorüber und ist verschwunden.

Betrachtet man nun die Grundeigenschaften des Nervensystems, so zeigt sich von vornherein, daß, wie Sperry schon seit langem (1952) betont hat, es keine Anhaltspunkte dafür gibt, daß „cerebrale Prozesse auch nur im entferntesten die Muster der subjektiven Erfahrung kopieren". Das einzige, was man feststellen kann, sind Erregungen und Erregungskomplexe, d.h. Ereignisse, die synchron-parallel und diachron-seriell auftreten.

Bereits Pawlow hat drei Grundeigenschaften des Nervensystems unterschieden, die sich mit einigen Differenzierungen auch heute noch vertreten lassen. Diese drei funktionalen Grundeigenschaften sind: Stärke, Ausgeglichenheit zwischen Erregung und Hemmung und die „Beweglichkeit der Nervenprozesse". Unter der „Stärke" des Nervensystems kann man die „Aktivierungsfähigkeit" des Nervensystems verstehen und hat damit schon eine Beziehung zum empirischen Bewußtseinsbegriff hergestellt, der in Medizin und Psychologie gebräuchlich und durch den Aktivierungsgrad operational definierbar ist. Dabei gilt folgende von Pawlow selbst bereits angedeutete Festlegung: Ein „schwaches“ Nervensystem ist sensibler als ein starkes. Es antwortet auf einen Reiz, dessen Intensität für ein starkes Nervensystem nicht effektiv ist (Gray 1968, in: Kussmann und Köllnig 1972). Ein starkes Nervensystem ist daher widerstandsfähiger. Denn es ist besser in der Lage, hohe Reizintensitäten zu tolerieren. Auf das Gehirn-Bewußtsein-Problem angewendet heißt das, daß Bewußtsein ein „schwaches“, d. h. sensibles Nervensystem voraussetzt, denn funktional ist es gerade durch einen sehr hohen „Informationswechsel“ charakterisiert.

Leistungsanalytisch im Sinne der Neuroepistemologie betrachtet ist daher auch das intentionale Bewußtsein eine emergente Eigenschaft hoher zentralnervöser Erregung, die sich nur durch die Ausgeglichenheit der Erregungsprozesse, die durch die Hemmungsprozesse erfolgt, stabil erhält, aber durch seine „Beweglichkeit“, d. h. Umkehrbarkeit der Vorzeichen verschiedener Reize, in völlig unvorhergesehener Weise reagieren kann. D. h., das, was das Bewußtsein tut, kann es selbst nicht voraussehen. Es geschieht und in diesem Geschehen konstituiert es sich selbst.

Will man nun aber im Sinne einer Logik der Prozesse Ordnung ins Chaos dieser neuronalen Ereignisse bekommen, dann zeigt sich, daß eine solche Logik der Prozesse nicht allein auf den Begriff des „Ereignisses“ beschränkt sein kann. Um die strukturellen Beziehungen zwischen den Ereignissen erfassen zu können, muß ein zweiter Grundbegriff eingeführt werden, der sich nicht nur auf die zeitliche, sondern auch auf die kausale Struktur des Ablaufs der Ereignisse untereinander bezieht. Dem einen Teilstück einer Prozeßlogik, der Logik der Ereignisse, die im „Eventismus“ von Whitehead vorgebildet worden ist, entspricht daher ein zweites Teilstück: die Logik der Bedingungen. Diese ist historisch gesehen aus einer Formalisierung der induktiven Logik entstanden (von Wright 1951) und ermöglicht es nun, ohne Rückgriff auf inhaltliche Bestimmungen in beliebiger Präzisierung die formale Struktur eines Kausalzusammenhanges in einem Prozeß durch die Abfolge seiner Elemente darzustellen, wobei jeweils ein Ereignis die Bedingung für das nächste darstellt.

Dem Netzcharakter des neurokognitiven Systems entsprechend muß man aber dabei von zahllosen nebenläufigen Prozessen ausgehen, die zueinander in lokaler Beziehung stehen. Für diese lokalen Beziehungen bietet die Darstellung der Grundsituationen von Veränderungen in der Netztheorie Petris (Reisig 1982) eine präzise Beschreibung, die sich bereits in intuitiver Annäherung auch für den Entwicklungsprozeß der Erkenntnisprodukte, d. h. in der Darstellung der Theoriendynamik, bewährt hat (Oeser 1976, 1979). Denn es sind dieselben prozeßlogischen Strukturen, nach denen sowohl menschliche Individuen in Gruppen und Verbänden gemeinsam arbeitend, kommunizierend und kooperierend wissenschaftliche Erkenntnis erzeugen, als auch das Menschenhirn selbst mit seinen eigenen elementaren Neuronenzuständen interagiert. Und ebenso wie es von dem Gesamtzustand des menschlichen Wissens für keinen individuellen Beobachter vollständige Kenntnis gibt, so gibt es auch für den Gesamtzustand des neurodynamischen Systems prinzipiell keine vollständige Einsicht, obwohl jeder einzelne lokale Zustand durch Angabe der jeweilig möglichen Grundsituation beschreibbar ist.

Wie kompliziert auch der Aufbau der einzelnen Nervenzelle und des gesamten Nervensystems des Menschen sein mag, funktional auf der nichtorganischen Ebene betrachtet, gibt es tatsächlich, d. h. ohne eine ontologische Reduktion durchführen zu müssen, nur wenige Grundsituationen, die sich durch die Kombination der abstrakten Trägerelemente des Netzwerks ergeben. Denn entweder kann ein neuer Erregungszustand auf Grund vorgegebener Bedingungen eintreten, oder er muß warten, weil er in „Kontakt" oder „Konflikt" mit anderen Erregungszuständen benachbarter Aktionseinheiten steht. In solchen Wartesituationen ist jedoch das System keineswegs in Ruhe. Denn um aus einem Konflikt herauszukommen, braucht das System neue Informationen, die aus der Umgebung des Systems aktiv eingeholt werden müssen. Unter Informationen sind jedoch nicht fertige Repräsentationen von Umgebungsphänomenen zu verstehen, sondern Entscheidungselemente, aus denen sich im Inneren des Systems erst Repräsentationen aufbauen. Information im semantisch-pragmatischen Sinn ist daher mit Entscheidung untrennbar verbunden: „Information bewirkt Entscheidungen. Entscheidungen verbrauchen und erzeugen Informationen" (Petri, Genrich). Die Logik der Prozesse kann daher auch als eine formale Pragmatik angesehen werden, nach der das Funktionieren des Bewußtseins im Erkenntnisprozeß beschrieben werden kann. Im Unterschied zu den aussagenlogischen Konzepten legt die Logik der Prozesse nicht „Regeln zur Anleitung des Bewußtseins" (Descartes 1701) fest, sondern erklärt das erfolgreiche Funktionieren des Bewußtseins ebenso wie sein Scheitern im Sinn von Funktionsstörungen. Das Menschenhirn ist ein komplexes bereits existierendes, d. h. evolutionär organisiertes Betriebssystem, dessen Regeln jedoch kein einzelner Programmierer zu irgendeiner bestimmten Zeit festgelegt hat. So findet gleichzeitige Verarbeitung verschiedener Reize statt, Entscheidungen, was Vorrang hat und wie lange plötzliche „Unterbrechungen" dauern, hervorgerufen durch „Notfallsituationen" oder durch unvorhergesehene „Zwischenfälle" usw. (Hofstadter 1985).

3.4.3 Die logische Analyse des Bewußtseinsstroms

Ausgangspunkt dieser Überlegungen ist ein klassischer Terminus der Psychologie des 19. Jahrhunderts: der „Bewußtseinsstrom" von William James. Diesem Begriff liegt ein nicht mehr hintergehbares biologisches Faktum zugrunde, das in der Natur des Lebens selbst liegt. Es besteht darin, daß ein biologischer Apparat, wenn er einmal angelaufen ist, ununterbrochen Tag und Nacht weiterläuft, bis er stirbt. Auch im Sinne des operational definierbaren medizinisch-psychologischen Bewußtseinsbegriffs, der unterschiedliche Grade der Wachheit und Aufmerksamkeit kennt, hört der Bewußtseinsstrom nie ganz auf zu fließen. Das gilt ebenso für die Zeit des Schlafens und der sog. Bewußtlosigkeit. Es fehlt nur die Kontrolle und Planung: „Im Schlaf sind wir so planlos, wie das überhaupt möglich ist" (Miller, Galanter, Pribram 1973, S. 65).

Will man aber auf der Ebene des intentionalen Bewußtseinsbegriffs leistungsanalytisch funktional diesen Strom des Bewußtseins, in dem Erkenntnis stattfindet, untersuchen, so hat auch hier William James eine ebenso heute noch aktuelle wie unentbehrliche Entdeckung gemacht. Sie besteht in der Unterscheidung von „substanzartigen" Ruhe-Stellen und „transitiven" Bewegungsstellen des Bewußtseinsstromes: „Wie im Leben eines Vogels so herrscht auch hier ein beständiger Wechsel von flüchtiger Bewegung und Ruhe." Was mit dieser metaphorischen Ausdrucksweise grundsätzlich festgestellt ist, ist nichts weniger als die Erkenntnis der diskreten Struktur des scheinbar, phänomenologisch betrachtet, einheitlichen kontinuierlichen Bewußtseinsstromes. Auf introspektivem Wege ist jedoch diese Erkenntnis nicht zu erreichen. Denn die transitiven Stellen sind der Selbstbeobachtung nicht zugänglich. Jeder Versuch, sie zu erfassen, gleicht, wie James in einer treffenden Metapher sagt, dem „Versuch, das Licht aufzudrehen, um zu sehen, wie die Dunkelheit aussieht" (James 1920). Genau diese Unterscheidung zwischen Zuständen (state-elements) und Übergängen (transitional forms) liegt auch den Petri-Netzen zugrunde, die die Zustände eines Automaten während und nach der Schaltung wiedergeben. Auf der formalen logischen Ebene handelt es sich um „Bedingungen" (conditions = die von ihren Trägern abstrahierten elementaren Zustände) und Ereignisse (events = elementare Veränderungen an den Bedingungen). Auf dieser Ebene ist die allgemeine Netztheorie nicht nur auf Computer Science beschränkt, sondern dient „der Beschreibung, Analyse und Synthese von Systemen und Prozessen in der realen Welt" (Petri) überhaupt. Ihre beiden Trägermengen, Bedingung und Ereignis, bilden zusammen mit der Flußrelation eine Logik der Prozesse, die man auf direkte Weise, ohne den automatentheoretischen Ballast, auf den Bewußtseinsstrom als Informationsprozeß anwenden kann. Dies läßt sich auf plausible Weise mit den bereits dargestellten Ergebnissen der funktionalen Neuroanatomie und der Neurophysiologie in Verbindung bringen.

Geht man von der Voraussetzung aus, daß sowohl jedes Neuron allein als auch jedes Modul, d. h. die säulenartige Verknüpfung von Neuronen, eine Verarbeitungsinstanz und zugleich einen Kommunikationsapparat darstellt, dann kann man die sich daraus ergebenden Neuronenaktivierungsmuster als die organischen Trägerelemente des metaorganischen Bewußtseinsstromes ansehen. Dabei ist es jedoch ohne jeden Erklärungswert, diese Neuronenaktivierungsmuster oder „Gehirnwellen", wie immer man die kompliziert beschreibbaren und noch längst nicht vollständig erforschten neurodynamischen Prozesse oder Gehirnereignisse auch bezeichnen mag, im Sinne der

Identitätstheorie mit den kognitiven Prozessen gleichzusetzen. Es sind vielmehr die verobjektivierbaren organischen Funktionen von den mit naturwissenschaftlichen Methoden nicht verobjektivierbaren, d.h. nicht direkt an den Gehirnereignissen beobachtbaren kognitiven Funktionen zu unterscheiden. Unter der Voraussetzung jedoch, daß alle kognitiven Funktionen gehirngetragene und somit von den neuralen Strukturbedingungen abhängige Prozesse darstellen, läßt sich dann die Frage nach dem Funktionieren von Bewußtsein im Erkenntnisprozeß auf der logisch-abstrakten Ebene der allgemeinen Netztheorie stellen. Diese Frage ist identisch mit dem zentralen Problem, wie „Bedeutung", d.h. semantisch-pragmatische Information, die immer systemrelativ und systemimmanent ist, im Gehirn entsteht. Die durch die funktionale Neuroanatomie und Neurophysiologie der Aktivierungsprozesse vorgegebene Antwort lautet: Bedeutung oder Intentionalität entsteht konstruktiv aus elementaren bedeutungslosen Neuronenaktivitäten, die selbst immer auch in ihren komplexesten Interaktionsmustern bedeutungslos bleiben, aber schrittweise, indem sie die Strukturen der einfacheren Ebene mitnehmen, zu Trägersystemen von „Bedeutungen" werden können, durch die sich das intentionale Bewußtsein selbst konstruiert oder iterativ aufbaut. Diese Iteration ist eine informationelle funktionale Realität in dem Sinne, daß fließende Information oder „Ereignisse" sich zu Zuständen oder struktureller Information verfestigen, die die Bedingung oder den strukturellen Rahmen bilden in denen weitere Ereignisse, d.h. fließende Information auftritt. Intuitiv-heuristisch ausgedrückt: der Bewußtseinsstrom schwillt im Erkenntnisprozeß an und steigt auf immer höhere Leistungsebenen, womit auch gleichzeitig das verbunden ist, was man die Helligkeits- oder Wachheitsgrade bezeichnet. Das wiederum ist natürlich nichts anderes als verschiedene Aktivierungsniveaus, die aber, neuroepistemologisch gesehen, fähig sind, Erkenntnisinhalte zu tragen.

Bei all diesen metaorganischen Vorgängen bleibt die Maschinensprache des Gehirns auf derselben Ebene, auf der es kein höher und niedriger, ja im Grunde genommen gar keine Dimensionen gibt: „Das Netz könnte in jede Richtung ausgedehnt werden" (Eccles 1975, S. 167). Der Bewußtseinsstrom fließt daher auf der neuronalen Ebene nicht wie in einer vorgegebenen Landschaft, sondern sucht sich selbst nach den Regeln der möglichen Grundsituation eines Bedingungs-Ereignis-Netzes seinen Weg, der Stagnationen und Konflikte zu vermeiden versucht. Das biologische Betriebssystem selbst läßt es in seiner mikroanatomischen Strukturdeterminiertheit nicht zu, daß bestimmte kognitive Funktionen nur an bestimmten Orten stattfinden können. Trotzdem kann man entgegen der Auffassung von Maturana und in Übereinstimmung mit der im vorigen Kapitel gegebenen Darstellung sagen, daß der Neokortex der Ort der höheren Hirnfunktionen ist. Denn die makroanatomischen Strukturen, die in der klassischen Lokalisationstheorie (Meynert) eine entscheidende Erklärungsgrundlage gebildet haben, liefern zumindest eine Topologie der kognitiven Funktionen, die evolutionär zustande gekommen ist. Der „Standort" der kognitiven Funktionen ist eine naturgeschichtliche phylogenetische Realität, die sozusagen auf einem durch lange Zeit ersessenen Recht beruht.

Wie rigoros das Gehirn nach einem topologischen Prinzip arbeitet, läßt sich besonders an dem bereits ausführlich beschriebenen Beispiel der optischen Wahrnehmung erkennen. Nicht nur wird jeder neuronale Impuls, gleichgültig auf welche Weise er in den Cortex gelangt ist, nach dem Ort seiner Verarbeitung bewertet, sondern die Verarbeitung selbst geschieht in streng topologischer Weise in verschiedenen Projektionsstufen, wobei die ursprüngliche Zuordnung der rezeptiven Felder verlorengeht, so daß unser Bewußtsein einerseits den topologischen Kriterien des Gehirns ausgeliefert ist (selbst das Wissen, daß im eigenen Gehirn eine Reizelektrode in der Sehregion sitzt, verhindert es nicht, zwanghaft eine visuelle Empfindung zu haben, Roth 1987), andererseits gerade auch die Freiheit besitzt, sich mit Hilfe der unspezifischen Verarbeitungsmechanismen von den festgelegten Sinnesempfindungen völlig zu entfernen. Während also die Sinnesorgane mit den ihnen zugehörigen modalen Rindenfeldern sozusagen an der realen Außenwelt kleben, zu der sie Kontakt haben, befreit sich das interne kognitive System vom Zwang der Sinnesorgane durch seine unspezifischen Verarbeitungsmechanismen auf den intermodalen und supramodalen Leistungsstufen einer sich immer mehr steigernden konstruktiven „Einbildungskraft", die schließlich auf der metamodalen Ebene des selbstreferentiellen Bewußtseins, das in der philosophischen Tradition Vernunft genannt wird, jene unbeschränkte Freiheit gewinnt, die die Grundlage für eine Veränderung der Wirklichkeit ist, in der wir unsere imaginären kognitiven Welten realisieren.

3.4.4 Die relativistische Raum-Zeit-Struktur des neurokognitiven Systems

Wenn Kant die Raum-Zeit-Problematik an den Anfang seiner Theorie der Erfahrung stellt und sie noch vor jeder expliziten Aussage über das Bewußtsein als das eigentliche Subjekt der Erkenntnis zu lösen versucht, dann hat er bereits systematisch die Methode der funktionalen Erklärung vorweggenommen. Diese besteht gerade darin, das Bewußtsein als Subjekt oder Substanz nicht von vornherein vorauszusetzen, sondern es aus den fundamentalen kognitiven Funktionen als notwendige Bedingung aller Erfahrung resultieren zu lassen. Bewußtsein passiert notwendig in unserer inneren Erfahrung, und das Bewußtsein unseres eigenen Daseins in der Zeit ist mit der Beziehung auf eine äußere Wirklichkeit von räumlicher Ordnung unlösbar verbunden. Das Ding an sich ist ein notwendiger Grenzbegriff unseres Denkens ebenso wie das „Ich", das „kein denkend Wesen an sich selbst, sondern ein uns unbekannter Grund der Erscheinungen" (Kant 1781, S. 379f.) ist.

Nur das „erscheinende Ich" als Bewußtsein, das alle meine Vorstellungen begleiten muß, kann daher der Gegenstand der Selbstreflexion sein. Weit entfernt von jedem Idealismus subjektiver oder objektiver Art steht dann nicht einem absoluten Subjekt an sich eine Welt der Erscheinungen gegenüber, sondern die Erkenntnisrelation von Subjekt und Objekt ist selbst eine Beziehung zwischen Erscheinungen, eine Relation von Gegenständen unter Gegenständen. D. h.: nicht nur erscheinen mir im Erkenntnisprozeß die Gegenstände, sondern in jedem Erkenntnisprozeß erscheine ich auch mir selbst als der Handlungszusammenhang des Bewußtseins.

Entgegen der üblichen Modellvorstellung der Subjekt-Objekt-Relation bei Kant, in der dem erkenntnistheoretischen Subjekt das Objekt als Erscheinung eines dahinterstehenden „Ding-an-sich" gegenübersteht, ist auch die Subjektseite in „Ding-an-sich" und „Erscheinung" gespalten:

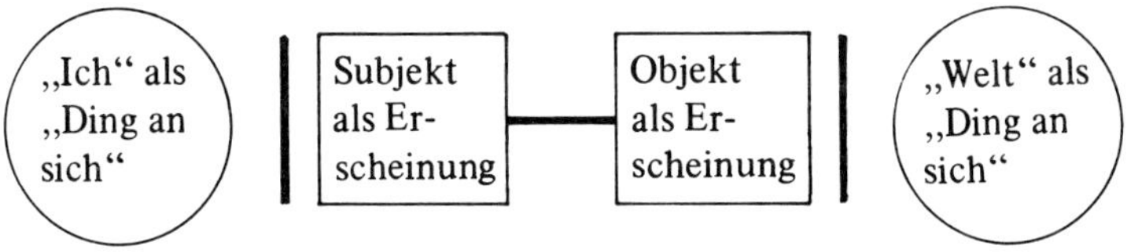

Gerade deswegen, weil das erkenntnistheoretische Subjekt selbst im Erkenntnisprozeß nur als Erscheinung auftritt, sind die apriorischen Formen dieses in die Welt der Erscheinungen integrierten Subjekts gar nicht unabhängig von der Natur. Oder, wie Kant sagt, „es ist für uns keine Erkenntnis a priori möglich, als lediglich von Gegenständen der Erfahrung". D. h., die apriorischen Formen des Erkenntnissubjekts sind die strukturellen Bedingungen, unter denen der Erkenntnisprozeß in seiner kausalen Struktur abläuft. Sie sind notwendig in dem Sinne, daß ohne sie überhaupt keine Erkenntnis als realer Informationsprozeß stattfindet. Und sie sind allgemeingültig in dem Sinne, daß sie nicht die individuell zufälligen Bedingungen eines empirischen Subjekts, sondern die allgemeine grundsätzlich gleich beschaffene Konstitution des menschlichen Erkenntnisvermögens darstellen, das wiederum nichts anderes ist als eine artspezifische Hirnleistungspotenz. Darauf weist Kant selbst hin, wenn er sagt: „... so ist es doch gewiß, daß der Mensch, der alle seine Begriffe und Vorstellungen von den Eindrücken her hat, die das Universum vermittelst des Körpers in seiner Seele erregt, sowohl in der Anschauung der Deutlichkeit derselben, als auch der Fertigkeit, dieselben zu verbinden und zu vergleichen, welche man das Vermögen zu denken nennt, von der Beschaffenheit dieser Materie", d. h. von der Organisation des Gehirns, „völlig abhängt ..." (Kant 1755, zit. n. Seitelberger 1980).

Die kognitive Welt der Erscheinungen setzt die interne Konstruktion eines Raum-Zeit-Schemas als Leistung des Gehirns voraus. Raum und Zeit sind nicht Abstraktionen von den Dingen selbst, sondern interne Konstruktionen. Sie haben daher von vornherein keine bestimmte absolute Struktur, sondern sind relativ zu den jeweiligen Erkenntnisinhalten oder Erscheinungen. Richtet man nun im Sinne einer neuroepistemologischen Betrachtungsweise die Aufmerksamkeit auf den Ort des raumzeitlichen Geschehens der Erkenntnisinhalte, dann ergibt sich schon aus dem Netzcharakter des neurokognitiven Systems die Relativität der Raum-Zeit-Struktur. Was im Kreise der Gehirnanatomen selbstkritisch als „wilde Spekulation" bezeichnet wird (Braitenberg 1987), klingt hier im Rahmen der Neuroepistemologie, die aus lauter aprioristisch-theoretischen Spekulationen besteht, für die erst im Bereich der empirischen Neurowissenschaften Entsprechungen gesucht werden müssen, eher wie eine nüchterne Feststellung. Wenn Theodor Meynert vor fast hundert Jahren seine an Kant orientierte Auffassung vom Raum als Gehirnkonstruktion noch recht mühsam zu rechtfertigen versucht, dann ist heutzutage nach dem Auftreten der Einsteinschen Relativitätstheorie eher die Frage zu stellen, warum denn gerade die 3-Dimensionalität des Raumes ausgezeichnet sein soll. Denn das Gehirn selbst mit seiner Netzwerkstruktur gibt dazu keinen direkten Hinweis oder Anlaß.

Ein Netzwerk kann ja in beliebig vielen Dimensionen angelegt sein, und bei einem Gebilde mit der fasrigen Netzwerkstruktur, wie es das Gehirn eben ist, läßt sich nicht ohne weiteres aus der makroskopischen Gestaltung eines mehr oder weniger festen Körpers auf die innere Geometrie der Nachbarschaftsbeziehung der Elemente schließen. Es ist vielmehr naheliegend und für die Interpretation von Gehirnstrukturen im allgemeinen sehr wichtig, „daß durch den faserigen Bau die durch die geometrische Nachbarschaft zunächst gegebene Beziehungsstruktur weitgehend abgeschafft oder in ein ganz anderes System von regelmäßigen Nachbarschaftsbeziehungen übergeführt werden kann" (Braitenberg 1987).

Auf diese Weise ist es möglich, sich die aktivierten Neuronenverbindungen entweder in Form von eindimensionalen Ketten, zweidimensionalen Flächen oder in drei-, vier- und mehrdimensionalen Räumen vorzustellen. Der Bewußtseinsstrom jedenfalls ist durch die Strukturdeterminiertheit eines solchen Netzwerkes nicht behindert. Er kann fließen wohin er will und in welche räumlichen Dimensionen auch immer. Und das tun wir bekanntlich tatsächlich: nicht nur im Traum, sondern auch in unseren hochabstrakten physikalischen Theorien, in denen „pathologische Raum-Zeiten" mit verschiedenen Dimensionen konstruiert werden können und in denen man sich durch zurückgebogene Raumzeiten selbst in der Vergangenheit theoretisch begegnen kann. Ja sogar die Spaltung des Universums in eine Vielzahl möglicher Welten ist nicht unmöglich oder zumindest theoretisch denkbar. Nimmt man die alte Metapher von Mikrokosmos und Makrokosmos oder vom Bewußtsein als Spiegel des Universums (Leibniz, Kant) ernst, so befinden wir uns in jener Phase der Hirnforschung, die bereits die klassische Newtonsche Mechanik des Gehirns, wie sie noch Meynert und Vorworn vorgestellt haben, zugunsten einer relativistischen Hirndynamik im Sinne der Einsteinschen Theorie überwunden hat.

Denn genausowenig, wie wir durch die Struktur unseres Gehirns selbst auf keine bestimmte Raumanschauung festgelegt sind, sind wir auf eine bestimmte absolute Zeit festgelegt. Es scheint, wie bereits ausgeführt, bemerkenswerterweise keine eindeutigen lokalen Beziehungen im Großhirnbereich zu geben, die für einen einheitlichen Zeitsinn verantwortlich sind. Ebensowenig ist es eine bestimmte Sinnesmodalität, die allein bestimmend wäre.

Der Zeitsinn beruht vielmehr auf einer intermodalen oder „transmodalen" zentralnervösen Analyse der durch die verschiedenen Sinnesorgane vermittelten Sinnesdaten und der für die Wahrnehmung notwendigen motorischen Akte (Grüsser 1983). Das ergibt sich ebenfalls aus dem Netzcharakter des zentralen Nervensystems, das von vornherein keine bestimmte Uhr, keinen Zeitgeber und Zähler für eine globale Zeit hat. Was vorhanden ist, sind lokale Strukturen von Bedingungen und Ereignissen, in denen nur eine lokale Zeitordnung („Eigenzeit" in der Relativitätstheorie), nicht aber eine Zeitrelation zwischen entfernten Vorgängen festzustellen ist. In einem verteilten System (Richter 1985) mit vielen nebenläufigen Prozessen ist daher auch der gewöhnliche klassische Zeitbegriff nicht vorauszusetzen (Petri 1967). Er wird vielmehr erst als Spezialfall durch Vereinbarung oder intermodale Kooperation verschiedener, sowohl ihrer Modalität als auch Komplexität nach unterschiedlicher lokaler Zeitrelationen hergestellt.

Wie bereits im neurobiologischen Teil der Arbeit ausgeführt worden ist, deutet alles darauf hin, daß der Zeitsinn zu seiner Aktualisierung großer Rindengebiete bedarf, so daß man annehmen kann, daß in so gut wie allen höheren Hirnfunktionen zeitliche Relationen enthalten sind, deren Bedingungen sowohl im Gehirnbau präformiert sind als auch durch individuelle Lernprozesse ausgeformt werden müssen. Die Frage nach der Existenz einer „Uhr" für die global erlebte Zeit des Bewußtseins im komplexen verteilten massiv parallelen Netzwerk des Menschenhirns ist daher schwer zu beantworten. Denn sie müßte an einem „Ort" die interne Kombination eines periodischen „Zeitgebers", eines „Zählers" und eines „Notizblocks" (= Gedächtnis) erfüllen (Grüsser 1983).

Als Zeitgeber können nur solche biologischen Rhythmen in Frage kommen, die schneller als die kleinsten erlebbaren Zeiteinheiten sind, die von den Sinnesphysiologen als „Momente" bezeichnet worden sind. Meßbar sind diese Momente, die unterschiedlich sind, weil sie von der Modalität und dem Komplexitätsgrad der Reize abhängen, dadurch, daß man das kritische Zeitintervall feststellt, in dem noch gerade das zeitliche Nacheinander von Ereignissen unterschieden werden kann. Da aber alle diese Momente, wie bereits in einem vorigen Kapitel dargestellt (2.3.2), nach genauen Untersuchungen im Bereich von Millisekunden liegen, kommen Atmung oder Herzschlag als Zeitgeber nicht in Frage. Eher ist anzunehmen, weil eine allgemeine Aufhebung des Zeitsinnes, die sich durch zeitliche Desorientiertheit ausdrückt, nur bei einer allgemeinen Schädigung der Hirnfunktionen zu beobachten ist, daß als Zeitgeber solche Funktionen verantwortlich sind, die große Bereiche des Gehirns in gleicher Weise bestimmten, wie sie etwa in den periodischen elektrischen Spannungsschwankungen des Elektroenzephalogramms erkennbar sind. Als „Zähler" können dagegen diejenigen Funktionen angenommen werden, welche die Signale des Zeitgebers auswerten, entsprechend den verschiedenen Funktionen – verschiedene Neuronennetze etwa in der Sprachregion –, oder für „nicht-sprachliche Uhren" solche in der nicht-dominanten Großhirnhemisphäre. Es gibt daher im Netzwerk des zentralen Nervensystems keine von vornherein festgelegte zentrale Uhr für eine globale Zeit, sondern das fundamentale Phänomen der intermodalen Gleichzeitigkeit ist eben erst das Konstrukt einer harmonisierenden Verrechnung lokaler Eigenzeiten im relativistischen Sinn.

Das einzige, was in bezug auf die Zeit absolut festgelegt ist, ist die Zeitrichtung, d.h. die Abfolge von Vergangenheit, Gegenwart und Zukunft. Denn sonst gäbe es keinen „Bewußtseinsstrom", d.h. einen Prozeß mit bestimmter Flußrelation. Schon aus der „erinnerten Zeit" zeigt sich, daß es im Grunde genommen keine Umkehr der Zeit gibt. Denn die Erinnerung ist keineswegs die inverse Operation des Zurückspulens des von der Vergangenheit über die Gegenwart in die Zukunft gerichteten Zeitablaufs. Wenn wir uns zurückerinnern, dann geschieht das nur durch verschiedene große Rückwärtssprünge, die uns mit einem Schlag an den zeitlichen Ort des vergangenen Geschehens zurückversetzen, und von dort aus erfolgt dann die Rückerinnerung der kontinuierlichen Einzelereignisse in der „Vorwärtsrichtung" (Grüsser 1983). Oder anders ausgedrückt: wir springen in der Gegenrichtung des Bewußtseinsstromes zurück und lassen uns dann in der vorgegebenen Flußrichtung wieder nach vorwärts treiben. Diese strikte Anisotropie der erinnerten Zeit läßt die Vermutung zu, daß es dafür auch eine neurobiologische Grundlage gibt. Das würde bedeuten, daß genauso wie es einen kosmologischen, thermodynamischen und elektrodynamischen Zeitpfeil in der Physik gibt, die alle in dieselbe Richtung weisen, es auch einen biologischen und neurobiologischen Zeitpfeil gibt, nur mit dem Unterschied, daß es sich bei diesem biologischen Zeitpfeil nicht nur um die „schwache" Zeitlichkeit handelt, die auf den Gesetzen der statistischen Mechanik beruht, sondern um eine „starke" Zeitlichkeit, die in die materielle Organisation ihres lebendigen Trägers eingeflochten ist (Eigen 1983).

Wenn aber Leben die Voraussetzung von Erkennen, organische Funktionen die Voraussetzung für kognitive Funktionen darstellen und beide zusammen allgemein als Informationsprozesse betrachtet werden können, dann läßt sich auch ein Grundgesetz formulieren, das man als Gesetz der „Iteration von struktureller und fluktuierender Information" bezeichnen kann (Oeser 1985, 1987). Dieses Gesetz besagt, daß sich immer fließende Information zu struktureller Information verfestigt, wodurch ein neuer Typ von fließender Information auftreten kann, der sich selbst wieder zu einem weiteren Typ von struktureller Information verfestigt, wobei sich auf jeder Ebene sowohl die Qualität als auch die Quantifizierungsgrundlage verändert. Auf diese Weise bekommt der sonst nackte Pfeil der Zeit einen strukturellen Widerhaken, der ihn daran hindert, auf eine tiefere Ebene zurückzufließen. Strukturelle Veränderungen sind irreversibel, selbst wenn sie zugrundegehen sollten. Denn strukturelle Information entsteht und vergeht nicht nach der gleichen Art. Auf- und Abbau struktureller Information ist bei allen organischen Prozessen genau unterscheidbar. Es handelt sich nicht um eine symmetrische Relation, was auch wahrnehmungsmäßig leicht erkennbar ist: Wachstum und Fäulnis sind auch bei künstlicher Rückspulung der Zeit im Film klar voneinander unterscheidbar (Grüsser 1983).

Das gleiche gilt auch für den bewußten Erkenntnisprozeß und für das Bewußtsein selbst. Sagt doch schon Ramón y Cajal so treffend: Derjenige, der sich eine Aufgabe gestellt hat, ist nicht mehr derselbe, der sie später gelöst hat. Er hat sich auf irreversible Weise in seiner Bewußtseinsstruktur verändert, und das gilt auch dann noch, wenn er die Lösung längst wieder vergessen hat.

3.4.5 Die Selbstkonstruktion des Bewußtseins

Das Gesetz der Iteration von fluktuierender und struktureller Information liefert nun auch am Schluß einen allgemeinen kohärenten Erklärungsrahmen für die Selbstkonstruktion des Bewußtseins im Erkenntnisprozeß. Denn von diesem Gesetz ist nicht nur der evolutionäre Bauplan des Menschenhirns, sondern es sind davon, wie schon Ramón y Cajal geahnt hat, auch dessen durch steigende Komplexität neu entstandenen Funktionen, „wie Empfindung, Denken und Wille“, bestimmt. Wenn nun, wie heute allgemein angenommen wird, Bau und Funktion des Menschenhirns ein Abbild seiner phylogenetischen wie ontogenetischen Entwicklung darstellen, dann sind nach dem berühmten Satz von Theodor Meynert die Gehirnleistungen auch nur durch Analyse dieser Prozesse festzustellen. Dabei ist hier eher von jenem Satz des Neuropsychiaters Paul Flechsig (1896) auszugehen, der wie eine Umkehr des Satzes von Meynert klingt: „Im Aufbau unseres Geistes, in den großen beharrenden Zügen seiner Gliederung, spiegelt sich klar und deutlich die Architektur unseres Gehirns wider.“ Denn Neuroepistemologie ist ja der Versuch, von der zweifelsfreien Existenz des intentionalen Bewußtseins und seinen faktisch vorliegenden Erkenntnisleistungen auf die zugrundeliegenden neuralen Mechanismen zurückzuschließen. Der Rahmen dieses allgemeinen Gesetzes, das schon Spencer als allgemeine Entwicklungshypothese vorweggenommen hat, kann also nicht weit genug sein. Er muß zumindest die Entstehung des Lebens, d.h. die Selbstorganisation der genetischen Information, umfassen und bis zu den kommunikativen Prozessen reichen, die synchron zwischen menschlichen Individuen ablaufen und diachron durch die historische Tradition gegeben sind. Denn das menschliche Bewußtsein als metaorganische funktionale Realität braucht zu seiner Selbstkonstruktion das andere Bewußtsein. Bewußtsein steht also immer im Rahmen einer sozialen Interaktion und Kooperation, die sich letzten Endes durch sprachliche Kommunikation am vollendetsten ausdrücken.

Geht man also von einem solchen allgemeinen Iterationsgesetz von fließender und struktureller Information aus – das besagt, daß fließende Information, die selbst schon ein zumindest minimales Strukturgefälle voraussetzt, sich immer durch selbstverstärkende Rückkoppelungsprozesse zu struktureller Information verfestigen kann, die dann wiederum den leeren Speicher für einen anderen Typ von fließender Information darstellt –, dann kommt man zu einem statischen synchronen Stufenmodell, das sowohl die Bedingungen als auch die Folgen der dynamischen Selbstkontrolle des menschlichen Bewußtseins wiedergibt.

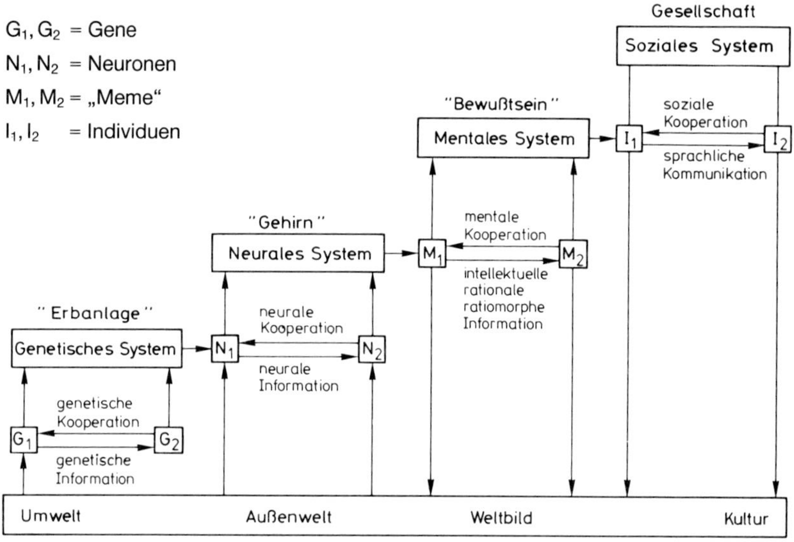

Dynamisch betrachtet handelt es sich bei diesen Strukturen immer um Prozesse, bei denen quasizirkuläre positive Rückkoppelungsprozesse spiralenförmig auf eine höhere Ebene ausscheren, in der sich nicht nur die Qualität der Information und ihre Quantifizierungsgrundlage, sondern auch die Richtung des Gesamtprozesses verändern. Ein solches Modell kann auch zumindest ein Lösungsschema für die gegenwärtige vieldiskutierte Alternative von hierarchischer oder paralleler Organisation des Gehirns liefern.

Während in der gesamten Geschichte der Hirnforschung von der Ventrikellehre über die statische Lokalisationstheorie bis in die letzten Jahrzehnte unseres Jahrhunderts der hierarchische Aspekt überwogen hat, wird in der Gegenwart gerade diese Auffassung scharf kritisiert. So sagt Maturana (1982): „Der Neokortex ist kein Zentrum höherer Funktionen bei Säugetieren oder beim Menschen. Noch auch arbeitet das Nervensystem als ein hierarchisches System ...“ und richtet sich damit gegen die bekannte Darstellung der Sehwahrnehmung von Hubel und Wiesel, die davon ausgeht, daß das Nervensystem mit Repräsentationen operiert und folglich Zustände bewältigen muß, deren Komplexität durch die Außenwelt bedingt ist, so daß dann schließlich die Sehwahrnehmung als Ergebnis von unterschiedlichen Phasen der „Abstraktion" betrachtet werden muß, in denen der Kortex sensorisch „Information" verarbeitet. Dagegen setzt Maturana die Auffassung, daß die Operationen (z.B. die oben beschriebenen nach der Orientierungsspezifität linearer Konfigurationen im Gesichtsfeld durchgeführten Kantenoperationen) nur an Korrelationen zwischen Sensoren und Effektoren oder an Korrelationen von Korrelationen zwischen Sensoren und Effektoren ausgeführt werden, also allein durch die Struktur des Nervensystems selbst bestimmt sind und nicht aus „Informationen" errechnet werden, die durch die Sensoren aus der Umwelt „eingeholt" werden. Die in dieser Kritik liegende Willkür der Auffassung von „Information" ist bereits mehrfach in der vorliegenden Arbeit zurückgewiesen worden. Denn die Verwendung des Informationsbegriffs setzt keineswegs eine direkte, mehr oder weniger komplizierte Widerspiegelung von Verhältnissen der Außenwelt voraus, die auf einer Gleichheit zwischen Gehirnvorgängen und energetischen Zuständen der sog. „Außenwelt" beruht. Sonnenstrahlen und Schallwellen sind selbstverständlich, wie schon betont, völlig von den ihnen entsprechenden neurophysiologischen Prozessen verschieden. Trotzdem liefert die „objektive Signalstruktur" solcher energetischer Zustände, die – auf welche Weise auch immer – mit dem Nervensystem in Kontakt kommen, echte „Nachrichten" von der direkt nie erfaßbaren realen Außenwelt, in der das Gehirn selbst, und zwar erhaltensmäßig abhängig von seinem realen Trägerorganismus als organische materielle Realität, existiert.

Gerade die neurophysiologisch ausführlich dargestellte Sehwahrnehmung demonstriert den langen Weg von Konstruktionsschritten, der von einem „Gewimmel von Lichtpunkten und Strichen" in Area 17, dem „Chaos der Sinnesempfindungen" – mit den Worten Kants ausgedrückt –, über mehrere topographische Projektionen auf andere Areale konstruktiv umgeordnet und in eine funktional höhere Verarbeitungsweise aufgenommen wird, um mit anderen Sinnesmodalitäten vergleichbar zu sein. Erst dann, wenn diese Schritte durchgeführt worden sind, beginnt das, was man Gegenstandserkenntnis oder Repräsentation nennen kann.

Das, was am Anfang jedes Erkenntnisprozesses steht, sind also noch gar keine wenn auch noch so simple Repräsentationen im Sinne von perzeptiven Einheiten, sondern lediglich invariante Elementarinformationen, die jede für sich vollkommen bedeutungslos sind und erst in ihrem kohärenten Zusammenhang, der im Innern des Systems selbst hergestellt werden muß, etwas bedeuten können. „Repräsentation" ist also immer als Informationsverdichtung zu verstehen, bei der die weitaus größte Anzahl potentieller Informationen unterdrückt wird. Das Gehirn selbst arbeitet also primär als eine ungeheure Informationsvernichtungsmaschinerie, in der systemrelativ und systemrelevant nur ein Bruchteil von elementaren Informationen als mögliche Bestandteile von Nachrichten aus der „Umwelt" des Gehirns, zu der auch der eigene Körper gehört, zugelassen werden. Dazu ist jedoch noch lange kein Bewußtsein nötig. Das Gehirn besorgt diese Auswahl allein, indem es sich der gleichen Grundelemente und -mechanismen bedient, die auch in den „nicht-denkenden" Teilen des Nervensystems (wie z.B. dem Rückenmark) und in niederen Nervensystemen, denen wir kein Bewußtsein zuzugestehen gewohnt sind, verwendet werden (Creutzfeld 1985).

Nach dem Ockhamschen Rasiermesserprinzip, das die überflüssige Vermehrung von Entitäten verbietet, ist auch im gegebenen Zusammenhang die Rede vom „Bewußtsein" und seinen „mentalen Eigenschaften" erst dann zulässig, wenn es unbedingt notwendig ist. Bei Beachtung dieses Prinzips hätte man sich viele nutzlose Sackgassen in der Gehirn-Bewußtsein-Problematik erspart, wie etwa die Vorstellung von protopsychischen oder protosemantischen Eigenschaften oder die berüchtigte „Großmutter-Zelle" als eher humoristisches Beispiel einer „superhyperkomplexen" Nervenzelle, die sich zu erregen beginnt, wenn eine bestimmte Person erscheint. Auf der Ebene der physikochemischen Grundmechanismen der nervösen Tätigkeit sind solche Annahmen unnötig. Komplexe Reize, die eindeutige semantische Beziehungen haben, sprechen vielmehr ganze Neuronenpopulationen an, in denen kooperativ nicht nur sensorische Reize, sondern auch die motorischen Reaktionen des Trägerorganismus zu komplexen Repräsentationen integriert werden. Man kann sich daher auch nach Creutzfeld (1983, 1985) die Organisation der Hirnrinde als eine kontinuierliche Serie von parallelen Schleifen vorstellen, die in je verschiedener Weise eine funktionale Beziehung zwischen dem Subjekt und seiner äußeren und seiner inneren Welt repräsentieren.

An dieser Stelle ergibt sich erstmals die funktionale Notwendigkeit, das Bewußtsein als integrierende und steuernde Aktintentionalität für adäquates Verhalten des Organismus anzunehmen. Der konstruktive Ursprung des Bewußtseins liegt daher in einer Spaltung der Intentionalität in zwei Bereiche, die sich aus der Struktur und Funktion des Organismus ergibt. Denn es ist der Organismus selbst, der in seinem Inneren die Differenzierung von Nervensystem und Körper entstehen läßt. Durch Zentralisierung und Enzephalisation bildet sich ein eigenes Organ mit der spezifischen Funktion der Informationsgewinnung und -verarbeitung, die dann aus zwei unterschiedlichen Bereichen stammen: aus dem eigenen Körper und aus der „äußeren" Welt der Dinge, die nicht zum Körper gehören. Wobei die kortikale Repräsentation des Körpers sich sowohl auf die Sensorik als auch Motorik bezieht und je nach der Wichtigkeit der Funktion zu eigentümlichen Verzerrungen der Größenverhältnisse führt, wie bereits im neurobiologischen Teil der Arbeit dargestellt worden ist.

„Ding-" und „Körperwelt", wie man diese beiden Bereiche der kognitiven Welt nach Roth (1987) bezeichnen kann, sind hinsichtlich ihrer Repräsentation im Gehirn deutlich voneinander unterschieden: Alles, was sensomotorisch rückgekoppelt ist, gehört zum Körper; was aber ohne direkte Rückkoppelung nur zur sensorischen Erregung führt, ist „äußere" Dingwelt. Denn wir fühlen immer, was unser Körper tut, wenn er motorisch aktiv ist – außer bei krankhaften Störungen oder Verletzungen der Leitungsbahnen. In solchen Fällen erscheinen uns auch Teile unseres eigenen Körpers eigentümlich fremd und der Dingwelt zugehörig zu sein.

Das Funktionsmodell der Hirnrinde mit ihren multiplen parallelen Eingangs-Ausgangs-Bezügen läßt einfache hierarchische Schemata linearer Art zwar nicht mehr zu, wie es die Maschinenmodelle des 19. Jahrhunderts und die Computerprogrammanalogie unseres Jahrhunderts darzustellen versucht haben. Trotzdem aber ist die massive Parallelität der neuronalen Prozesse mit einer funktionalen Hierarchie vereinbar. Die Grundzüge jener „Landkarte", die in mühevoller Kleinarbeit in die Topologie des menschlichen Großhirns eingezeichnet worden sind, müssen nicht gänzlich verwischt werden. Nur die Bedeutung dieser Landkarte ist eine andere geworden. Die einzelnen Orte bedeuten nicht mehr statische Einheiten, sondern veränderbare Schauplätze des neuronalen dynamischen Geschehens, das sich aus mehreren Schichten von Funktionseinheiten zusammensetzt, die ständig und ununterbrochen tätig sind, so daß es nie einen stabilen Zustand des Gehirns gibt.

Das ist auch die Grundidee der Funktionsinterpretation der Großhirnrinde (Mountcastle und Edelmann 1970), daß das Modulsystem eine ungeheure Verteilungsfunktion besitzt, die dadurch zustande kommt, daß es den primären Erregungszustand einer lokalen Nervenzellengruppe in vielfacher Verzweigung an andere Gruppen weitergibt, von denen er wieder an die Primärgruppe zurückgegeben und mit gespeicherten Mustern verbunden als Sekundärerregung weiterverteilt und wieder zurückerhalten wird. Durch diese umfassende repetitive Erregungsverteilung erfaßt das zentrale Nervensystem Zustände seiner selbst, weil intern generierte Signale auf dieselbe Weise in den Informationsfluß eintreten können wie die externen Signale. Dieser Verteilungs- und Wiedereinspielprozeß bildet die Grundlage für die Selbstkonstruktion des intentionalen Bewußtseins, das auf einer neuen dynamisch-funktionell aufgebauten Integrationsstufe steht. Denn die funktional beschriebenen „Reflexionsschleifen" und Verteilungsmuster sind nicht als neue Nervenbahnen, sondern als „Funktionsverdichtungen" (Seitelberger 1983) zu verstehen.

Da das Gehirn auf diese Weise kein Spiegel der Außenwelt ist, kann auch die Funktion des Bewußtseins nicht in der für die Erfahrung der realen Außenwelt nutzlosen Erkenntnis der eigenen neuralen Verarbeitungsmechanismen bestehen. Die metaorganische Funktion des Bewußtseins ist es vielmehr, den Aktionsraum des Körpers in der Außenwelt in entscheidender Weise zu erweitern. Sie besteht nicht nur darin, den Körper in einer bereits in allen Strukturen fertig vorhandenen Umwelt zu steuern, damit er sozusagen wohlbehalten nach Hause kommt. Das könnte das Gehirn von allein. Die eigentliche Funktion des intentionalen selbstreferentiellen Bewußtseins ist vielmehr das aktive ziel- und planvolle Beobachten und Abhorchen der eigenen Umgebung, um sie nach internen Plänen und Vorstellungen umzuändern. Dadurch entstehen „Weltbilder" und menschliche Kulturen, die die reale Außenwelt zum Spiegel interner Konstruktionen machen.

Das menschliche Selbstbewußtsein ist Voraussetzung und notwendige Folge solcher kognitiver Leistungssteigerungen: unser Stolz und unser Elend zugleich. Stolz, weil wir uns damit turmhoch über alle anderen Lebewesen dieser Welt erhoben haben, die solcher Leistungen nicht fähig sind, und Elend, weil unser Selbstbewußtsein in die Materialität dieser Welt durch die untrennbare Verbindung und duale Einheit mit dem Gehirn eingeflochten ist und daher von dessen Zustand, Krankheit oder Tod völlig abhängig ist.

Während man in alten Zeiten noch glauben konnte, daß der menschliche Geist als eigene Substanz unzerstörbar und unverändert aus jeder körperlichen Krankheit wieder auftaucht und auch den Tod des Leibes übersteht, hat uns die medizinische Hirnforschung eines anderen belehrt. Nicht dem „Ich" gehört das Gehirn, wie die Dualisten (Popper, Eccles 1982) behaupten, sondern es ist genau umgekehrt: Das „Ich" gehört seinem Gehirn als bloß funktionale Realität an. Was bleibt, ist lediglich die Hoffnung, daß das individuelle Selbstbewußtsein als substantielle Funktion, einmal entstanden, auch für immer „bleibend" ist in irgendeinem, mit den Mitteln wissenschaftlicher Erkenntnis nicht mehr argumentativ feststellbaren Sinn.

LITERATUR

Armstrong, D. M.: A Materialist Theory of Mind. London 1968.

Braitenberg, V.: Gehirngespinste. Neuroanatomie für kybernetisch Interessierte. Berlin, Heidelberg, New York 1973.

Braitenberg, V.: Was das Gehirn mit Information zu tun hat. In: Der Informationsbegriff in Technik und Wissenschaft (Hrsg. O. G. Folberth, C. Hackl). München, Wien 1986.

Braitenberg, V.: Künstliche Wesen. Verhalten kybernetischer Vehikel. Braunschweig, Wiesbaden 1987.

Brauer, W.: Carl Adam Petri und die Informatik. In: Der GMD-Spiegel 3/4 (1986), 35–43.

Brazier, M. A. B.: A History of Neurophysiology in the 17th and 18th Centuries. New York 1984.

Brentano, F.: Psychologie vom empirischen Standpunkt. Bd. 1. Wien 1874.

Brodmann, K.: Vergleichende Lokalisationslehre der Großhirnrinde. Leipzig 1909.

Capurro, R.: Information. Ein Beitrag zur etymologischen und ideengeschichtlichen Begründung des Informationsbegriffes. München, New York und Paris 1978.

Carnap, R.: Symbolische Logik. 3. Aufl. Wien, New York 1973.

Changeux, J. P.: Der neuronale Mensch. Reinbek 1984.

Churchland, P. S.: Neurophilosophy. Toward a Unified Science of the Mind-Brain. Cambridge/Mass., London 1986.

Clarke, E., K. Dewhurst: An Illustrated History of Brain Function. Berkeley, Los Angeles 1974.

Creutzfeldt, O. D.: Cortex Cerebri. Leistung, strukturelle und funktionelle Organisation der Hirnrinde. Berlin, Heidelberg, New York, Tokio 1983.

Creutzfeldt, O. D.: Gehirn und Geist. Bursfelder Universitätsreden. Göttingen 1986.

Davidson, D.: Mentale Ereignisse. In: Analytische Philosophie des Geistes (Hrsg. P. Bieri). Königstein/Ts. 1981.

Dennet, D. C.: Intentionale Systeme. In: Analytische Philosophie des Geistes (Hrsg. P. Bieri). Königstein/Ts. 1981.

Dörner, D.: Die Psychologie und das Problem der Einheit der Wissenschaften. In: Materie – Leben – Geist (Hrsg. B. Kanitscheider). Berlin 1979.

Durchholz, R.: Können Computer denken, oder nur „denken". In: Der GMD-Spiegel 3/4 (1986), 80–83.

Eccles, J. C.: Wahrheit und Wirklichkeit. Berlin, Heidelberg, New York 1975.

Eccles, J. C.: Das Gehirn des Menschen. 4. Aufl. München, Zürich 1979.

Eccles, J. C., H. Zeier: Gehirn und Geist, Biologische Erkenntnisse über Vorgeschichte, Wesen und Zukunft des Menschen. Frankfurt a. M. 1984.

Edelmann, G. M., V. B. Mountcastle: The Mindful Brain. Cambridge/Mass., London 1982.

Eigen, M.: Selbstorganisation of Matter and the Evolution of Biological Macromolecules. Naturwissenschaften 58, 1971.

Eigen, M.: Evolution und Zeitlichkeit. In: Die Zeit. München, Wien 1983.
Feigl, H.: The "Mental" and the "Psychical". In: Minnesota Studies in the Philosophy of Science 2. Minneapolis 1967.
Frey, G.: Theorie des Bewußtseins. Freiburg, München 1980.
Gierer, A.: Die Physik, das Leben und die Seele. München, Zürich 1985.
Gray, J. A.: Nebylicyns Grundeigenschaften des Nervensystems im Lichte der Aktivationsforschung. In: Biologie und Verhalten (Hrsg. Th. Kussmann und H. Köllnig). Berlin, Stuttgart, Wien 1971.
Grünthal, E.: Geschichte der makroskopischen Morphologie des menschlichen Großhirnreliefs nebst Beiträgen zur Entwicklung der Idee einer Lokalisierung psychischer Funktionen. In: Beiträge zur Geschichte der Psychiatrie und Hirnanatomie. Basel, New York 1957.
Grüsser, O. J., V. Henn: Erkenntnistheoretische und anthropologische Aspekte der modernen Hirnforschung. In: Wohin führt die Biologie? (Hrsg. M. Lohmann). München 1970.
Grüsser, O. J.: Zeit und Gehirn. Zeitliche Aspekte der Signalverarbeitung in den Sinnesorganen und im Zentralnervensystem. In: Die Zeit. München, Wien 1983.
Guttmann, G.: Neurobiologische Korrelate des Psychischen. In: Das Realismusproblem (Hrsg. E. Oeser, E. M. Bonet). Wiener Studien zur Wissenschaftstheorie Bd. 2. Wien 1988.
Haller, A. v.: Grundriß der Physiologie. Berlin 1788.
Hare, R. M.: The Language of Morals. London 1952.
Haugeland, J.: Weak Supervenience. In: American Philosophical Quarterly 19 (1982), No. 1.
Hippokrates: Die Werke des H. (Hrsg. R. Kapfer, G. Sticker). Stuttgart 1938.
Hofstadter, D. G.: Gödel, Escher, Bach. Stuttgart 1985.
James, W.: Psychologie. 2. Aufl. Leipzig 1920.
Kant, I.: Über das Organ der Seele. Königsberg 1796. In: Kants Werke (Hrsg. W. Weischedel). Bd. 6. Frankfurt a. M. 1964.
Kant, I.: Werke. Akademie-Textausgabe. Berlin 1968.
Kuffler, St. W., J. G. Nicholls: From Neuron to Brain. Sunderland/Mass. 1986.
Kuhlenbeck, H.: Gehirn und Bewußtsein. Berlin 1973.
Küppers, B.-O.: Der Ursprung biologischer Information. München 1986.
Langenheder, W.: Menschenähnliche Computer, maschinisierte Menschen und wertfreie Wissenschaft. In: Der GMD-Spiegel 3/4 (1986), 72–80.
Leibniz, G. W.: Monadologie. Übers. v. H. Glockner. Stuttgart 1979.
Linke, D.: Ganzheit und Teilbarkeit des Gehirns. In: Sprache und Gehirn (Hrsg. H. Schnelle). Frankfurt a. M. 1981.
Linke, D.: Philosophie des Gehirns. In: Phil. Nat. Bd. 19, 1982.
Linke, D.: Gehirn und Subjekt. Zur Insuffizienz evolutionistischer Modelle menschlicher Hirnfunktion. In: Tradition und Innovation. XIII. Deutscher Kongreß f. Philosophie (Hrsg. G. Jüssen). Bonn 1984.
Lorenz, K.: Einige psychologische Gesichtspunkte zu den Ausführungen von Versluys. In: Hirngröße und hormonales Geschehen bei der Menschwerdung (Hrsg. J. Versluys, O. Poetzl, K. Lorenz). Wien 1939.
Lorenz, K.: Kants Lehre vom Apriorischen im Lichte gegenwärtiger Biologie. Blätter f. Dt. Philosophie 15 (1941), 94–125.

Lorenz, K.: Die Rückseite des Spiegels. Versuch einer Naturgeschichte menschlichen Erkennens. München, Zürich 1973.

Mach, E.: Die Analyse der Empfindungen und das Verhältnis des Physischen zum Psychischen. 3. Aufl. Jena 1902.

MacKay, D. M.: Information. Mechanism and Meaning, Cambridge/Mass., London 1969.

MacKay, D. M.: Quantal Aspects of Scientific Information. In: Philosophical Magazine 41 (1950).

Mandler, G.: Aufbau und Grenzen des Bewußtseins. In: Die Zukunft der experimentellen Psychologie (Hrsg. V. Sarris, A. Parducci). Weinheim, Basel 1986.

Maturana, H. R.: Erkennen: Die Organisation und Verkörperung von Wirklichkeit. Braunschweig, Wiesbaden 1982.

Maturana, H. R., F. J. Varela: Der Baum der Erkenntnis. Die biologischen Wurzeln des menschlichen Erkennens. Bern, München, Wien 1987.

McCulloch, W. S., W. H. Pitts: A Logical Calculus of Ideas Immanent in Nervous Activity, 1943.

Metzinger, Th.: Neuere Beiträge zur Diskussion des Leib-Seele-Problems. Frankfurt a. M., Bern, New York 1985.

Meynert, T.: Sammlung von populär-wissenschaftlichen Vorträgen über den Bau und die Leistungen des Gehirns. Wien, Leipzig 1892.

Miller, G. A., E. Galanter, K. H. Pribram: Strategien des Handelns. Pläne und Strukturen des Verhaltens. Stuttgart 1973.

Mohr, H.: Natur und Moral. Ethik in der Biologie. Darmstadt 1987.

Müller, H. M.: Evolution, Kognition und Sprache. Berlin, Hamburg 1987.

Nagel, T.: Physikalismus. In: Analytische Philosophie des Geistes (Hrsg. P. Bieri). Königstein/Ts. 1981.

Nauta, W. J. H., M. Freitag: Fundamental Neuroanatomy. New York 1986.

Neisser, U.: Kognitive Psychologie. Stuttgart 1974.

Neumann, J. v.: The General and Logical Theory of Automata. In: The World of Mathematics, Vol. 4 (Hrsg. J. R. Neumann). New York 1956.

Neumann, J. v.: Die Rechenmaschine und das Gehirn. München 1970.

Newell, A., J. C. Shaw, H. A. Simon: Elements of a Theory of Human Problem Solving. Psych. Rev. 65 (1958), 151–166.

Oeser, E.: Begriff und Systematik der Abstraktion. Wien, München 1969.

Oeser, E.: System, Klassifikation, Evolution. Wien, Stuttgart 1974.

Oeser, E.: Informationsprozesse. Erkenntnistheoretische Grundlagen und Grenzprobleme der automatischen Informationsverarbeitung. Informatik-Kolleg, GMD St. Augustin 1974.

Oeser, E.: Wissenschaft und Information. 3 Bde. Wien, München 1976.

Oeser, E.: Wissenschaftstheorie als Rekonstruktion der Wissenschaftsgeschichte. 2 Bde. Wien, München 1979.

Oeser, E.: Kants progressive Begründung der komparativen Wissenschaftstheorie. In: Phil. Nat. 19 (1982), 201–250.

Oeser, E.: Die Evolution der wissenschaftlichen Methode. In: Die Evolution des Denkens (Hrsg. K. Lorenz, F. M. Wuketits). München, Zürich 1983.

Oeser, E.: Wissenschaftlicher Universalismus. In: Felsefe Arkivi Sayi 25, Istanbul 1984, 37–81.

Oeser, E.: Gehirnmodelle der Erkenntnisfunktion. In: Beiträge zur Systemforschung. Festschrift Adolf Adam (Hrsg. H. Beran, F. Pichler). Wien, New York 1985.

Oeser, E.: Kants Philosophie des Gehirns. In: Die Objektivationen des Geistigen (Hrsg. W. Schmied-Kowarzik). Berlin 1985.

Oeser, E.: Informationsverdichtung als universelles Ökonomieprinzip der Evolution. In: Evolution, Ordnung und Erkenntnis (Hrsg. J. A. Ott, G. P. Wagner, F. M. Wuketits). Berlin, Hamburg 1985.

Oeser, E.: Der Informationsbegriff in der Philosophie und in der Wissenschaftstheorie. In: Der Informationsbegriff in Technik und Wissenschaft (Hrsg. O. G. Folberth, C. Hackl). München, Wien 1986.

Oeser, E.: Psychozoikum. Evolution und Mechanismus der menschlichen Erkenntnisfähigkeit. Berlin, Hamburg 1987.

Oeser, E.: Das Abenteuer der kollektiven Vernunft. Evolution und Involution der Wissenschaft. Berlin, Hamburg 1988.

Petri, C. A.: Kommunikation mit Automaten. Rheinisch-Westfälisches Institut für Instrumentelle Mathematik an der Universität Bonn, Schrift Nr. 2, 1962.

Petri, C. A.: Grundsätzliches zur Beschreibung diskreter Prozesse. In: 3. Colloquium über Automatentheorie (Hrsg. W. Händler, E. Peschl, H. Unger). Basel, Stuttgart 1967.

Petri, C. A.: Interpretations of Net Theory. Interner Bericht 75–07, GMD St. Augustin 1975.

Petri, C. A.: State-Transition Structures in Physics and in Computation. In: Int. Journal of Theor. Physics 21 (1982), No. 12.

Piaget, J., B. Inhelder: Jenseits des Empirismus. In: A. Koestler, J. R. Smythies (Hrsg.): Das neue Weltbild. Wien, München, Zürich 1970.

Piaget, J.: Biologie und Erkenntnis. Frankfurt a. M. 1974.

Place, U. T.: Is Consciousness a Brain Process? British Journal of Psychology 47 (1956), 44–51.

Platt, D.: Biologie des Alterns. Heidelberg 1976.

Pöppel, E.: Grenzen des Bewußtseins. Stuttgart 1985.

Popper, K. R., J. C. Eccles: Das Ich und sein Gehirn. München, Zürich 1982.

Putnam, H.: Robots: Machines or Artificially Created Life? In: Mind, Language and Reality. Bd. 2. Cambridge 1975.

Putnam, H.: Vernunft, Wahrheit und Geschichte. Frankfurt a. M. 1982.

Ramón y Cajal, S.: Regeln und Ratschläge zur wissenschaftlichen Forschung. München, Basel 1957.

Reininger, R.: Das psychophysische Problem. 2. Aufl. Wien, Leipzig 1930.

Reisig, W.: Petrinetze. Eine Einführung. Berlin, Heidelberg, New York 1982.

Richter, G.: Clocks and Their Use for Time Modelling. In: Information Systems: Theoretical and Formal Aspects (Hrsg. A. Sernades et al.). North, Holland 1985, 49–66.

Riedl, R.: Biologie der Erkenntnis. Die stammesgeschichtlichen Grundlagen der Vernunft. Berlin, Hamburg 1980.

Rohracher, H.: Einführung in die Psychologie. 6. Aufl. Wien, Innsbruck 1958.

Roth, G.: Erkenntnis und Realität: Das reale Gehirn und seine Wirklichkeit. In: Der Diskurs des Radikalen Konstruktivismus (Hrsg. S. J. Schmidt). Frankfurt a. M. 1987.

Ryle, G.: The Concept of Mind. London 1943; dt.: Der Begriff des Geistes. Stuttgart 1969.

Schmidt, S. J. (Hrsg.): Der Diskurs des Radikalen Konstruktivismus. Frankfurt a. M. 1987.
Searle, J. R.: Geist, Hirn und Wissenschaft. Frankfurt a. M. 1986.
Seitelberger, F.: Lebensstadien des Gehirns. Strukturelle und funktionale Aspekte. In: Die menschlichen Lebensalter (Hrsg. L. Rosenmayr). München 1978.
Seitelberger, F.: Raum und Zeit im Blickpunkt der Hirnforschung. In: Raum und Zeit. Nova acta Leopoldina, Bd. 54, Nr. 244. Hrsg. J.-H. Scharf. Vorträge anläßl. d. Jahresversammlung vom 9.–12. 4. 1980, Halle/Saale, 327–344.
Seitelberger, F.: Die Rolle des Nervensystems im psychosomatischen Geschehen. Die Einheit von Struktur und Funktion im Aufbau des menschlichen Gehirns. In: Lehrbuch der psychosomatischen Medizin (Hrsg. Thure v. Uexküll). 2. Aufl. München, Wien, Baltimore 1981.
Seitelberger, F.: Neurobiologische Grundlagen der menschlichen Freiheit. Herrenalber Texte 33: Mensch und Kosmos (Hrsg. W. Böhme). Karlsruhe 1981, 26–47.
Seitelberger, F.: Neurobiologische Aspekte der Intelligenz. In: Die Evolution des Denkens (Hrsg. K. Lorenz, F. M. Wuketits). München, Zürich 1983.
Seitelberger, F.: Neurobiologische Aspekte der Personalität des Menschen. In: Nova acta Leopoldina NF 55, Nr. 253 (1983), 97–111.
Seitelberger, F.: Das Zeitproblem – Neurobiologische Aspekte. In: Das Phänomen Zeit (Hrsg. Manfred Horvat). Wien 1984, 182–195.
Seitelberger, F.: Informationsverarbeitung im Nervensystem. Funktionell-anatomische Grundlagen. Biblos, Österr. Zschr. f. Buch- und Bibliothekswesen, Dokumentation, Bibliographie und Bibliophilie 35 (1) (1986), 27–35.
Seitelberger, F.: Gehirnevolution, Intelligenz und Erkenntnis. In: Versuche und Widerlegungen / Offene Probleme im Werk Karl Poppers (Hrsg. K. Müller, F. Stadler, F. Wallner). Wien, Salzburg 1986, 143–156.
Seitelberger, F.: Wie geschieht Bewußtsein? Die neurobiologischen Voraussetzungen. In: Evolution und Bewußtsein (Hrsg. W. Böhme). Karlsruhe 1987.
Seitelberger, F.: Hierarchies of structure function relation in the neurosciences. In: From Neuron to Action (Ed. L. Deecke et al.). Berlin, Heidelberg, New York 1988.
Shannon, C. E., W. Weaver: Mathematische Grundlagen der Informationstheorie. München, Wien 1976.
Sherrington, Ch.: Man on His Nature. Cambridge 1940; dt.: Körper und Geist. Der Mensch über seine Natur. Bremen 1964.
Smart, J. J. C.: Philosophy and Scientific Realism. London 1963.
Sperry, R.: Naturwissenschaft und Wertentscheidung. München, Zürich 1985.
Spinoza, B. de: Die Ethik. Stuttgart 1979.
Stegmüller, W.: Erklärung, Begründung, Kausalität. 2. Aufl. Berlin, Heidelberg, New York 1983.
Stern, W.: Allgemeine Psychologie auf personalistischer Grundlage. 2. Aufl. Haag 1950.
Szentágothai, J.: Theorien zur Organisation und Funktion des Gehirns. In: Naturwissenschaften 72 (1985), 303–309.
Tembrock, G.: Informationswechsel und Evolution. In: Struktur und Prozeß (Hrsg. K.-F. Wessel). Berlin 1977.
Teplov, B. M., V. D. Nebylicyn: Eigenschaften und Typen des Nervensystems. In: Biologie und Verhalten (Hrsg. Th. Kussmann, H. Kölling). Berlin, Stuttgart, Wien 1971.

Toldt–Hochstetter: Anatomischer Atlas. 3. Band. Wien 1945.
Truex, R. C., H. B. Carpenter: Human Neuroanatomy. Baltimore 1969.
Vollmer, G.: Evolutionäre Erkenntnistheorie. Stuttgart 1975.
Vollmer, G.: Evolutionäre Erkenntnistheorie und Leib-Seele-Problem. In: Wie entsteht Geist? (Hrsg. W. Böhme). Karlsruhe 1980.
Voss, K., H. J. Genrich, G. Rozenberg (Hrsg.): Concurrency and Nets. Advances in Petri Nets. Berlin, Heidelberg, New York, London, Paris, Tokio 1987.
Weiss, P.: Aging: A Corollary of Development. In: Perspectives in Experimental Gerontology (Hrsg. N. W. Shock, Ch. C. Thomas). Springfield/Ill. 1966.
Weizsäcker, C. F. v.: Die Einheit der Natur. München 1971.
Weizsäcker, C. F. v., E. v. Weizsäcker: Wiederaufnahme der begrifflichen Frage: Was ist Information? Nova acta Leopoldina 206 (1972), 535.
Weizsäcker, E. v.: Erstmaligkeit und Bestätigung als Komponenten der pragmatischen Information. In: Offene Systeme I (Hrsg. E. v. Weizsäcker). Stuttgart 1974.
Werth, R.: Bewußtsein. Psychologische, neurobiologische und wissenschaftstheoretische Aspekte. Berlin, Heidelberg, New York, Tokio 1983.
Whitehead, A. N.: Essays in Science and Philosophy. New York 1947.
Wittgenstein, L.: Tractatus logico-philosophicus. Logisch-philosophische Abhandlung. Frankfurt a. M. 1963.
Wright, G. H. v.: A Treatise of Induction and Probability. London 1951.
Wright, G. H. v.: Handlung, Norm und Intention. Berlin, New York 1977.
Young, J. Z.: Philosophy on the Brain. Oxford, New York 1987.
Zemanek, H.: Computer, Gehirn, Bewußtsein. Wiener Katholische Akademie 1987.

SACHREGISTER

PERSONENREGISTER